工业企业清洁生产工作指南

李　笛　朱立斌　主编

科学出版社

北　京

内 容 简 介

　　本书瞄准工业企业在开展清洁生产工作时的实际需要，介绍了清洁生产的理念、基本知识、相关的政策和法律法规，以及企业外部机构和企业自身与清洁生产相关的工作。在清洁生产审核方面，介绍了审核的概念、政府对审核工作的组织和管理、企业的实际操作方法，以及政府部门和第三方机构对审核的评估和验收要求。本书注重企业清洁生产工作与政府相关工作的衔接、与工业企业环保和节能工作的联系、与企业经营活动的结合。

　　本书主要作为工业企业环境管理人员和清洁生产审核人员的指导用书，也可作为高校师生清洁生产相关课程教学的辅助教材。

图书在版编目（CIP）数据

　　工业企业清洁生产工作指南 / 李笛，朱立斌主编. —北京：科学出版社，2019.3
　　ISBN 978-7-03-060924-3

　　Ⅰ.①工… Ⅱ.①李… ②朱… Ⅲ.①工业生产-无污染工艺-指南
Ⅳ.①X7-62

　　中国版本图书馆 CIP 数据核字（2019）第 052254 号

　　　　责任编辑：周巧龙 / 责任校对：杜子昂
　　　　责任印制：吴兆东 / 封面设计：陈　敬

科 学 出 版 社 出版
北京东黄城根北街 16 号
邮政编码：100717
http://www.sciencep.com
北京建宏印刷有限公司 印刷
科学出版社发行　各地新华书店经销
*
2019 年 3 月第 一 版　开本：720×1000　1/16
2019 年 3 月第一次印刷　印张：17 1/4
字数：345 000
定价：88.00 元
(如有印装质量问题，我社负责调换)

前　　言

清洁生产是在污染发生前对产品与生产过程采取整体预防的环境策略，是一种综合效益最大化的生产模式。清洁生产审核是企业对生产过程中的资源消耗和废物产生状况进行改进，是实现清洁生产最主要的途径和手段。

清洁生产工作以政府为主导，企业为主体，涉及相关协会、中心，并有咨询服务机构参与其中，牵涉面很广。政府部门和社会组织推行清洁生产的相关举措，最终都需要落实到企业具体的清洁生产行动上，在企业取得实实在在的清洁生产成果，因此企业的相关工作质量是清洁生产工作成败的关键，对于提高企业的清洁生产水平极其重要。

工业企业要做好清洁生产工作，一是需要有较好的大局观，要提高清洁生产意识，认识到人与自然的和谐相处、资源能源的高效利用、精细化的企业经营管理是当前必须顺应的大趋势。二是要充分理解政策和法律法规、掌握清洁生产的基本知识和具体的操作方法。三是要考虑企业的具体情况，把企业外部的要求和企业内部的需求结合起来，将清洁生产行动融入企业的经营活动之中。总的来说，就是要在思想上、行动上与外部充分交流、无缝衔接、保持一致。

本书旨在提高企业人员对清洁生产的认识水平，掌握清洁生产审核的相关知识和方法，让清洁生产的理念和政策落到实处，提高企业清洁生产审核工作的效率和质量，在认识统一、方法一致的基础上获得高质量的审核成果，在实现预防污染目的的同时，凸显企业的社会责任、体现企业价值，也为清洁生产理论贡献可靠的实证材料。

作为工业企业清洁生产工作的指导用书，本书重点阐述清洁生产理念、政策法规在企业经营活动中的切入方式，传授清洁生产审核的操作方法。第 1 章至第 8 章主要介绍清洁生产，第 9 章至第 13 章主要介绍清洁生产审核，基本上按照企业实际开展清洁生产工作的时间顺序组织材料。希望对工业企业特别是中小型工业企业的清洁生产工作具有普遍的指导作用，能够帮助企业提高清洁生产的积极性和自觉性，树立良好的清洁生产观念，规范清洁生产审核行为，科学推进清洁生产工作。

本书注重清洁生产与企业经营活动的结合，与提高劳动者素质的结合。在材料组织上注重企业外部和企业内部的交叉联络、强调内容的逻辑关系。从思想观念、理论体系、政策法规、支撑知识和实际操作等多层面进行介绍，突出系统性、全局性和连贯性。

　　本书由广州大学环境科学与工程学院李笛、庞博，广州广大环保科技有限公司朱立斌、何海华、孙景婷、黄梓羚，广东省循环经济和资源综合利用协会傅智健共同编写。全书共 13 章，第 1 章、第 4 章、第 9 章由李笛编写，第 2 章、第 3 章由庞博编写，第 5 章由黄梓羚编写，第 6 章由傅智健编写，第 7 章、第 10 章由孙景婷编写，第 8 章由朱立斌编写，第 11 章由李笛、朱立斌、傅智健编写，第 12 章由何海华编写，第 13 章由朱立斌、黄梓羚编写。全书由李笛、朱立斌负责统稿。

　　在本书的编写和出版过程中，广州大学环境科学与工程学院肖唐付院长给予了重要的指导和帮助，广东省循环经济和资源综合利用协会周力副会长、朱涛副秘书长提出了许多重要而富有建设性的意见，广州大学环境科学与工程学院宋永欣同学收集了部分资料，在此表示诚挚的谢意。

　　衷心感谢相关的政府部门、行业协会、高等院校、科研院所、咨询服务机构和企业的领导、专家和同行们，多年的合作让我们受益良多。感谢一起参与清洁生产审核工作的同事、研究生、本科生，经年积累的资料案例、心得体会是不可或缺的重要素材。

　　本书参考了大量的文献材料，在标注时可能有所遗漏，在此表示感谢并请求谅解。

　　由于编者水平有限，本书难免存在疏漏与不妥之处，期待读者批评指正。

编　者
2019 年 2 月

目 录

第 1 章　污染预防的理念

人类社会的发展伴随着资源的消耗和环境的污染，而资源储量和环境容量都是有限的，过度消耗资源和破坏环境的发展方式都是不可持续的。由于环境要素具有公共物品和资产的双重属性，人们难以自动地维护环境、珍惜资源，因此需要公权力充分发挥作用。政府基于长期和全局的理性判断，必然优先选择污染预防的环境策略，从而推动环境保护这一公共物品问题的合理解决，实现整个人类的共有福利。这种策略落实到工业企业，就是大力推行清洁生产。

1.1　产品的生产与污染的产生

经济活动是人类社会发展和进步的重要基础,同时也是破坏自然的主要原因。人类的发展必须面对的一个现实是，人类一方面创造巨大的财富，另一方面向大自然无限制地索取资源、向环境大量排放污染物，造成资源的过度消耗、环境状况的恶化以及生态平衡的破坏。

在工业文明时代，我们在生产产品的同时，也将污染物生产了出来。产品与污染物是同时产生的，污染物是我们在生产中得到的副产品。由于污染会对环境和人的身体造成损害，消除污染、恢复健康需要不菲的投入，因此污染物也可以看作是负的产品。

人类利用自然的赐予加速了经济的发展，但资源储量、环境容量和生态承载对发展的支持是有限的。经济在不断增长、对自然的索取在不断增加，资源却在不断减少，发展与自然的失衡严重制约了这种模式的持续，人类面临着严峻的环境和生态危机，这甚至威胁到人类自身的生存。

人类构建美好的生活，离不开经济的发展，离不开环境的改善。如何化解发展与环境的矛盾，在生产产品、创造财富的过程中避免或减轻对环境的损害，实现资源的永续利用，是需要认真探索和实践的重大课题。

1.2　污染物是放错位置的财富

随着人类社会的发展，人们逐渐意识到环境污染的根本原因就是资源、能源利用率低，原材料未能完全转移到产品上去，污染物实际上就是未能得到充分利用而排放进入环境的那一部分原材料。

很显然，污染物是放错位置的财富，减少污染就意味着增加财富，那么通过某种方式将创造财富和保护环境结合起来是完全有可能的。这种改变传统的大量消耗和浪费资源，同时又破坏环境的生产方式，建立新的有利于环境保护的资源节约型的生产方式，将环境作为一种财富来经营，以滋生出更大的财富，是非常有意义的一件事情。

1.3　环境的属性及人的认知局限

1.3.1　环境要素的双重属性

通常环境要素指的是自然环境要素，包括水、大气、岩石、生物、阳光和土壤等。环境要素具有公共物品和资产的双重属性。如自然资源具有公共物品属性，古人用普降甘霖来形容降水就是例子；大气环境具有资产属性，如雾霾天气时清洁空气就是稀缺资源。

环境是典型的公共物品。首先，环境是全人类共有的，也可以说，环境不归任何人所有，一个人的使用环境不能排除他人对环境的使用。其次，环境是不可分割的，一个地方的环境变化会影响或引起其他地方环境变化。环境保护的受益者不仅是身处某个局部区域的群体，也是整个社会，甚至是未来世代。最后，环境还是普惠的，从正面来看，环境保护所提供的效果是公益的；从负面来看，环境受损后也必然影响公共利益。没有付出环境保护努力的人也能从环境保护中获得收益。滥用自己的权利，肆意地向环境排放有害物质，导致环境质量遭到破坏，其损失是全体人员共同承担的。

环境作为一项资源或财产，有许多拥有者，他们中的每一个都有使用权，但没有权利阻止其他人使用。这就使得人们不是通过更有效地利用资源、通过技术革新来增加盈利，而是通过过度使用和破坏，把本应由自己支付的成本转嫁到别人身上。人所共有，其实是无人所有。

1.3.2　人的认知局限

显然，理性的经济行为人难以从全局考虑宏观经济效益、生态效率和环境保护问题，导致资源的浪费、环境的破坏和恶化。在与环境打交道时，会出现私人成本小于社会成本、个体理性导致集体非理性的现象，从而导致两个结果：一是人们不断地向环境攫取有价值的物品，从而造成资源的过度开发和使用，如过度砍伐的森林、过度放牧的草场、过度捕捞的渔业资源。二是人们不断向环境排放污染物，从而造成污染严重的河流和空气。以上两种情况将最终导致资源枯竭，以及环境破坏的后果。

　　环境资源利用及影响是一个长期过程，不确定性和短期计划会使人们在依赖市场机制配置资源的活动中，过分追求眼前利益和当代人利益，而忽视长远利益和资源的代际分配，从而导致环境和资源利用可能带来的不可逆后果。人们的行为选择在短期内是理性的，但从长远看来，这又是短视和不理性的，人们仅仅是为了眼前的局部利益而放弃了长远的根本利益，这就是不理性。人们对待资源的问题，一旦缺乏相应的合理选择，是违背人类的可持续发展意愿的，不利于人类的永恒发展和延续。归根结底，环境污染就是人们对公共物品总体的非理性利用超过了环境能够容纳的限度。

　　因此，对于可以界定所有权主体的环境要素，应更多地发挥市场的作用，而不易界定的则需要更多地发挥政府的作用。环保领域市场失灵的存在，为政府发挥作用提供了舞台。

1.4　政府主导的环境保护

　　环境问题具有外部不经济性特征，使得完全依赖市场价格机制来谋求环境与经济的协调是不现实的，而且环境资源是公共物品，其使用和消费不具有排他性，在环境资源领域建立排他性的产权和市场的交易费用太高以致无法由市场自发来提供，同时在使用上容易形成"公地的悲剧"，使市场机制的作用发挥不出来。

　　由于环境产品的公共性和利益的驱动，企业只能与公众共享优美环境，却需要独自承担处理污染物的成本，使得污染企业天然没有保护环境的积极性。因此，环境问题不能仅仅通过市场来解决，而需要政府这一强势的公权力的介入，采取措施限制和引导企业的行为，环境保护是 21 世纪政府的主要职能。

　　世界银行在《1992 年世界发展报告》中指出：在促进经济发展方面，应该更多地依靠市场，而较少地依赖政府。但是，在环境保护方面，恰恰是政府必须发挥中心作用的领域，私人市场几乎不能为制止污染提供什么鼓励性措施。

　　政府在行使环保职能方面具有明显的优势：

　　(1) 政府有征税权。政府可对污染企业和绿色企业实行差别税，也可对绿色产品和非绿色产品征收差别税来引导生产和消费，并对环保产业给予必要的补贴。

　　(2) 政府有禁止权。通过法律法规制度禁止各种破坏生态环境的行为，如我国在森林资源保护中实行的禁伐，在野生动植物保护中实行的禁猎、禁捕和禁采。

　　(3) 政府有处罚权。政府通过立法对破坏环境者进行处罚，如对企业违规偷排污水处以罚款和停业，甚至可以追究刑事责任。

　　正如 1972 年 6 月 16 日联合国人类环境会议通过的《斯德哥尔摩宣言》所宣告的："各国政府对保护和改善现代人和后代人的环境具有庄严的责任。各国政府应加强现有环境管理机构的能力和作用。"政府必须积极参与并履行自己保护环境的社会责任，把追求经济利益、社会利益和生态利益结合起来，眼前利益和长远利益结合起来，以人、自然和社会的协调和利益最大化为追求目标。这就需要政府在环保事业的推进中，发挥其应有的积极作用，对环保事业进行良好的推进、平衡和协调，实现既有利益的有效分配。

政府对环境的管理主要有两种途径，一是建立权威的惩罚约束机制，二是建立合理的利益驱动结构。

推动环境保护的法规和政策大多都是强制性的或者指令性的，它以直接和高效的特性在环境保护工作中发挥着重要作用，但其行政监督管理成本高、对企业缺乏激励，政府意志难以转化为企业的自觉行动。

采用经济刺激方式，利用价格杠杆与财税手段建立推动环境保护的机制可以调动企业的积极性。如资源的价格应该完全反映资源稀缺程度和市场供求情况，解决价格扭曲、信息失真的问题。应制定切实可行的优惠政策，从投资、信贷、税收、价格等方面给予优惠和支持，例如减免关税和实行低关税、政府补贴等引导环保事业的发展。应当积极引导企业进入市场进行技术贸易，重视引进和吸收国外环境保护科学技术的最新成果，并为环境技术的引进、开发与创新提供明确的技术导向。不断探索促进产业结构调整和发展环保产业的技术、经济政策，加强宏观管理，充分发挥各种投资主体在环保投资中的作用，提高投资效益，形成多元化、多渠道的投资体制和高效的资本运作方式。

1.5　从污染治理到污染预防

避免或者解决一个环境问题，应体现系统的、程序化的全面管理思想，在选择不同的方式及其组合时，应充分考虑花费和绩效。我国环境管理政策的核心是采取防范措施和加强环境管理，力求不产生或少产生对环境的污染和破坏。

经验表明大约50%的污染物通过污染预防，或者简单的过程改进就可以消除，少量的投入就能大大减少对环境的危害。一旦污染物已经产生，则其对环境影响一般只能通过两种办法来补救：直接消除污染物，或者在污染物进入环境之前加以限制。除了直接清除污染物，增加控制或隐藏污染物都不能使环境获得真正的改善。因此，环境政策存在一个优先等级秩序，将污染预防列为环境政策优先考虑的第一等级，下面依次为废物再循环、废物处理和处置，是最经济、最有效的做法。

污染预防是在污染源头预防或减少污染，废物再循环是对不能预防的污染物实行循环利用，废物处理是对采取以上方法不能消除的污染物进行处理，废物处置则是对废物最终的安排或是排入环境。当然，上述几种措施都要求以环境安全的方式来执行。

1.5.1 污染治理：管控进入环境的污染物

污染治理是以废弃物管理和污染控制为核心，对生产过程中产生的污染物开发并实施有效的技术加以处理。污染治理强调污染物的达标排放或废弃物的无害化，是一种偏重于污染物产生后的控制模式。

污染治理在环境保护发展过程中是一个重要的阶段，由于它是将生产过程中产生的污染物全部集中到物料流程的末端进行处理，因此也称作末端治理。

污染治理减轻或减少了污染物的危害程度，对保护和改善环境有重要作用。它有利于消除污染事件，也在一定程度上减缓了生产活动对环境污染和破坏的趋势。随着时间的推移、工业化进程的加速，这种只是把企业的环境责任放在专门的环境保护人员身上，忽视污染物产生的源头、仅着眼于控制排污口，满足污染物达标排放的事后处理方式的局限性也日益显露：

(1) 治理污染的设施需要较多的投资并且建设周期长、运行费用高，使企业生产成本上升，经济效益下降，市场竞争力减弱，因而企业的积极性不高，造成行政监督管理成本上升。

(2) 污染治理往往不能根除污染，只是污染物的转移，容易造成环境的二次污染，不能彻底解决环境污染问题。如烟气脱硫、除尘形成大量废渣，废水集中处理产生大量污泥等。

(3) 难以杜绝资源、能源的浪费，已经越来越不适应当今资源短缺的形势。原材料没有得到充分的利用，随废水、废气、废渣排入环境或被处理掉，造成资源的极大浪费。

(4) 某些污染物治理的技术难度大，有毒有害废弃物在处理过程中存在较高风险，造成处理效果不明显，仍有许多环境问题令人望而生畏的局面。

1.5.2 污染预防：削减污染物的产生

在经历了多年的污染治理之后，我们在大气污染控制、水污染控制以及固体废弃物处理处置方面均已取得了显著进展，但环境污染和自然环境恶化的趋势并未能得到有效控制。与此同时，气候变化、臭氧层破坏、有毒有害废弃物越境转移、海洋污染、生物多样性损失和生态环境恶化等全球性环境问题的加剧，对人类的生存和发展构成了严重的威胁。

审视已走过的历程，人们逐渐认识到，多年来以被动反应为主的污染治理存在严重缺陷。这种治理模式割裂了生产过程与污染控制的联系，难以形成经济、社会、环境效益的统一。仅依靠开发更有效的污染控制技术所能实现的环境改善也是有限的，污染治理难以为继。人们认识到合理利用资源，建立新的生产方式，关心产品和生产过程中对环境的影响，依靠改进生产工艺、优化生产过程和加强科学管理等措施从源头减少污染物的产生可能更为有效。相对于污染治理,以"源头削减""过程控制"的方式减少污染物产生,这种全新的污染预防的理念显现出更大的优越性。

1.6 清洁生产策略

良好的环境具有公共物品属性,是普惠的民生福祉,是生产力,是稀缺资源。保护环境就是保护生产力,改善环境就是发展生产力。环境要素的公共物品属性决定了在环境保护事业上,要更多发挥政府作用,以弥补市场的缺陷,解决市场不能解决的问题;环境要素的资产属性则要求尽可能发挥市场的决定性作用,以提高效率。

1.6.1 政府的环境管理目标

政府对环境的管理,有着明确的管理目标:

(1) 保证环境利用的公平性。不仅应保证当代人之间的公平性,享受环境功能服务的地区,要对环境建设和保护地区给予补偿;代际之间也应公平,当代人不仅要在开发中保护、在保护中开发,还要为后代人的生存和发展留下足够资源和空间。

(2) 促进环境利用的高效性。资源是生产力要素,生产力水平理应得到不断提高,以尽可能少的资源投入和污染物排放,生产尽可能多的产品,实现经济效益、社会效益和环境效益有机统一。理论和实践均证明,市场是提高环境效益的有效途径,但不可忽视政府的宏观调控作用。

(3) 确保环境生态系统的可持续性。人类只有以自然规律和经济规律为准则,与自然环境和谐共生,才能维护环境系统的良性循环。因此,人类应以资源、环境承载为基础,以可持续发展为目标,建设生产发展、生活富裕、环境良好的文明社会。

从政府对环境的管理目标可以看出,兼顾公平和效率,政府应当提供公共管理和公共服务,制定和实施保护环境的法律法规、标准和政策,创造一个公开、公正、公平的市场环境,鼓励资源节约集约利用,限制或禁止高消耗、高污染和低效益的项目建设,加快环境建设和环境保护,并加以监督执行。

清洁生产(cleaner production)是指将综合预防的环境保护策略持续应用于生产过程和产品中,以期减少对人类和环境的风险。清洁生产从本质上来说,就是对生产过程与产品采取整体预防的环境策略,减少或者消除它们对人类及环境的可能危害,同时充分满足人类需要,使社会经济效益最大化的一种生产模式。

清洁生产非常好地契合了政府对环境的管理目标。在推行清洁生产方面,政府不仅要加大公共财政投入和购买服务，也应发挥市场作用，调动各类主体参与保护环境的积极性，增强各类主体的社会责任感。这是提高资源利用效率，以尽可能少的要素投入，达到改善环境目的的重要途径。

1.6.2　企业的污染防治体系和环保考量

1. 企业的污染防治体系

企业的污染防治体系包含污染预防、污染治理、污染物安全处置三级。

污染预防是一种资源消耗最少的生产活动的规划和管理，可以明显降低企业的生产成本。它包含资源的合理选择和利用、废弃物的综合利用、再生产品的资源化。

污染治理就是污染物产生后再进行处理，其注意力在生产末端，它不考虑"前端问题"，即资源选择问题，最终导致环境资源的过度开发和耗竭(环境及社会成本上升)以及企业资源成本的不断上升，企业竞争力减小。

污染物安全处置是将污染预防不能解决、污染治理无法消除的污染物采取暂时储存，或者委托有资质的第三方进行处理。储存有严格的时间和数量限制，第三方处理的费用往往高到企业无法承受。

生产过程中排出的废弃物本质上是"未被充分利用的资源"，污染治理模式中污染控制与生产过程控制相脱离，资源往往不能在生产过程中得到充分利用，这不仅会导致资源浪费和环境污染，同时也使生产成本加大。污染预防通过科技进步和创新改善生产工艺，改造高耗低效设备，提高资源的转化率，这可在增加产品收率的同时大大削减污染物的产生，既增加了经济效益，同时也减轻了污染治理的负担。即通过改造设备、工艺等以提高资源利用率，有效提升企业竞争力。

污染治理作为目前国内外控制污染最重要的手段，为保护环境起到了极为重要的作用。然而，随着工业化发展速度的加快，污染治理这一污染控制模式的种种弊端逐渐显露出来，其价值之低显而易见，污染治理往往成为企业被动和无奈的选择。

污染预防从根本上扬弃了污染治理的弊端，它通过生产全过程控制，既可因资源利用率提高而增加产出，又可因减少甚至消除污染物的产生和排放而大大减轻污染治理的费用，降低了治理污染技术开发的难度。同时，也减少了企业污染治理设施的建设投资，进而降低了企业的日常运转费用，大大减轻了工业企业的负担，污染预防模式的价值提升也显而易见。

然而，即使是最先进的生产工艺也不能绝对避免产生污染物，因此污染预防与污染治理将长期共存，以污染预防为基本产业竞争模式、辅之以污染治理手段应该成为今后工业经济发展的主流。

2. 企业的环保考量

从企业的角度来看，经过污染预防、污染治理、污染物安全处置三级保障，所有的污染问题都可以得到或者暂时得到妥善的解决。

在污染预防环节的付出能够得到回报，甚至可以盈利，企业应投入最大的精力在污染预防上，在这个环节中解决掉尽可能多的问题。无法解决的问题才进入到污染治理环节。企业在污染治理环节的投入可以促使污染物达标，但却是纯投入无回报的，故也是需要政府和公众来大力监管督导的。如果污染物通过污染预防和污染治理无法消除，就只能进行安全处置了，此环节的费用往往庞大到企业无法承受，只能在政府和公众的全程强力监管下，依靠社会化的协作以确保废物的安全处置或暂时性无害化储存。

污染预防与污染治理、污染物安全处置三者是互为补充而非包含的关系。推行清洁生产可以引导企业把工作重点从污染治理转移到生产流程的源头和过程控制中来，从而达到降低企业污染治理与污染物安全处置成本的目的，创造更多的"环境与经济双赢"的可能性，而不是说清洁生产工作可以把企业存在的所有环保问题全部解决。

污染治理与污染物安全处置因纯投入，无回报，不可能依靠市场机制推进，只能依靠环保主管部门的行政强制力去督导监管。污染治理与污染物安全处置需要巨额的支出，市场无形的手会逐渐淘汰掉那些选择背负环保包袱前行的企业。

1.6.3　大势所趋的清洁生产

1987 年世界环境与发展委员会在《我们共同的未来》报告中第一次阐述了可持续发展的概念，使各国的环境保护战略发生了根本性的转变。在环境保护战略的选择上，由原先的"末端控制"转向"源头控制"，也就是说由侧重对污染物产生后的排放限制或废物产生后的处理、处置等方面的控制，转向注重对污染的源头控制，即推行清洁生产的预防污染战略。预防为主成为当今环境保护中的首选方案。

在污染控制中，企业应力求实现传统的治理型向预防型的转变，促进企业将环境保护工作渗透到企业的基本活动中，改善企业环境行为，减少环境影响，这就是清洁生产策略。

清洁生产是要从根本上解决工业污染的问题，即在污染前采取防止对策，而不是在污染后采取措施治理，将污染物消除在生产过程之中，实行工业生产全过程控制。这是 20 世纪 80 年代以来发展起来的一种新的、创造性的保护环境的战略措施，美国首先提出其初期思想，这一思想一经出现，便被越来越多的国家接受和实施。

第2章　清洁生产概述

末端治理是对生产活动已经产生的污染物实施的物理、化学、生物方法的治理，力求把环境的污染控制在尽可能低的水平上。随着工业化进程的不断加快，污染物末端治理的缺陷越来越暴露，其不仅造成资源和投入的巨大浪费，而且不能从根本上解决环境污染问题，不能有效遏制环境污染的恶化。清洁生产是对污染物实行源头削减、全过程预防，从而可以使人类的生产活动对环境的影响降到最低。

清洁生产是人类走向可持续发展道路的必然选择，是落实节约资源和保护环境的基本国策、实现资源节约型和环境友好型社会的最佳实践。对企业而言，清洁生产是完成节能减排目标任务、履行社会责任的重要抓手和切入点，是在全球化市场环境下激发创造力、提升竞争力的必由之路。掌握清洁生产的基本知识，是在企业中开展清洁生产工作的必要前提。

2.1　概念和含义

2.1.1　概念

清洁生产的理念源于 1976 年欧洲共同体(简称欧共体)召开的"无废工艺和无废生产"国际研讨会上提出的"应当着眼于从根源上避免污染而不是仅注意消除污染所引起的后果"的思想。

1989 年，联合国环境规划署首次给出清洁生产的定义，1996 年该定义修订为：清洁生产是一种新的创造性的思想，该思想将整体预防的环境战略持续应用于生产过程、产品和服务中，以增加生态效率和减少人类及环境的风险。

● 对生产过程，要求节约原材料和能源，淘汰有毒原材料，削减所有废弃物的数量和毒性；

● 对产品，要求减少从原材料提炼到产品最终处置的全生命周期对环境的不利影响；

● 对服务，要求将环境因素纳入服务的设计和提供过程中。

从以上的定义可以看出，总体来讲，清洁生产是一种全新的思想，它对生产过程、产品和服务都有自己的要求和追求的方向，我们如果遵循这种思想，最终就能够达到增加生态效率并减少对人类和环境的风险的目的。

至于具体的内容，首先对生产过程而言，要求节约原材料和能源。对企业来说，节约原材料和能源就是节约成本，这和企业追求的目标是一致的。淘汰有毒原材料即是使用无毒无害的原材料替代有毒有害的原材料，如水性涂料替代油性涂料、无铅焊材替代有铅焊材都比较具有代表性。废弃物的本质是没有被利用的原材料，提高原材料的利用率，废弃物的数量相应就减少了；使用越多的无毒无害原材料，产生的废弃物的毒性自然而然也就降低了，因此节约原材料和能源，淘汰有毒原材料，与削减所有废弃物的数量和毒性二者是紧密联系在一起的。

其次对产品而言，要求减少从原材料提炼到产品最终处置的全生命周期对环境的不利影响，表明清洁生产不单只关注生产过程和污染治理，而是从产品的全生命周期进行考量。一个产品在策划、开发和设计时就要充分顾及环境因素，从原辅材料、到生产工艺设备、到流通环节，乃至到产品废弃尽量考虑减少对环境的影响。如用易于降解的塑料来制造包装材料，就能消除"白色污染"对环境的危害。

最后对服务而言，要求将环境因素纳入服务的设计和提供过程中。如美国的英特飞公司所提供的地毯都是 $18in^2$(平方英寸)①的标准地毯，这是一个创新的举动，从设计的最初就加入了对环保的考量。对于顾客来说，如果某一块地毯磨损了，或者弄脏了，只需更换一块或几块 18 平方英寸的模块地毯，这无疑节约了成本，而英特飞公司则可以将坏了的地毯重新生产或者清洗，依旧可以使用。英特飞公司后来做得更彻底，干脆把地毯"租"给顾客，而以提供产品和后续服务的方式按月向顾客收取一定的费用。

《中华人民共和国清洁生产促进法(2012 修正)》所称清洁生产，是指不断采取改进设计、使用清洁的能源和原料、采用先进的工艺技术与设备、改善管理、综合利用等措施，从源头削减污染，提高资源利用效率，减少或者避免生产、服务和产品使用过程中污染物的产生和排放，以减轻或者消除对人类健康和环境的危害。

清洁生产，英文为 cleaner production，意思是更清洁的生产。清洁生产在不同的发展阶段或者不同的国家有不同的名称，如废物减量化(waste minimization)、污染预防(pollution prevention)、源头削减(source reduction)等，但其基本内涵是一致的，即对产品和产品的生产过程采用预防污染的措施来减少污染物的产生。

2.1.2 含义

清洁生产有如下几个方面的含义：

① in^2 为非法定单位，$1in^2 = 6.4516×10^{-4}m^2$。

(1) 清洁生产并非仅仅关注生产。它的关注点既包含企业的生产加工和制造过程，还包括提供服务的过程，以及整个产品生命周期中对环境所造成的一切负面影响。包括：①清洁的原料与能源：指产品生产中能被充分利用而极少产生废物和污染的原材料和能源。如尽量使用清洁能源、优先使用水能等可再生能源、提高能源利用率、选用高纯无毒原材料等。②清洁的生产过程：指尽量少用、不用有毒、有害的原料；选择无毒、无害的中间产品；减少生产过程的各种危险因素；采用少废、无废的工艺和高效的设备；做到物料的再循环；简便、可靠的操作和控制；完善的管理等。③清洁的产品：指有利于资源的有效利用，在生产、使用和处置的全过程中不产生有害影响的产品。④全过程控制：它包括两方面的内容。一方面是产品的生命周期全过程控制，即从原材料加工、提炼到产品产出、产品使用，直到报废处置的各个环节采取必要的措施，实现产品整个生命周期资源和能源消耗的最小化。另一方面是生产的全过程控制，即从产品规划、开发、设计、厂房建设、生产到运营管理的全过程，采取措施提高效率，防止生态破坏和污染的发生。

(2) 清洁生产既体现于宏观层次上的总体污染预防战略，又体现于微观层次上的企业预防污染措施。在宏观上，清洁生产的提出和实施使污染预防的思想直接体现在行业的发展规划、工业布局、产业结构调整、工艺技术以及管理模式的完善等方面。如我国许多行业、部门提出严格限制和禁止能源消耗高、资源浪费大、污染严重的产业和产品发展，对污染重、质量低、消耗高的企业实行关、停、并、转等，都体现了清洁生产战略对宏观调控的重要影响。在微观上，清洁生产通过具体的手段措施达到生产全过程污染预防。如在生产、营销、财务等环节，组织实施清洁生产审核、环境管理体系、产品环境标志、产品生态设计、环境会计等清洁生产活动。

(3) 清洁生产不是简单的清洁。这里的清洁是多维度的，它涵盖了采购、设计、生产、包装、库存、销售、售后服务、产品使用直至报废等各个方面。这里的清洁同时是多层次的，从现场的清洁、生产的清洁到工艺的清洁、设计的清洁以及管理的清洁，清洁的潜力是无限的。

(4) 清洁生产不能限于一次或一时。因为有无限的清洁生产潜力，所以清洁生产应该是一个"不断"的过程。因为清洁生产是多纬度的，所以清洁生产才能不断扩展，是一个螺旋上升、循环往复以至无穷的过程。

(5) 清洁生产不能只追求局部利益，应进行系统思维。局部优化不一定带来整体的优化，系统层面的优化才能给企业带来更大的利益。企业的管理者应更多地从系统的角度来考虑问题，只有站在系统的角度考虑问题，才能提升企业整体的收益。

(6) 清洁生产不能只瞄准污染，应该关注一切浪费。污染只是浪费的一种，还有更多的浪费存在于企业之中，这些浪费所造成的隐性污染往往被企业所忽视。解决浪费问题，不但能够消除污染，还能有效提升企业在管理层面的水平。

(7) 清洁生产，既是一个相对的概念，也是一个绝对的概念。所谓清洁原料、清洁生产技术和工艺、清洁能源、清洁产品等都是指相对于当前所采用的原料、生产技术工艺、能源和生产的产品而言的，其产生的污染更少，对环境危害更小。清洁程度可以和同行业的其他企业、自身历史最好状态相比较。因此，清洁生产是一个持续进步的过程，是相对的。另外，对某个企业的清洁生产水平可以用清洁生产指标评价体系和清洁生产标准来衡量和对照，从这个角度来说，清洁生产又是绝对的。

(8) 清洁生产可以促进企业的多项工作，全面提升企业的安全、管理、生产、盈利水平和竞争力。源头削减和全过程控制的最终完善必须通过技术改造来达到，这种技术改造可以提高企业的技术装备水平，优化生产流程，相应地要求更高的管理水平和更优秀的员工。清洁生产意味着追求更好，企业追求节约资源、环境友好，做更好的企业，员工工作更严谨、更认真，成为更高素质、更高品位的人。

2.2　目的和原则

2.2.1　目的

清洁生产是在环境和资源危机的背景下，总结多年的工业污染控制经验后提出来的一个新概念。它倡导充分利用资源，从源头削减和预防污染，在发展生产、提高经济效益的前提下，达到保护环境的目的，最终达到社会经济可持续发展的根本目的。

具体来说，清洁生产要达到以下目的。

(1) 自然资源和能源利用的最合理化。使企业用最少的原材料和能源消耗，生产出尽可能多的产品，提供尽可能多的服务。为此，企业要最大限度地做到采用各种技术和措施节约能源、利用可再生能源、利用清洁能源、开发新能源；节约原材料尤其是稀有原材料，减少使用有毒有害原材料、尽量循环利用物料。

(2) 经济效益最大化生产。使企业提高生产效率、降低生产成本，获得尽可能大的经济效益。为此，企业要最大限度地减少物料损耗和能源消耗、采用高效生产技术和工艺、减少副产品、提高产品质量、合理安排生产进度、培养高素质人才、完善企业管理制度、树立良好的企业形象。

(3) 对人类和环境的危害最小化。使企业在提供产品和保护环境两方面都为提高人类的生活质量做出贡献。为此，企业在生产和服务中要尽可能使用无毒无害原料、采用少废或者无废生产技术和工艺、消除生产过程中的危险因素、使用可回收利用或者可以降解和易处理的包装材料、合理包装产品、合理设置产品功能、延长产品寿命。

2.2.2　原则

(1) 资源化原则：废物是放错位置的资源财富，应使原材料最大限度地转化为产品，废物最大限度地成为资源；

(2) 减量化原则：使资源消耗量最少、污染产生量和排放量最小；

(3) 无害化原则：尽可能减少有毒有害原材料的使用及有害污染物的产生和排放；

(4) 再利用原则：对生产和流通中产生的废物，应作为再生资源充分回收利用。

2.3　特性和优势

2.3.1　特性

清洁生产是环境保护和传统发展模式的根本性变革。相对于末端治理，清洁生产体现了环境保护的预防性、经济与环境效益的双赢性、发展的可持续性以及实施的综合性。

1. 清洁生产的预防性

相对于末端治理，清洁生产最根本的特点在于它的预防性。末端治理是一种传统的环境保护方式，与整个生产过程脱节，是一种企业范围内的先污染后治理。而清洁生产是一种污染预防的环境保护方式，在工业生产中，要求通过源头削减，改变产品和工艺，提高资源和能源的可利用率，从而最大限度地减少有毒有害物质的产生，实现废物的最小量化。从产品的设计和原料的选择，到设备、工艺技术、管理，以及防止和减少污染废物的产生，整个生产过程都体现了清洁生产的预防性，这也是清洁生产的实质所在。

2. 清洁生产的双赢性

传统的末端治理重在"治"，忽略了"防"，并且治理难度大，成本高，效率低。由于末端治理的高难度性和不彻底性，会给环境造成不利的影响，在失去经济效益的情况下，往往环境效益也甚微。而清洁生产实行的是全过程控制，从产品的设计到产品的无害性和服务的清洁性，清洁生产追求的是一种经济效益和环境效益的双赢性。其一，清洁生产从源头上削减污染，生产过程中避免有毒有害物质产生，强调污染的预防性和环境保护的彻底性，环境效益远远大于传统的末端治理。其二，贯穿于整个生产过程，清洁生产要求选择高效无害的原料，减少资源和能源的消耗，提高资源能源的利用率，降低了生产成本。其三，工业生产的末端，清洁生产要求消除污染废物的产生，要求产品无毒无害，不对环境和人体健康产生威胁，并且生产和使用后易于分解、回收和再利用，降低了废物处理的成本。经济效益和环境效益的双赢性，是清洁生产的目的所在。

3. 清洁生产的可持续性

传统的末端治理体现的是一种大量消耗资源和能源、以牺牲环境发展经济的粗放型生产模式，不利于发展的可持续性。可持续发展要求资源和能源的利用同时满足于当代人和后代人的需要，即对资源和能源的合理可循环利用。而清洁生产要求在生产过程中要对资源和能源进行循环利用，并对产生的废物和产品进行回收再利用。清洁生产是实现可持续发展的最佳生产模式，是实现节能减排的最佳途径。清洁生产体现了可持续发展的内在要求，这是清洁生产的关键所在。

4. 清洁生产的综合性

清洁生产是一项综合性技术，是一种综合性预防的环境战略。清洁生产的确认和规范需要法律法规和政策的多样性来调控，包括引导、促进和强制等手段。政府引导企业进行清洁生产的方向，通过经济激励等手段促进企业清洁生产并进行相关信息披露，适当地运用强制手段对企业某种清洁生产行为进行必要的强制，并对违背清洁生产的行为进行限制。另外，实施清洁生产还需要综合的战略技术措施，包括科技的综合性、管理的综合性以及资源的综合利用。这种调控手段和技术的多样性，决定了清洁生产的综合性，这是清洁生产的价值所在。

2.3.2 优势

1. 清洁生产体现了解决污染问题的整体战略

清洁生产要求全面考虑污染问题，从各个角度去寻找问题的答案，这里涉及空间和时间两个方面。

(1) 在空间方面，清洁生产包含：

对生产过程或服务过程，要多方位、多视角去考虑问题，如资源能源消耗、工艺技术、设备、管理、员工、产品或副产品、污染等。从选择原料、确定工艺路线和设备，到废物利用、运行管理的各个环节，都全面体现减少乃至消除污染物产生的要求。

对产品，要从产品的全生命周期去考虑，即从规划设计、原料提炼、制造加工、消费使用、废弃物处理来考虑问题。

(2) 在时间方面,清洁生产是一个持续的过程。

持续是指清洁生产不是一蹴而就的,不是一朝一夕就完成的,而应该是一种持续的行为,才能持续减少污染的产生和能源的消耗,才能促成企业的可持续发展和整个社会的可持续发展。

清洁生产能够较好地解决"末端治理"与生产过程脱节、既增加成本又难以根治污染的不足。正因如此,它才成为世界各国实施可持续发展战略的主要措施和优先选择。

2. 清洁生产体现的是一种集约型的发展方式

清洁生产要求改变以牺牲环境为代价驱动经济增长的粗放型发展模式,走内涵型的发展道路。为实现这一目标,企业必须大力调整产品结构、革新生产工艺、优化生产过程、提高技术装备水平、加强科学管理、提高人员素质、合理高效配置资源、最大限度地提高资源利用率。因此,相对于"末端治理"方式而言,清洁生产具有更节省地利用资源和更高效率地产出的优越性,并且在经济增长的同时能够带来更多的社会公共福利。

3. 清洁生产是人们思想和观念的一种进步

清洁生产显示出一种积极主动应对环境问题的态度,是工业污染防治的最佳模式和有效途径。它对工业废弃物实行费用有效的源头削减,一改传统的不顾费用有效或单一末端控制的办法。它的最大优势是实现了经济效益、环境效益和社会效益三者的统一。而末端治理只有环境效益,把企业的环境责任集中放在能源、环保管理人员身上。两者的本质区别是"防"与"治"的区别。

4. 清洁生产可提高企业的生产效率和经济效益,与末端治理相比,成为受到企业欢迎的新事物

清洁生产与末端治理都以保护环境为最终目标。清洁生产通过生产全过程控制,减少甚至消除污染物的排放,但末端治理在污染物防治上是不可缺少的。这是因为最先进的生产工艺也无法完全避免污染的产生,用过的产品也必须进行最终的处理和处置。只有做好生产全过程和治理污染过程的双控制,才是解决企业环境问题的最佳方式。

清洁生产从根本上讲就是污染预防。即将预防战略和整体战略持续地应用于产品的生产过程、服务的提供过程以及产品中,目的是持续地减少污染的产生和能源消耗。

预防战略就是防止污染产生,将着眼点放在产生污染的环节,采取措施让污染不产生或少产生,减轻甚至消除后面的污染治理环节,这就实现了经济效益和

环境效益的统一。

清洁生产对环境技术的提高有着迫切的需求。为了在生产过程、产品生命周期内和服务中持续地应用整体预防的环境保护战略，它要求对技术进行相应的选择和开发。但清洁生产反对将"污染的"技术与"干净的"或"绿色的"技术截然对立起来，它坚持认为，只要优化物质与能量流，所有的技术都会变得越来越"清洁"。只要以绿色工艺和无废物加工为主线，对生产要素、生产条件、生产组织进行重新组合和优化组合，就可以建立效能更好的生产体系和科技开发、市场营销、质量、环境、安全、健康认证等保障体系，找到环境效益与经济效益的结合点。这一观点对于那些技术水平和技术装备还受到种种局限的企业来说，不仅更易于接受，而且更有现实的可行性。

5. 实行清洁生产是控制环境污染的有效手段

清洁生产改变了被动的、滞后的污染控制手段，强调在污染产生之前予以削减，即在产品及其生产过程并在服务中减少污染物的产生和对环境的不利影响。这一主动行动，经近几年国内外的许多实践证明具有效率高、可带来经济效益、容易为企业接受等特点，因而实行清洁生产将是控制环境污染的一项有效手段。

6. 清洁生产有利于克服企业生产与环保分离的问题

企业的管理对企业的生存和发展至关重要。虽然环境管理思想已多多少少渗透到企业的生产管理中，但企业把环境保护的责任越来越看成是一种负担，而不是需要。清洁生产完全是一种新思维，它结合两者关心的焦点，通过对产品的整个生产过程持续运用整体预防污染的环境管理思想;改变企业的环境管理和职能，既注重源头削减，又要节约原材料和能源，不用或少用有毒的原材料;实施生产全过程控制，做到在生产过程中，减少各类废物的产生和降低其毒性，达到既降低物耗，又减少废物的排放量和毒性的目的。

第 3 章　清洁生产的社会意义

当前，我国工业总体上尚未摆脱高投入、高消耗、高排放的发展方式，资源能源消耗量大，生态问题比较突出，环境形势依然严峻，迫切需要构建科技含量高、资源消耗低、环境污染少的绿色制造体系。清洁生产有利于推进企业节能降耗、实现降本增效，是推动工业绿色发展的内生动力。

推行清洁生产是对传统末端治理污染方式的根本性转变，也是对传统生产方式和发展模式的根本变革，是发展绿色经济、循环经济的基础。企业有必要正确认识清洁生产与经济社会发展的关系，深入推行清洁生产，采取根本性措施来解决环境问题，增加绿色产品和服务的有效供给、补齐绿色发展短板，使生态文明建设与可持续发展的理念在企业经营活动中得到贯彻和推行。

3.1　在我国推行清洁生产的必要性

3.1.1　发展方式的经验总结

从 20 世纪 80 年代开始，中国内地、特别是沿海地区吸引了日本、美国和欧洲的大量投资，承接了来自中国香港、中国台湾、新加坡和韩国的产业转移，制造业得到迅速发展。资本和产业向中国内地的转移，主要是被广阔的市场、低廉的劳动力成本、宽松的资源环境管制等因素吸引。外商的投资对我国经济发展起到了很大的促进作用，它奠定了中国的世界制造大国地位，但不可忽视的是，由于我国经济发展的总体水平低，环境成本内在化程度低，使发达国家及一些新兴工业化国家和地区的部分企业为牟取高额利润将一部分高耗能、高耗材、高污染的"三高"企业，以直接投资形式转移到我国境内，使得国内的环境污染问题陡然加重，变得急促和尖锐，这个问题至今仍在深刻地影响着我们。

作为改革开放的成果，沿海地区的辐射力与带动力得到了极大的提升，相对落后的内陆地区则给发达地区提供了巨大的腹地资源和市场空间。当前，伴随着沿海发达地区向中西部的投资和产业转移，带来的经济模式和环境问题仍在后浪推前浪式地向内地纵深发展。

中国四十年的改革开放，取得了西方国家两三百年的经济成就，但也积累了大量的环境问题，资源枯竭、生态恶化在短时期内爆发。我们在享受经济发展成果的同时，也不得不面对污染的负面影响。

过去的发展在很大程度上依靠各种优惠政策和条件，包括减免税和提供廉价土地、劳动力来吸引外资，这是典型的粗放型经济发展方式。中国作为全球最大的发展中国家，改革开放以来，长期实行主要依赖增加投资和物质投入的粗放型经济增长方式，导致资源和能源的大量消耗和浪费，同时也让中国的生态环境面临非常严峻的挑战，使我国的经济和社会可持续发展受到很强的资源环境约束。

长期以来，我国的经济发展是以大量的资源消耗为代价取得的，即依靠扩大建设规模，增加生产要素的投入来实现经济增长。随着经济的不断发展，这种增长方式产生的环境问题日益显著，在开放的经济形势下愈加突出。目前，粗放型经济发展方式的潜力已经基本耗尽。按照科学发展观的要求，应当转向主要依靠改进技术和管理、提高资源利用效率的集约型经济增长方式。

3.1.2　现实情况的要求

我国是发展中国家，经济基础差、技术水平低、资源相对贫乏、生态基础薄弱、环境污染严重，我国的工业特点、资源特点和环境现状决定了必须推行清洁生产。

(1) 我国工业基础差、水平低、耗能高、污染重、结构和布局不合理与工业化加速发展并存，必须推行清洁生产。由于现有的工业总体技术水平落后，原料加工深度不够，资源利用率不高，致使单位产品的能耗大大高于发达国家。

(2) 我国资源短缺，必须大力推行清洁生产。我国的资源总储量居世界第 3位，但庞大的人口基数，使得我国人均占有量仅居世界第 53 位，仅为世界人均占有量的 1/2。大量不可贸易的资源，如水资源人均占有量仅是世界平均水平的 1/4。随着经济的发展，我们的矿产资源国内供应能力、保障能力也不足；45 种重要战略资源，估计到 2020 年时将有 9 种外贸依存度超过 70%，呈现严重短缺状态，有 10 种外贸依存度在 40%～70%，为短缺状态。因而，节约能源不仅具有环境效益，而且具有直接的经济效益。

(3) 我国环境现状严峻，与发达国家环境质量相比，差距有进一步拉大趋势，必须大力推行清洁生产。我国还未摆脱先发展后治理的老路，二氧化碳、二氧化硫的排放量严重超过承载上限。以这样的发展状况，即使实现了小康社会的各项经济指标，也会对环境造成严重的破坏。

(4) 我国环境法制不健全，目前仍旧以污染物末端治理为中心，执法力度较为薄弱，处于"不良立法"和"低度执法"状态，致使环境污染和生态破坏等环境问题总体上日趋严重。

3.1.3　面临的机遇和挑战

当前，我国已经进入经济新常态，这既给清洁生产带来新的机遇，又带来严峻挑战。

1. 经济新常态下，清洁生产面临的新机遇

(1) 生态文明建设和环境保护理念深入人心。中国共产党第十八次全国代表大会(简称党的十八大)报告提出"五位一体"总布局，新《环境保护法》、《关于加快推进生态文明建设的意见》等法律法规的出台体现了保护环境的国家意志。党中央、国务院对环境保护高度重视，为清洁生产提供了发展机遇。

(2) 严格的排放标准倒逼企业实施清洁生产。在全面依法治国的大背景下，环境执法力度必将加大，污染物排放标准不断趋严，企业单纯依靠末端治理将不能实现稳定达标排放，清洁生产将成为必然选择。企业面临严格的环境执法和高额的环境违法成本，这将倒逼企业采用清洁生产工艺，实现升级转型。

(3) "一带一路"战略构想为清洁生产发展带来契机。"一带一路"沿线大多是新兴经济体和发展中国家，普遍面临工业化和全球产业转移带来的环境污染、生态退化等挑战，加快发展转型、推动绿色发展的呼声不断增强。"一带一路"战略构想将为清洁生产带来技术创新的机遇、巨大的潜在市场和资本保障。

(4) 新的工业革命为工业清洁生产提供广阔的空间，中国企业要实现绿色转型需要全面推行清洁生产。《中国制造 2025》提出，全面推行清洁生产能有效服务于构建高效、清洁、低碳、循环的绿色制造体系，为制造业绿色改造升级提供重要着力点。同时，互联网发展态势迅猛为清洁生产技术创新、升级、推广提供了重要帮助。

(5) 绿色金融渐趋活跃，绿色、循环、低碳发展形成新潮流。节能环保领域持续投入是清洁生产发展的物质基础，盈利机制逐步健全可使节能环保领域吸引力增强。绿色金融方兴未艾，环保投资成为热点，有利于进一步推动清洁生产。

2. 经济新常态下，清洁生产面临的新挑战

(1) 经济下行压力影响企业动力。新常态下发展速度放缓，工业企业收入下降，技术革新的投资能力也在下降，导致一些企业实施清洁生产的意愿不强，许多明显可行的清洁生产改造项目受制于现金流而被迫推迟或放弃。

(2) 化解产能过剩危机任重道远。产业转型、结构调整进入攻坚期，长期性产能过剩态势显现，进一步淘汰压减将更多涉及非落后产能，实施清洁生产需要企业家更大的决心和资源整合能力。

(3) 绿色壁垒逐步加大。国际上对我国环境履约将持续施压，绿色壁垒需积极

应对。绿色壁垒不仅来自国外，国内的绿色壁垒也开始出现。如近年来一些跨国公司在华企业对其供应链提出了清洁生产的绩效要求。

(4) 清洁生产服务能力差。一些政府部门及国家工作人员缺乏明确的清洁生产意识，思想观念落后。清洁生产咨询服务机构业务水平良莠不齐，咨询服务市场管理机制不完善，存在无序、不良竞争和地方保护主义。信息技术不断发展，企业节能减排需求持续增长，而清洁生产咨询服务机构还停留在辅导和主导企业编制清洁生产审核报告的阶段，不能真正发掘企业内部存在的各种节能减排的技术需求和管理需求，不能帮助企业规避环境风险，不能增强企业生产经营活动的合规性和竞争力。

3.2　清洁生产助推的经济社会发展模式

企业是现代社会的基本组织形式之一，企业既是实施清洁生产的主体，也是发展绿色经济、循环经济和低碳经济思想和行动的主体。一方面，由于人类需求的无限性与地球资源的有限性之间矛盾的凸显，生态文明建设、可持续发展等经济社会发展模式的内在需求表现出多层次、多样化的趋势，清洁生产正是这种趋势的一种体现。另一方面，生态文明建设、可持续发展等经济社会发展模式的思想和行动需要在现代社会的基本组织中间得到融合推进。

3.2.1　生态文明建设

人类经历了不同的文明发展阶段，如果说农业文明是黄色文明，工业文明是黑色文明，那么生态文明就是绿色文明。生态文明是以尊重和维护自然为前提，以人与人、人与自然、人与社会的和谐共生为宗旨，以建立可持续的生产方式和消费方式为内涵，以引导人们走上持续、和谐的发展道路为着眼点的物质和精神成果的总和。

生态文明建设注重人类与自然系统的平衡性和持续性,清洁生产强调产品"从摇篮到坟墓"这一过程的清洁化和生态化。生态文明建设涉及的主体有国家、企业和家庭的全部社会组织形式，具有系统的宏观特点。清洁生产涉及的主体主要是进行生产和服务的企业，具有局部的微观特点。

生态文明建设的重要任务是形成节约资源和保护环境的空间格局、产业结构、生产方式、生活方式，还自然以宁静、和谐、美丽。清洁生产与生态文明建设都是可持续发展的实现形式，两者都追求资源利用效率最大化、废弃物产生排放量最小化的生态效率目标。清洁生产的绿色设计、绿色制造、绿色经营，与生态文明的产业体系建设内容具有同质性，清洁生产的节能、降耗、减污、增效内容与生态文明的文明生产体系建设内容具有一致性。清洁生产是生态文明建设的重要组成部分，是生态文明建设的产业基础。

生产方式绿色化是生态文明融入经济建设最直接、最有效的形式。只有通过积极转变生产方式，建立健全绿色低碳循环发展的经济体系，实施绿色制造工程，支持绿色清洁生产、资源综合利用，实施节能环保重大工程，推进循环型产业体系构建、循环经济试点示范，才能走出一条经济发展与生态文明建设相辅相成、相得益彰的发展新路。

在中国生态文明建设过程中，企业是构建社会主义生态文明的关键性力量。工业企业作为经济领域的主体，既是社会财富的创造者，生态环境问题的主要责任者，也是生态文明建设的细胞单元。工业企业具有为社会生产产品或提供服务的经济职能，促进社会物质文明程度的提高。与此同时企业的生产活动对自然环境有直接或间接的负面影响，会产生出一些我们社会不愿得到的副产品，如废气、废水、废渣等，从而带来破坏生态平衡、污染环境、危害人体健康以及社会正常发展等不良后果。因此，工业企业生态文明建设是继区域(省、市、县、街道)生态文明建设的更深层次、更具体化的建设工作，是区域生态文明建设的深化和补充，企业生态文明建设水平也就决定了我国生态文明建设水平和实现程度。

生态文明在本质上是一种生态经济，倡导的是一种与环境和谐的经济发展模式，达到减少进入生产流程的物质量、以不同方式多次反复使用某种物品和废弃物的资源化的目的。作为资源、能源消耗和环境污染的主体，工业企业直接影响生态文明建设的速度和质量，只有工业企业实现清洁生产，才能达到全社会物质文明与生态文明的共赢，实现人与自然、社会和谐发展，工业企业清洁生产越来越受到重视，成为在企业层次上推进生态文明建设的重要手段之一。

企业的生态文明建设是一种全新的发展观和效率观，是企业根据社会经济可持续发展的要求，最终实现生态与环境的最终改善和自身全面发展的目标，是未来企业生存和发展的必经阶段。它贯穿企业运营生产的整个生命周期，实现企业个体利益与社会整体利益、眼前利益和长远利益的有机结合与协调统一。企业生态文明建设既要追求和有效实现企业利润最大化，也要树立生态文明观，主动承担社会责任。

依据企业生态文明的内涵，企业生态文明建设的内容包括：生态经济建设、生态环境建设、生态制度建设、生态文化建设。

生态经济建设以循环经济思想为基础，通过改进生产工艺，开发高新技术，提高资源的利用效率，发展经济发达、生态高效的产业，不再是只追求利润，而是追求企业生态经济效率的发展。

生态环境建设是企业通过优化工艺技术提高资源回收利用率、减少污染物的排放，将清洁生产工艺作为生产的中心环节，发展循环经济，促进企业生产经营活动与生态环境的协调发展，从而推动生态文明的进步。

生态制度建设是企业理解和执行政府制定的建设生态文明的政策，制定与之相适应的规章制度，在企业层次上推进区域的生态文明建设。

生态文化建设是企业树立正确的生态文明价值观，通过履行社会责任，加强员工的社会责任感，增强员工的凝聚力，培育企业文化，提升企业形象。

3.2.2　可持续发展

1992 年 6 月 3 日至 14 日，在巴西里约热内卢召开了联合国环境与发展大会。会议通过的《21 世纪议程》制定了可持续发展的重大行动计划，可持续发展已取得各国的共识。

可持续发展是科学发展观的基本要求之一。可持续发展就是建立在社会、经济、人口、资源、环境相互协调和共同发展的基础上的一种发展，其宗旨是既能相对满足当代人的需求，又不能对后代人的发展构成危害。

可持续发展是一种新的发展思想和战略，目标是保证社会具有长期的持续发展的能力，确保环境、生态的安全，以及稳定的资源基础，避免社会经济大起大落的波动。

要实现可持续发展，就必须改变传统的经济与环境二元化的经济模式，建立一种把二者内在统一起来的生态经济模式。

(1) 生产过程的生态化。在生产过程中，建立一种无废料、少废料的封闭循环的技术系统。传统的生产流程是"原料—产品—废料"模式。这里追求的只是产品，但加入生产过程与产品无关的都作为废料排放到环境中。而生态模式的生产中，废料则成为另一生产过程的原料而得到循环利用，封闭循环技术系统既节约了资源，又减少了污染。

(2) 经济运行模式的生态化。我们应当运用经济的机制刺激和鼓励节约资源和环境保护，把节约资源和环境保护因素作为经济过程的一个内在因素包含在经济机制之中。为此，第一，我们应当重视社会能量转换的相对效率，并使它成为评价经济行为的重要指标之一。新经济学应当依据净能量消耗来测定生产过程的效率，把利润同能量消耗联系起来。第二，应该把"资源价值"纳入经济价值之中，形成一种"经济—生态"价值的统一体。在这里，资源的"天然价值"应当作为重要参考数打入产品的成本。资源价值应遵循着"物以稀为贵"的原则。随着某些资源的减少，资源的天然价值就会越高，使用这些资源制造的产品的价格也就应当越高。这种经济机制能够抑制对有限资源的浪费。第三，应当建立一种抑制污染环境的经济机制。我们应当看到清洁、美丽的适合人类生存的环境本身就具有一种"环境价值"。为此，应当把破坏环境的活动看成产生"负价值"的活动而予以经济上的惩罚。

(3) 消费方式的生态化。传统的消费方式也是一种非生态的消费方式。传统经济模式中生产并不是为了满足人的健康生存的需要，而是为了获得更大的利润，因此生产不断创造出新的消费品，通过广告宣传造成不断变化的消费时尚，诱使消费者接受。大量地生产要求大量消费，因此挥霍浪费型的非生态化生产造成了一种挥霍浪费型消费方式。这种消费方式所追求的不是朴素而是华美，不是实质而是形式，不是厚重而是轻薄，不是内在而是外表。

虽然我国的经济发展迅速，但有些企业尚未达到经济与环境持续协调发展的"双赢"模式。有些企业一直沿用着以大量消耗资源和能源、依靠经济要素驱动的粗放型为特征的传统发展模式，通常是通过高投入、高污染来实现较高的经济增长速度。有些企业没有合理利用能够作为资源的废弃物，只满足于末端治理达标排放。因此，这种以浪费资源和能源为代价的粗放型经营模式是不可持续的，必将导致经济发展和环境保护的对立，也将受到资源短缺的严重制约，随着国家资源价格控制的加强，这种反作用将越来越明显。同时，如果没有经济实力的支持，环境保护也不能持续下去，这既不符合当代人的愿望，也不符合后代人的利益。

清洁生产持续地将污染预防战略应用于生产过程和服务中，强调从源头抓起，着眼于生产过程控制，不仅能最大限度地提高资源能源的利用率和原材料的转换率，减少资源的消耗和浪费，保障资源的永续利用，而且能把污染消除在生产过程中，最大限度地减少环境保护和末端治理的负担，改善环境质量。可以说，清洁生产是实现经济与环境协调可持续发展的有效途径和最佳选择。

清洁生产是可持续发展所要求的工业技术条件。实现资源的综合利用和减少污染物、废物的排放是可持续发展对于资源和环境的两大要求。而这两个要求也是清洁生产所要实现的两大目标。粗放型的经济生产模式不仅造成了资源和能源的浪费，也给环境带来了污染和破坏，不利于人类的生存和发展，违背了可持续发展的理念。而末端治理不完全将会给环境造成不利的影响，只有推行清洁生产，才能实现资源的可持续利用，预防工业污染物和废物的产生，减轻末端治理的负担。

清洁生产是人类走向可持续发展道路的必然选择，是落实保护环境基本国策的重要举措，是实现资源节约型、环境友好型社会的最佳实践，是落实节能减排目标任务、履行社会责任的重要抓手和切入点，是在全球化市场环境下激发创造力、提升竞争力、拓展持续力的必由之路。

3.2.3　绿色经济

"绿色经济"最初是由英国经济学家皮尔斯在 1989 年出版的《绿色经济蓝皮书》中提出来的。2008 年 10 月，联合国环境规划署发起了"绿色经济倡议"，其目标和使命是在全球金融危机和经济衰退的背景下，使全球领导者以及经济、金融、贸易、环境等相关部门的政策制定者意识到环境对经济增长、增加就业和减少贫困方面的贡献，并将这种意识体现到经济危机重建的相关经济政策中。该倡议所秉承的宗旨和理念是：经济的"绿色化"不是增长的负担，而是增长的引擎。

从绿色经济的演变过程及当前绿色经济的使命看，绿色经济是发展模式创新过程中出现的新的经济学概念，是建立在生态环境容量和资源承载力的约束条件下，将环境保护作为实现可持续发展重要支柱的经济发展形态。因此，绿色经济的内涵可以理解为：绿色经济是以保护和完善生态环境为前提，以珍惜并充分利用自然资源为主要内容，以社会、经济、环境协调发展为增长方式，以可持续发展为目的的经济形态。

绿色经济是一种融合了人类的现代文明，以高新技术为支撑，使人与自然和谐相处，能够可持续发展的经济，是市场化和生态化有机结合的经济，也是一种充分体现自然资源价值和生态价值的经济。它是一种经济再生产和自然再生产有机结合的良性发展模式，是人类社会可持续发展的必然产物。绿色经济的范围很广，包括生态农业、生态工业、生态旅游、环保产业、绿色服务业等。

绿色经济是以市场为导向、以传统产业经济为基础、以经济与环境的和谐为目的而发展起来的一种新的经济形式，是产业经济为适应人类环保与健康需要而产生并表现出来的一种发展状态。

绿色经济是以效率、和谐、持续为发展目标，以生态农业、循环工业和持续服务产业为基本内容的经济结构、增长方式和社会形态。绿色经济是一种全新的三位一体思想理论和发展体系。其中包括"效率、和谐、持续"三位一体的目标体系，"生态农业、循环工业、持续服务产业"三位一体的结构体系，"绿色经济、绿色新政、绿色社会"三位一体的发展体系。历史表明，绿色经济是人类社会继农业经济、工业经济、服务经济之后的新的经济结构，是更加效率、和谐、持续的增长方式，也是继农业社会、工业社会和服务经济社会之后人类最高的社会形态，绿色经济、绿色新政、绿色社会是 21 世纪人类文明的全球共识和发展方向。毫无疑问，绿色经济是一种新的发展理念、新的发展目标、新的经济结构和新的发展方式，新的人本自然的理念替代了以人为本的旧理念，新的效率、和谐、持续的发展目标替代了传统的单一长目标，新的绿色经济结构替代了传统的白色农业、黑色工业为主体的旧经济结构，新的效率、和谐、持续的增长方式替代了低效、冲突、不可持续的旧的增长方式，新的绿色经济、绿色新政、绿色社会也替代了传统社会。目前，绿色经济正以其强大的逻辑力量推动全球经济转变，发达国家普遍转向了绿色经济，在传统经济向绿色经济转变中实现结构增长。

绿色经济包含绿色产业和传统产业的绿色转型两个方面的内容。目前所倡导的绿色经济，不仅要大力发展节能环保等绿色产业，还要加大对传统产业的绿色化、生态化改造。这一点对于当前正处在工业化快速发展阶段的我国显得尤为重要。因此，发展绿色经济，必须加大力度对传统高能耗、高污染、低水平的产业进行绿色化改造，坚决淘汰落后产能，提高环境保护的准入门槛，优化经济发展的结构，提升经济发展的质量。

当前发展绿色经济，必须准确把握绿色经济的核心和增长点，必须加大绿色投资的力度。绿色投资，既包括传统的环境保护、节能减排方面的投资，也包括一切有利于环境保护、可持续发展的投资行为。

绿色经济重点强调可持续性，必须把经济规模控制在资源再生和环境可承受的界限之内，既要考虑当代的可开发利用，又要考虑后代的可持续利用，全面提高人的生活质量。同时，经济要具有可持续的发展模式，以原生资源投入为主的工业发展模式最终是不可持续的，必须发展以绿色产业为支柱的经济发展模式。

实施清洁生产是促进绿色发展的有力措施，是建设资源节约型、环境友好型社会的重要途径。工业企业应当加大对清洁生产的推进力度，加强统筹规划，进一步提高发展质量，实现又好又快发展。

清洁生产又称绿色生产，它的最终目的是实现企业生产的"节能、降耗、减污、增效"，是通过使用清洁的能源和原材料、更新工艺技术与设备、加强过程控制、改善管理、提高员工操作技能、加强废弃物的综合利用以及改进产品设计等措施实现企业清洁化生产，使原本"消耗大、污染重"的传统产业经济转变为"资源节约、污染少"的绿色经济。换句话说，清洁生产是实现传统产业经济"转绿"的有效手段。因此，对传统产业大力推行清洁生产是绿色经济发展的重要措施。

目前，传统产业占全球制造业的比重约为 85%，是世界经济增长的核心力量。促进传统产业绿色转型，建立高效、灵活、低耗、清洁，并具有良好经济效益和生态效益的先进制造业，对于缓解资源环境压力，实现世界经济可持续发展将起到决定性作用。

在以往的发展模式下，钢铁、水泥、石油等传统行业是属于"高能耗、高物耗、高污染"的行业，只有通过"绿色化"改造，也就是大力发展循环经济、推进清洁生产，实现经济的绿色转型，才能实现整个国民经济的绿色发展。

因此，清洁生产是实现传统经济"绿色化"的重要手段，是绿色经济发展的重要内容。就我国而言，加大对传统产业的绿色转型，一方面能够满足经济高速发展对传统产业产品的需求，另一方面能够大大缓解当前面临的资源、环境压力。

绿色经济是一种以资源节约型和环境友好型经济为主要内容，资源消耗低、环境污染少、产品附加值高、生产方式集约的一种经济形态。发展绿色经济，包括低碳经济、循环经济和生态经济在内的高技术产业，有利于转变我国经济高能耗、高物耗、高污染、高排放的粗放发展模式，有利于推动我国经济集约式发展和可持续增长。

3.2.4　循环经济

循环经济亦称"资源循环型经济"，是以资源节约和循环利用为特征，与环境和谐的经济发展模式。强调把经济活动组织成一个"资源—产品—再生资源"的反馈式流程。其特征是低开采、高利用、低排放。所有的物质和能源能在这个不断进行的经济循环中得到合理和持久的利用，以把经济活动对自然环境的影响降低到尽可能小的程度。

中华人民共和国国家发展和改革委员会(简称国家发改委或国家发展改革委)对循环经济的定义是：循环经济是一种以资源的高效利用和循环利用为核心，以"减量化、再利用、资源化"为原则，以低消耗、低排放、高效率为基本特征，符合可持续发展理念的经济增长模式，是对"大量生产、大量消费、大量废弃"的传统增长模式的根本变革。这一定义不仅指出了循环经济的核心、原则、特征，同时也指出了循环经济是符合可持续发展理念的经济增长模式，抓住了当前中国资源相对短缺而又大量消耗的症结，对解决中国资源对经济发展的瓶颈制约具有迫切的现实意义。

循环经济本质上是一种生态经济，是可持续发展理念的具体体现和实现途径。在生态经济系统中，增长型的经济系统对自然资源需求的无止境性，与稳定型的生态系统对资源供给的局限性之间就必然构成一个贯穿始终的矛盾。围绕这个矛盾来推动现代文明的进程，就必然要走更加理性的强调生态系统与经济系统相互适应、相互促进、相互协调的生态经济发展道路。生态经济要求遵循生态学规律和经济规律，合理利用自然资源和环境容量，以"减量化、再利用、再循环"为原则发展经济，按照自然生态系统物质循环和能量流动规律重构经济系统，使经济系统和谐地纳入到自然生态系统的物质循环过程之中,实现经济活动的生态化,以期建立与生态环境系统结构和功能相协调的生态型社会经济系统。

循环经济的根本目的是要求在经济流程中尽可能减少资源投入，并且系统地避免和减少废弃物，废弃物再生利用只是减少废弃物最终处理量。首先，要在生产源头就充分考虑节省资源、提高单位生产产品对资源的利用率、预防和减少废弃物的产生；其次，对于源头不能削减的污染物和经过消费者使用的包装废弃物、旧货等加以回收利用，使它们回到经济循环中；最后，只有当避免产生和回收利用都不能实现时，才允许将最终废弃物进行环境无害化处理。

从理论上讲，"减量化、再利用、再循环"可包括以下三个层次的内容：

(1) 产品的绿色设计中贯穿"减量化、再利用、再循环"的理念。绿色设计包含各种设计工作领域，凡是建立在对地球生态与人类生存环境高度关怀的认识基础上，一切有利于社会可持续发展，有利于人类乃至生物生存环境健康发展的设计，都属于绿色设计的范畴。绿色设计具体包含产品从创意、构思、原材料与工艺的无污染、无毒害选择到制造、使用以及废弃后的回收处理、再生利用等各个环节的设计，也就是包括产品整个生命周期的设计。要求设计师在考虑产品基本功能属性的同时，还要预先考虑防止产品及工艺对环境的负面影响。

(2) 物质资源在其开发、利用的整个生命周期内贯穿"减量化、再利用、再循环"的理念，即在资源开发阶段考虑合理开发和资源的多级重复利用；在产品和生产工艺设计阶段考虑面向产品的再利用和再循环的设计思想；在生产工艺体系设计中考虑资源的多级利用、生产工艺的集成化标准化设计思想；生产过程、产品运输及销售阶段考虑过程集成化和废物的再利用；在流通和消费阶段考虑延长产品使用寿命和实现资源的多次利用；在生命周期末端阶段考虑资源的重复利用和废弃物的再回收、再循环。

(3) 生态环境资源的再开发利用和循环利用，即环境中可再生资源的再生产和再利用，空间、环境资源的再修复、再利用和循环利用。

对于再利用和再循环之间的界限，要认识到废弃物的再利用具有以下局限性：其一是再利用本质上仍然是事后解决问题，而不是一种预防性的措施。废弃物再利用虽然可以减少废弃物最终的处理量，但不一定能够减少经济过程中的物质流动速度以及物质使用规模。其二是再利用本身还不能保证是一种环境友好的处理活动。因为运用再利用技术处理废弃物需要耗费矿物能源、水、电及其他许多物质，并将许多新的污染物排放到环境中，造成二次污染。其三是如果再利用资源的含量太低，收集的成本就会很高，再利用就没有经济价值。

循环经济要求在工业生产中，减少原料的消耗，对资源和能源进行再利用和再循环。而清洁生产的实现途径包括源头削减和再循环，要求减少资源和能源的浪费，节能减排，实现资源和能源的循环利用。两者是面和点、宏观与微观的关系。产品的生态设计是实现循环经济的前提，在实际生产过程中，清洁生产为发展循环经济提供了技术基础和前提。清洁生产的最终目的是实现循环经济，循环经济的基础是推行清洁生产。清洁生产与循环经济在可持续发展理念下，其实施途径和最终目的是相辅相成的。

发展循环经济，实现发展与环境协调的最高目标是实现从末端治理到源头控制，从利用废弃物到减少废弃物的质的飞跃，要从根本上减少自然资源的消耗，从而也就减少环境负载的污染。

清洁生产是循环经济的一部分，是循环经济的重要内容。循环经济主要强调资源能源的循环利用率，强调如何实现"减量化"。清洁生产的内涵即是废弃物的最小量化。清洁生产可以解决循环经济发展过程中出现的一些技术问题，为循环经济提供技术基础。清洁生产是实现循环经济"减量化"的最佳途径和方法。清洁生产是循环经济的微观基础，循环经济是清洁生产的最终发展目标。各种产业的、区域的生态链和生态经济系统则构成清洁生产到循环系统的中间环节。衡量清洁生产是否达到目的，仅仅衡量某个企业或某个行业是不够的，应当看其是否在区域、国家层次形成生态经济系统，形成循环经济形态。可以说，推行清洁生产是发展循环经济的第一步，清洁生产是实现循环经济的基本途径。另外，清洁生产和循环经济的共同目标都是实现可持续发展，都是在可持续发展的理念下，实现环境效益和经济效益的双赢。

3.2.5　低碳经济

"低碳经济"提出的大背景，是随着全球人口和经济规模的不断增长，大气中二氧化碳浓度升高带来的全球气候变暖对人类生存和发展的严峻挑战。

低碳经济是指在可持续发展理念指导下，通过技术创新、制度创新、产业转型、新能源开发等多种手段，尽可能地减少煤炭、石油等高碳能源消耗，减少温室气体排放，达到经济社会发展与生态环境保护双赢的一种经济发展形态。

低碳经济的特征是以减少温室气体排放为目标，构筑低能耗、低污染为基础的经济发展体系，包括低碳能源系统、低碳技术和低碳产业体系。低碳能源系统是指通过发展清洁能源，包括风能、太阳能、核能、地热能和生物质能等替代煤、石油等化石能源以减少二氧化碳排放。低碳技术包括清洁煤技术和二氧化碳捕捉及储存技术等。低碳产业体系包括火电减排、新能源汽车、节能建筑、工业节能与减排、循环经济、资源回收、环保设备、节能材料等。

发展低碳经济，一方面是积极承担环境保护责任，完成国家节能降耗指标的要求；另一方面是调整经济结构，提高能源利用效率，发展新兴工业，建设生态文明。这是摒弃以往先污染后治理、先低端后高端、先粗放后集约发展模式的现实途径，是实现经济发展与资源环境保护双赢的必然选择。低碳经济是以低能耗、低污染、低排放为基础的经济模式，是人类社会继农业文明、工业文明之后的又一次重大进步。低碳经济实质是能源高效利用、清洁能源开发、追求绿色 GDP 的问题，核心是能源技术和减排技术创新、产业结构和制度创新以及人类生存发展观念的根本性转变。

清洁生产在低碳经济中具有重要的战略地位。第一，清洁生产是实现低碳经济的重要途径。清洁生产注重在企业生产全过程控制，它是将生产技术、生产过程、经营管理及产品等方面与物流、能量、信息等要素有机结合起来，并优化运行方式，从而实现最小的环境影响，最少的资源、能源使用，最佳的管理模式以及最优化的经济增长水平。通过清洁生产手段来控制环境污染，减少碳排放，是最佳选择。第二，发展清洁生产是低碳经济的切入点。开展清洁生产要求企业提高工艺技术水平，用先进的工艺技术替代落后的工艺技术，正好符合了低碳经济的技术创新理念。第三，清洁生产与低碳经济理念相符合。清洁生产遵循"节能、降耗、减污、增效"八字方针，特别是节能和提高能效方面，符合低碳经济所倡导的使用洁净煤、可再生能源、核能及相关低碳能源。通过清洁生产的推广和应用，使低碳经济有了抓手，可以带来更大的环境效益和经济效益。第四，清洁生产是企业在气候变化和发展低碳经济的背景之下立于不败之地的重要保障。当前形势下，企业将会面对一个气候系统更加复杂和多变的世界，企业的生产运营必将面临一个能源资源和碳排放环境容量更为稀缺的要素市场，企业也将会立足于一个价格机制逐渐纳入外部性成本的更为可持续的产品市场。发展清洁生产技术可以提高企业整体生产技术水平，适时作出战略调整，以确保在市场竞争中的不败地位。

在全球气候变化的背景下，发展低碳经济已经成为全球经济发展趋势，一些行业将感受到巨大的减排压力，面临严峻的节能减排考核，推行清洁生产，特别是采用减少温室气体排放的清洁生产先进技术尤为重要。我们要把握发展低碳经济的战略机遇，促进中国向绿色发展模式转变，从依靠物质消耗和要素投入向依靠技术进步和结构优化转变，实现环境效益和经济效益的统一。

第 4 章　企业实施清洁生产的动因

　　环境污染和资源枯竭一直是经济发展过程中必须面对的重大问题，尤其是十八大报告中，经济建设、政治建设、文化建设、社会建设、生态文明建设"五位一体"思想的提出，国家越来越关注环境问题和生态问题，这对传统粗放的经营模式提出了挑战。同时，社会大众对环境质量要求逐步提高，使企业在追求利润的同时不得不考虑其生产活动对环境产生的影响，并积极寻求一种能兼顾经济效益、环境效益和社会效益的全新途径。在资源节约型、环境友好型社会建设的大背景下，清洁生产备受关注。

　　企业是清洁生产的主体，但仅靠市场机制驱动，企业实施清洁生产的动力是非常有限的。实施清洁生产既是企业外部的要求，也是企业内部的需要。从现代企业成本管理的角度考虑，清洁生产是完全符合企业的良性发展要求的。清洁生产能最大限度地利用资源和能源，减少末端治理的压力和二次污染的可能性，改善劳动条件和工作环境。清洁生产不仅有力地促进了生产技术进步和产业结构调整，实现了节能降耗，降低了生产成本，创造了显著的经济效益，同时减轻了环境压力，对于工业企业与环保部门是双赢的结果。

4.1　外部的要求

　　企业外部的要求主要来自政府机构和公众两个方面。

　　政府一方面通过多种形式的法律、法规、政策、制度，以及有力的执法手段，强制企业开展必要的活动，满足政府对清洁生产的要求，如政府倡导建立环境质量公开制度、企业环境管理机制、银行"绿化"制度、自愿协议制度，实行有利于清洁生产企业及产品的采购政策等。另一方面通过调控企业的生产成本或经济效益，从而促使其自愿、主动、积极地实施清洁生产行为。激励企业开展清洁生产的有效工具有政府的补贴、投资信贷优惠、差异税等优惠政策。

　　随着可持续发展理念的增强，循环经济理念的兴起，环保意识的提高，来自社会各界的绿色呼声，尤其是绿色消费已成为一种潮流和时尚，它也会引导企业的生产发展由传统观念向清洁生产的思想观念转变。

1. 清洁生产是企业需要承担的社会责任

有远见的企业必须与其他利益群体保持良性沟通和互动，从行业发展、生态环境、公众利益和社会和谐的方方面面承担起应有的责任，才能确保企业真正获得长远发展的有利空间，可以说，企业积极履行绿色低碳理念的社会责任已成为我国社会各界对企业的殷切期望和广泛要求。

企业要想可持续生存发展，就要让自己的价值取向与主体社会价值保持持久的一致性。企业承担社会责任的行为，是维护企业长远利益、符合社会发展要求的一种"互利"行为，可以为自身创造更为广阔的生存空间。企业社会责任作为一种激励机制，对企业来说，是一场新的革命，更是提高企业开拓能力的动力源泉，是企业利益和社会利益的统一。同时，企业社会责任作为企业文化的新内容，也塑造和创新了企业文化的价值观念。

赋予企业绿色低碳的责任，就要求企业主体要形成与生态环境之间的一种利益分配和善意和解的紧密关系，一种与自然和谐共生的关系。

社会责任这一概念是社会发展到一定阶段的产物，企业在不断追求自我价值实现的同时也应按照道德的标准对社会做出贡献，同时现代企业会被政府以及社会公众要求履行社会责任来回报社会，因此强化企业履行社会责任是企业管理达到一定水平后企业进一步发展的方向，树立履行社会责任理念并将之制度化，也是我国企业健康发展的必然要求。

企业社会责任是当今企业经营的重要理念，对于国家进步、社会和谐、企业发展具有十分重要的意义。当前，推进生态文明建设是国家战略，也是经济发展的内在要求，更是所有社会成员共同的利益诉求。

企业作为一个重要的社会经济组织，不但承担着创造社会物质财富的责任，在新的发展战略的指引下，还应承担着更大的社会责任。企业社会责任涉及企业生产经营活动中的每一个环节，其履行的主要目的在于保证商业活动的行为能够对经济、社会和环境起到积极的作用。

面对日益严峻的环境状况，为了社会公众利益，企业应该自觉承担环境保护责任。在生态文明背景下，企业的环境保护责任包括节约资源和保护环境两个方面。面对资源紧缺的形势，企业必须坚持节约使用资源、合理利用资源，同时要改变粗放的生产方式，大力采用精细化的管理和生产技术。

企业考虑到自身的长期可持续发展时，需要树立履行社会责任的理念，提高企业社会责任管理水平，实施清洁生产，需要不断地对市场进行调查，了解消费者的需求，也需要了解竞争者的发展情况。这样，企业就会注意到自身发展当中存在的问题，尽最大的可能对资源和环境进行保护。当企业将自身的发展与社会的发展联系在一起时，其对社会责任的担当就体现出来了。

2. 国际"绿色贸易壁垒"迫使企业实施清洁生产，降低经营风险

当今世界越来越多的国家意识到环境保护已成为经济发展不可缺少的一部分，伴随这种保护环境的新浪潮，一种新的非关税壁垒出现了，即绿色贸易壁垒。绿色贸易壁垒是一些发达国家制定的以保护环境为目的的法律法规、标准以及措施等，是一种商品准入限制。近年来，在国际贸易中绿色贸易壁垒日益成为发达国家手中的一个贸易杀手锏。发达国家凭借高新技术，在国际贸易中对发展中国家的产品提高环境标准要求，使发展中国家在国际贸易中处于不利地位。

在绿色贸易壁垒的限制下，企业只有大力推行清洁生产，在生产过程中尽量减少有毒有害物质的产生，保障产品的清洁和安全，才能够改善我国与他国的双边或多边贸易关系，减少绿色贸易壁垒对我国对外贸易的冲击，在国际贸易中取得竞争优势。推行清洁生产，是打破绿色贸易壁垒的有力方式。经济全球化在进一步推动中国与国际市场接轨的同时，也要求中国企业强化环境技术的应用，提高企业的环境保护水平，改善环境质量和产品的环境友好程度。由于我国产业结构不尽合理，高污染行业较多，面对日益严峻的资源和环境形势，面对国际市场激烈的竞争，面对"绿色贸易壁垒"的压力，加快推行清洁生产势在必行。在发达国家中清洁生产产品等同于环境标志产品，在国际市场上颇具竞争力。开展清洁生产不仅可改善环境质量和产品性能，增加市场竞争的能力，还可帮助企业吸引到更多的国际用户，减少贸易壁垒的影响。我们应该努力适应世界贸易组织(简称世贸组织)的要求，完善环境法规体系，推行清洁生产，实现贸易与环境双赢。

3. 开展清洁生产有利于企业规避政府的管制压力

企业在环境保护层面的运作和政府的引导存在着事实上的博弈关系，企业既是环境麻烦的制造者，也是解决者。随着企业观念的进步，越来越多的企业希望通过自己的行为和表现，影响整个社会的进程，愿意主动承担社会责任。企业只有实施绿色低碳战略，以绿色低碳标准对企业行为进行规范约束，才能保持良好的企业形象和可持续发展的动力。

为企业的生存和发展提供环境和配套的政策与服务是政府的职能。企业要想不断发展壮大，就需要履行相应的对政府的责任。这就要求企业必须通过积极配合政府的相关工作，与政府相关部门建立良好的关系，才能得到政府相应的政策扶持，在融资、打开市场等方面才会具有一定的优势，才能把握好宏观的经济发展趋势，了解国家产业政策的变动情况，从而做出正确的决策，获得更多的发展机会和更好的发展环境。清洁生产工作可以为企业树立良好的口碑，可为企业赢得政府政策优惠或资金支持，这些都有利于企业的发展和提升。

4.2　内部的需要

节能、降耗、减污、增效是清洁生产的根本特征，清洁生产在创造环境效益的同时，也可以给企业带来经济效益并且相应地创造社会价值，所以说并不是单纯只有资金、技术、人力、物力等的投入。自 20 世纪 70 年代末期以来，发达国家的企业纷纷选择以推行清洁生产为环境战略，把推行清洁生产作为经济和环境协调发展的有效措施。它们的污染预防、污染控制的理论和实践都证明：清洁生产是企业未来环境保护与经济持续协调发展的战略选择。因此，清洁生产的根本特征决定了企业自身具有重视清洁生产、主动采取某些行为来推动清洁生产的驱动力。

1. 清洁生产是现代工业发展的基本模式和现代文明的重要标志，是企业树立良好社会形象的内在要求

(1) 清洁生产克服了末端治理的固有缺陷，无论是思想观念、管理方式、技术和工艺革新、设备维护、质量控制都会得到较大的改善和提高，体现可持续发展的要求，是工业文明的重要标志。

(2) 清洁生产有利于提高企业的整体素质，提高企业的管理水平。清洁生产不仅可为生产控制和管理提供重要的技术资料和数据，而且要求全员参加，有利于管理人员、工程技术人员和生产人员业务素质和技能的提高。

(3) 开展清洁生产不仅有利于营造和谐舒适的工作环境，减少对职工健康的不利影响，消除安全隐患，还能减轻末端治理负担，减少污染物的产生和排放量，改善周边环境质量。

(4) 员工是企业生存和发展的重要因素，通过清洁生产带来的良好的工作环境和企业形象，会吸引越来越多的高素质人才进入到企业当中，从而帮助企业进一步改善其自身的经营情况，也能获得消费者或者客户的信任，获取更多的经济利益。

(5) 企业要生存、发展和壮大离不开社会各界的理解和支持，如果仍采用浪费资源、污染环境的粗放型经营模式，不仅会给企业带来沉重的经济负担、造成更加严重的环境污染，而且会给企业带来巨大的社会压力。采用无害或低害的原材料，生产无害或低害的产品，并且在生产过程中实现少废或无废排放，不仅可降低成本、提高企业竞争力，而且有助于企业在社会上树立良好的环保形象而得到公众的认可和支持。

2. 清洁生产能够提升企业价值

企业作为社会责任实施的载体，不仅应广泛顾及其利益相关者的权益，而且应时刻关注自身价值的提高。应针对不同责任对企业价值的影响程度，有效分配企业资源，以在最大程度上实现企业价值的提升及长期可持续发展。企业应通过加强对企业价值产生正向影响的社会责任的管理，实现自身的价值最大化，进而给企业提供更多更好的发展机会，确保企业的各项业务正常运转与快速发展。清洁生产可以减少资源和能源的消耗，增加企业效益，提升企业价值。

3. 实行清洁生产可提高企业的市场竞争力

企业的竞争优势不仅来自质量、成本、时效、服务等方面，而且体现在环境生产、环境管理、环境营销等一系列保护、珍惜和爱护生态环境方面。清洁生产可以促使企业提高管理水平，节能、降耗、减污，从而降低生产成本，提高经济效益。同时，清洁生产还可以树立企业形象，促使公众对其产品的支持。

随着全球性环境污染问题的日益加剧和能源、资源急剧耗竭对可持续发展的威胁以及公众环境意识的提高，一些发达国家和国际组织认识到进一步预防和控制污染的有效途径是加强产品及其生产过程以及服务的环境管理。欧共体于1993年7月10日正式公布了《欧共体环境管理与环境审核规则》(EMAS)，并定于1995年4月开始实施；英国于1994年颁布了BS7750环境管理；荷兰、丹麦同时决定执行BS7750；加拿大、美国也都制定了相应的标准。国际标准化组织(ISO)于1993年6月成立了环境管理技术委员会(TC207)，要通过制定和实施一套环境管理的国际标准(IS)规范企业和社会团体等所有组织的环境行为，以达到节省资源减少环境污染、改善环境质量、促进经济持续、健康发展的目的。由此可见，推行清洁生产将不仅对环境保护而且对企业的生产和销售产生重大影响，直接关系到其市场竞争力。

4. 清洁生产是促进企业经营方式转变，提高质量和效益的有效途径

当前，我国不少企业尚未摆脱粗放型经营方式，技术装备落后、能源资源利用率低、管理缺乏科学性和最优量化参数指标、操作随意性盲目性问题突出、员工素质和技能普遍较低，导致单位产品能耗、物耗远高于国际先进水平。这不仅是造成企业成本高昂、经济效益低下、缺乏竞争力的主要原因，又是大量排放污染物、造成环境污染的主要原因。通过实施清洁生产，可以为企业发展提供全新的目标，即最大限度地提高资源和能源的利用率、减少污染物的产生和排放。也可以提供实现这一目标的途径，即科学管理、革新工艺技术、优化生产过程控制，提高员工素质和技能，使企业真正实现合理高效配置资源与人员的集约型发展模

式。因此，清洁生产包含了企业深化改革、转变经济发展方式的丰富内涵，有利于促进经济的运行质量和企业经济效益的提高。

5. 清洁生产是实现精细化管理和生产的有效手段

实施清洁生产，可以提升企业管理水平、装备水平和技术水平，优化企业的产品结构和资源消耗结构，提高企业参与全球化市场竞争的能力。尤其是推行清洁生产审核，企业可以核实单元操作、原材料、能源、用水、产品和废料的资料，确定废物的数量、来源和类型以及废物削减的目标，制定经济有效的废物控制措施，判定影响企业效率的制约点和管理不完善的地方，提高企业通过削减废物、获得效益的能力，提高企业产品质量，实现经济效益、环境效益和社会效益的全面改善。

6. 开展清洁生产有利于企业开辟新的产业

清洁生产提出源头削减、过程控制、循环利用等一系列新的要求，为企业进军环保产业提供了广阔的市场发展契机。企业通过自身的清洁生产活动，积累经验，将本行业具体情况和前沿动态、社会需求结合起来，有望研制出许多服务于同类企业的新工艺、新技术、新设备，同时总结改进、消化吸收国外新技术、新成果，创新形成中国式的先进实用的技术体系，以满足本行业对清洁生产的要求，为企业开辟新的产业和新的效益增长点。

7. 开展清洁生产可以利用政府环保政策筹措资金，获得政府的各种支持和鼓励

《清洁生产促进法》第三十二条明确规定"国家建立清洁生产表彰奖励制度"，第三十三条指出"技术改造项目列入国务院和县级以上的地方人民政府同级财政安排的有关技术进步专项资金的扶持范围"，第三十四条提出："在依照国家设定的中小企业发展基金中，应当根据需要安排适当数额用于支持中小企业实施清洁生产。"

我国建立了一系列清洁生产激励政策，出台了促进清洁生产的产业政策、清洁生产技术推广政策及财税、金融政策，引导企业主动开展清洁生产。国家结合淘汰落后产能、产业结构调整的要求，制定了企业实施清洁生产的财政税收政策，对研发和现行推行清洁生产技术的企业实施减免税政策。各级银行、金融管理部门，对经济效益好、污染治理效果显著的清洁生产项目给予贷款支持，对列入国家和省的清洁生产示范项目给予贷款贴息支持。同时，推行有利于清洁生产的政府采购政策。通过政府向实施清洁生产的企业进行有针对性的财政补贴和适当经济上的支持和鼓励，大幅度调动企业实施清洁生产的积极性。

另外，目前国家对节能减排工作出台了大量优惠政策，清洁生产与节能减排是紧密联系在一起的，实施清洁生产的企业在一定条件可以优先享受节能减排各项优惠政策。

8. 实行清洁生产可大大降低末端治理的负担

末端治理是目前国内外控制污染的最重要手段，为保护环境起着极为重要的作用，如果没有它，今天的地球可能早已面目全非，但人们也因此付出了高昂的代价。据美国国家环境保护局(简称美国环保局)统计，1990 年美国用于三废处理的费用高达 1200 亿美元，占 GNP 的 2.8%，成为国家的一个沉重负担。我国近几年用于三废处理的费用一直仅占 GNP 的 0.6%～0.7%，已使大部分城市和企业不堪重负。

清洁生产可以减少甚至在某些情形下消除污染物的产生。这样，不仅可以减少末端治理设施的建设投资，而且可以减少日常运转费用。对现有的污染处理设施而言，可以应对企业生产规模的扩大而增多的污染物处理，节省投资的同时，大大降低履行环境影响评价手续的难度。

4.3　经营活动的组成部分

清洁生产的概念不仅包含有技术上的可行性，而且包括经济上的可营利性，体现着经济效益、环境效益和社会效益的统一。在今天资源枯竭和污染严重的状况下，企业已逐渐认识到成本的降低、竞争优势的取得并不意味着一定要以环境的破坏为代价，先污染后治理的道路是一条弯路，它造成资源和投入的巨大浪费。面对绿色浪潮，现代企业在进行战略成本管理中关注清洁生产无疑成为企业持续发展、有效降低成本、获取竞争优势的重要选择。

现代企业的经营目标应是在维护社会目标的前提下，保持竞争优势，可持续地获取投资收益的最优化。而清洁生产的目的是以最小的资源环境代价取得最优化的经济增长成果，这与企业的经营目标是不谋而合的。企业首先在发展规划中确定企业的主导产品，加大研究开发力度，创造别人没有的产品。采用先进的工艺技术、清洁能源，生产自己的质量精品、形象精品，获得成本优势、竞争优势，达成企业经营目标。同时，现代企业越来越多地认识到自己对用户及社会的责任，日益关注良好的社会形象，既为自己的产品或服务争得信誉，又促进组织本身获得认同。

从长远来看，清洁生产是达成企业经营目标的最佳生产模式，它使得企业的经济目标与社会目标得到良好的统一。清洁生产的实施能满足企业成本管理的基本目标,从战略高度对企业成本结果和成本行为进行全面了解、控制和改善,从而寻求企业长期竞争优势。

4.3.1 基于清洁生产的绿色成本管理

清洁生产是一种全新的发展战略,是实现以最小的资源环境代价取得最优化经济增长水平的目的。成本管理的目的不仅在于降低成本,更重要的是为了建立和保持企业的长期竞争优势,两者是可以紧密相结合的。也就是说,企业必须探求提高其竞争地位的成本降低途径。如果企业某项产品的成本降低是以污染环境为代价的,这不仅削弱了企业的竞争地位,甚至会影响到企业的生存。另外,如果实施清洁生产虽然引起了某项成本的暂时增加,但会有助于增加企业的竞争实力,提高企业的社会价值,树立起有利于企业的社会形象,则这种成本的增加是值得鼓励的。因此,基于清洁生产的绿色成本管理是值得推崇的。从会计管理的角度参与清洁生产方案的决策与控制,从企业的战略管理角度加强清洁生产,取得长远的、稳固的成本降低优势,最终使经济与环境得以统一、协调发展。

基于清洁生产的绿色成本管理体系由以下几个方面构成。

1. 以清洁生产的理念对企业成本进行规划设计——生态设计

生态设计,也称绿色设计、生命周期设计或环境设计,是指将环境因素纳入设计之中,从而帮助确定设计的决策方向。生态设计要求在产品开发的所有阶段均考虑环境因素,从产品的整个生命周期减少对环境的影响,最终引导产生一个具有可持续性的生产和消费系统。

绿色成本管理原则上应符合清洁生产的理念,不仅要在生产环节减少物质资源、人力资源的耗费,减少对于人类健康的损害和环境的污染,而且在产品使用上要注意循环利用。有必要运用科技手段和方法,对所有成本项目进行细化,控制和改进。具体操作中,要综合运用优化设计、工艺改进、设备更新、先进的检测技术以及信息技术和管理方法,不断提高技术含量,降低材料成本,减少污染,最终达到增强实力、提高竞争能力的目的。

2. 绿色成本管理的成本计算方法——产品生命周期成本法

用清洁生产理念对企业产品的生命周期进行分析。由于产品在生命周期的各个阶段均会对环境产生影响,其成本既包括内部环境成本,也包括外部环境成本。这些成本主要体现在三个方面:

(1) 产品生产所需原料的获取过程,会直接或间接地与自然环境发生关系;

(2) 产品的生产过程会排放废弃物和污染物;

(3) 产品在其最终废弃时会对环境产生或大或小的负面影响。

采用生命周期成本法必须科学计量、大力控制企业产生的环境成本，将环境成本直接或间接地分配到相应的产品各个生命周期阶段中，这样才能使产品的各个生命周期阶段都注重环境负荷的降低，使环境成本问题获得企业所有者和管理者的重视，进一步改善企业对环境的负面影响。

3. 绿色成本管理的控制——全面成本控制体系

基于清洁生产战略的成本控制不仅要考虑与成本有关的影响企业价值增值的因素，而且还须考虑整个经营活动过程中对环境和资源不利的影响因素。这种成本控制是一种全过程、全方位、全员的全面成本控制体系。全过程即对包括产品设计过程、制造过程及销售过程在内的整个价值形成过程都进行成本控制；全方位即不仅需对产品生产成本进行控制，而且考虑环境预防成本和环境污染成本，对其层层细化、分解控制；全员控制即企业所有成员深刻理解清洁生产战略，认同和积极参与成本控制。

全面成本控制要求以清洁生产观念作为成本控制的基本原则，即将成本的节约与经济效益、生态效益、社会效益结合起来，追求效能成本，追求的是企业、环境、消费者三赢局面。

4. 绿色成本管理的业绩评价——平衡记分法

平衡记分法的基本思路是：将涉及企业表面现象和深层实质、短期结果和长期发展、内部状况和外部环境的各种因素划分为几个主要方面，并针对各个方面的目标设计出相应的评价指标，以便系统、全面地反映企业的整体运营情况，为企业的战略成本管理服务。因此，应建立全方位、多角度反映企业经济技术效果、环境指标、部门、个人的指标体系。基于这一原则，我们须从定性与定量、长期与眼前、经济效益与社会效益、生态效益三方面科学设计评价指标，以企业整体目标的实现为出发点，不拘泥于短期评价，更注重于企业长期竞争优势的持续改善。

4.3.2　基于清洁生产的绿色核算

传统的企业会计由于不考虑企业环境行为的影响，不反映企业的环境收益和环境损失，因而不能满足企业绿色经营的核算需求。环境会计把企业环境活动纳入会计核算的范围，弥补了传统会计的不足，使绿色经营有了与之相适应的会计核算模式和经营成果反映模式。

1. 环境会计的含义

环境会计是运用会计学的基本原理与方法，采用多种计量手段，对企业环境保护活动及与环境有关的事项进行确认、计量、评价、反映和控制，记录企业环境污染与防治的各项成本费用，评估企业环境绩效，并对核算结果进行报告的管理活动。

环境会计是 20 世纪引入的新型会计，它计量和揭示会计主体的活动给资源环境带来的经济后果，突破了传统企业会计单纯以利润为中心的模式。

2. 环境会计的内容

1) 环境成本

环境成本是企业为预防和治理环境污染而发生的各种费用支出，以及由此而承担的各种损失，主要包括以下几个方面：

(1) 环境污染预防成本，是企业为了预防与生产经营活动有关的环境污染而发生的成本。如以绿色原材料替代原有原材料的成本，采用环保生产工艺替代原有生产工艺的成本等。

(2) 环境污染治理成本，是企业为了治理由生产经营活动造成的环境污染而发生的成本。如为减少和消除废气、废水和固体废弃物的排放而发生的成本，为消除生产场地的噪声、辐射而发生的成本等。

(3) 废弃物回收再利用成本，是企业为了对生产经营过程中产生的废弃物，以及使用后废弃的产品和包装物进行回收再利用而发生的成本等。

(4) 环境损失，是企业承担的各类与环境保护有关的损失。如企业因污染环境而向消费者、所在地区居民或社会其他方面支付的损害赔偿费等。

2) 环境资产

企业环境资产包括环境固定资产、环境无形资产和环境递延资产。主要包括以下几个方面：

(1) 环境保护和污染治理设备，是指企业所拥有的用于控制污染物产生和排放的专用设备及治理环境污染的专用设备。如污水净化设备、废气排放控制设备、噪声消除设备、对有害物质进行无害化处理的设备、环境质量监测设备等。

(2) 环境污染治理专利技术及非专利技术，是企业从其他企业或科研单位购入的，或者是企业自行研究开发并取得专利权的环境保护专利技术。

(3) 环境许可证。环境许可证中较为典型的是排污许可证。排污许可证也称排污权，是指政府有关机构根据某一地区最大的污染物容纳量，划分若干个排污单位，以排污权的形式公开出售，企业购买了排污权，就拥有了排放所购买份额的污染物的权利。

(4) 资源开采和使用权，是指企业购买或拥有的矿产勘探权、矿产开采权、土地使用权等能为企业带来未来经济利益的特许权或优先权。企业购买资源开采和使用权所支出的成本也应进行资产化。

3) 环境负债

环境负债是由于过去的经营活动或其他事项对环境造成了破坏或影响，而应当由企业承担的、需要用资产和劳务偿付的义务，主要包括以下几个方面：

(1) 环境修复义务，是企业因排放污染物造成环境破坏而承担的使环境恢复原状的义务。包括为消除由于污染物排放、有毒有害物质泄露、生产工艺不当、工厂选址不当而造成的大气污染、水质污染、土壤污染、噪声污染等环境负面影响而进行修复，使环境恢复原状的义务。

(2) 环境罚款义务，是企业因违反环境保护法规而向有关部门缴纳罚款的义务。包括企业因在环境保护法规允许的范围以外排放污染物，或造成有毒有害物质泄露、大气污染等环境污染或环境破坏受到处罚而产生的缴纳罚款的义务。

(3) 环境赔偿义务，是企业因排放污染物对他人造成损害和经济损失而向他人进行赔偿的义务。包括企业由于污染物排放、有毒有害物质泄露、生产工艺不当等造成的大气污染、水质污染、土壤污染等对其他组织或个人造成财产损失、健康损害而产生的向受害人进行赔偿的义务。

4) 环境收益

环境收益是指在一定时期内，环境资产带来的已经实现或即将实现的，能够以货币计量的收益。环境收益的确认标准有两项：一是环境收益具有现实性，不论收益的实现形式如何，只要能够实现，都可以作为环境收益加以确认。二是计量的可靠性。

4.3.3　基于清洁生产的绿色营销

1. 绿色营销的含义

绿色营销是指企业从保护环境出发，以消除或减少对生态环境的破坏为中心，以满足消费者的绿色消费为基本点，创造和发掘市场机会，并采取适宜的营销手段获取盈利和谋求发展的一种新型营销观念与营销策略。绿色营销的焦点是谋求消费者利益、企业利益、社会利益和生态环境利益的统一。

2. 绿色营销的内容

绿色营销涉及的内容涵盖企业市场营销活动的各个方面，大致可分为两个阶段：一是产前阶段，包括绿色产品开发、绿色产品设计等。二是产品销售阶段，主要是采用各种绿色促销手段，如绿色广告、绿色推广、绿色公关等，促进绿色产品的销售。

(1) 绿色产品的开发。绿色产品是指产品从生产、使用到回收处理的整个生命周期过程中，对环境无污染，对人体健康无损害，减少对资源和能源的消耗，并有利于资源循环利用的产品。绿色产品既可以是改良型的产品，也可以是全新的产品。绿色产品的开发是绿色营销的支撑点。开发绿色产品，必须从产品功能定位出发，确定产品在材料选择、产品结构、制造工艺，以及产品的使用甚至产品废弃后的处理等方面都不污染环境。绿色产品开发需要对绿色产品的消费市场进行深入研究，了解消费者的绿色需求和绿色产品市场的发展动态，把握绿色产品的发展趋势和市场定位。

(2) 绿色设计。绿色设计就是对绿色产品的外观、结构、材料选择等方面进行的设计。绿色设计的目的是使所设计的产品在不降低使用功能的前提下，充分满足绿色环保的要求。绿色产品开发，关键在于设计与制造。绿色产品概念形成后，就要通过绿色设计使绿色产品概念得到落实，形成具体的绿色产品。

(3) 绿色标志。绿色标志也称之为环境标志、生态标志，是一种由权威性的认证机构颁发的证明产品达到环境标准的一种图形标志。标志获得者可把标志印在或贴在产品或其包装上，表示该产品不仅质量符合标准，而且在生产过程、使用过程及使用后处置过程都符合环境保护的要求。绿色标志是产品达到绿色标准的外部表示。

(4) 绿色包装。绿色包装是指能节约资源，减少废弃物，用后易于回收再利用，易于自然分解，不污染环境的包装，如可回收再循环包装、多功能包装、以纸代塑包装等。绿色包装以不污染环境、保护人类健康为前提，以充分利用再生资源、保护生态环境为发展方向。绿色包装应符合减少包装材料使用量，实现包装材料的重复使用，可回收再利用，或可利用包装废弃物获取能源或燃料，包装材料可降解等要求。

(5) 绿色促销。通过企业的各种营销策略，传递绿色产品的信息，从而引起消费者对绿色产品的需求欲望及购买行为。绿色促销就是围绕绿色产品而开展的各项促销活动的总称。绿色促销的核心是通过充分的信息传递，树立企业和产品的绿色形象，使之与消费者的绿色需求相协调，扩大绿色产品的销售。在绿色促销中，绿色广告、绿色公关和绿色推广活动是企业经常采用的营销策略。

第 5 章　清洁生产的政策和法律法规

作为污染预防的重要手段，清洁生产对于环境问题的解决、可持续发展战略的实施、生态文明的建设都十分必要。由于环境问题外部不经济性的特征，使得市场难以自发地产生清洁生产的要求，因此内在地要求国家和政府的干预，以促使外部不经济性的内部化，实现环境保护目标。

政府干预的实现需要立法保障。通过立法，一是可对各级政府、企业等在清洁生产推行与实施中的职责、义务做出明确规定，使企业真正获得清洁生产实施主体地位，使政府得以充分发挥在清洁生产中的管理作用，并在此基础上对政府、企业乃至个人的相关行为做出法律规制。二是可为清洁生产的推行与实施做出一些制度上的安排，依托政府的立法引导和立法强制，形成有利于清洁生产的市场导向和管理机制。三是可以用法律形式界定清洁生产的内涵及外延，统一清洁生产的相关技术尺度，避免清洁生产因缺乏规范与强制力、约束力而难以推行和实施的情况出现。四是可以通过政府行为开展清洁生产的宣传教育，提高社会各界对清洁生产的认识，提高企业实施清洁生产的积极性，提高政府部门为企业实施清洁生产提供服务与支持的工作效率。

总之，政府要推动清洁生产，企业要实施清洁生产，都离不开一个相对完备的清洁生产制度体系。制定适应清洁生产特点和需要的政策和法律法规，营造有利于调动企业实施清洁生产积极性的外部环境，是促进清洁生产发展的关键。目前，我国推行清洁生产的政策导向非常明确，制定的相关法律法规也较为齐备，为清洁生产向纵深推进提供了有力的保障。

5.1　政　　策

当前，节约资源和保护环境已经提升到政治高度，这是实施清洁生产的大背景和导向。顺理成章，国家的重大发展战略、工业及产业发展规划、行业准入条件等也对推行清洁生产提出了新的要求。

5.1.1　党和国家意志

建设生态文明是中华民族永续发展的千年大计，"绿水青山就是金山银山"，"像对待生命一样对待生态环境"等生态文明理念已经成为全党、全社会、全体人民的共识。清洁生产正成为坚持可持续发展，坚定走生产发展、生活富裕、生态良好的文明发展道路，加快建设资源节约型、环境友好型社会，形成人与自然和谐发展现代化建设新格局，建设美丽中国的抓手和推进利器。

自 20 世纪 90 年代初清洁生产的思想进入我国，党和国家就做出了积极回应，在环境保护策略方面提出了一系列实事求是的方法和手段。进入 21 世纪后，面对日益紧迫的全球性环境危机和我国生态环境形势，中国共产党更加清醒地认识到，建设生态文明是"中国特色社会主义"的题中应有之义，要带领中国人民实现社会主义现代化建设和中华民族伟大复兴，必须将生态文明建设放在突出地位。

2007 年 10 月，中国共产党第十七次全国代表大会的报告强调，要建设生态文明，基本形成节约能源资源和保护环境的产业结构、增长方式、消费模式。循环经济形成较大规模，可再生能源比重显著上升，主要污染物排放得到有效控制，生态环境质量明显改善。

2012 年 11 月，党的十八大报告指出，坚持节约资源和保护环境的基本国策，坚持节约优先、保护优先、自然恢复为主的方针，着力推进绿色发展、循环发展、低碳发展，形成节约资源和保护环境的空间格局、产业结构、生产方式、生活方式，从源头上扭转生态环境恶化趋势，为人民创造良好生产生活环境，为全球生态安全作出贡献。

环境保护、资源节约、循环经济等概念在十八大报告中被纳入"生态文明"，"美丽中国"的生态文明建设目标在党的十八大第一次被写进了政治报告。由此，中国特色社会主义事业总体布局由经济建设、政治建设、文化建设、社会建设"四位一体"拓展为包括生态文明建设的"五位一体"，这是总揽国内外大局、贯彻落实科学发展观的一个新部署。

2015 年 5 月，中共中央、国务院发布《关于加快推进生态文明建设的意见》，该文件是自党的十八大报告重点提及生态文明建设内容后，中央全面专题部署生态文明建设的第一个文件，生态文明建设的政治高度进一步凸显。指出要从根本上缓解经济发展与资源环境之间的矛盾，必须构建科技含量高、资源消耗低、环境污染少的产业结构，加快推动生产方式绿色化，大幅提高经济绿色化程度，有效降低发展的资源环境代价。明确节约资源是破解资源瓶颈约束、保护生态环境的首要之策。要深入推进全社会节能减排，在生产、流通、消费各环节大力发展循环经济，实现各类资源节约高效利用。

2015 年 9 月，中共中央政治局审议通过了《生态文明体制改革总体方案》。这些保证生态治理制度化的方案，被认为是史上最严厉的治理之法，为生态文明体制改革指明了目标。

坚持激励和约束并举，既要形成支持绿色发展、循环发展、低碳发展的利益导向机制，又要坚持源头严防、过程严管、损害严惩、责任追究，形成对各类市场主体的有效约束，逐步实现市场化、法治化、制度化。

建立能源消费总量管理和节约制度。坚持节约优先，强化能耗强度控制，健全节能目标责任制和奖励制。进一步完善能源统计制度。健全重点用能单位节能管理制度，探索实行节能自愿承诺机制。完善节能标准体系，及时更新用能产品能效、高耗能行业能耗限额、建筑物能效等标准。合理确定全国能源消费总量目标，并分解落实到省级行政区和重点用能单位。健全节能低碳产品和技术装备推广机制，定期发布技术目录。强化节能评估审查和节能监察。加强对可再生能源发展的扶持，逐步取消对化石能源的普遍性补贴。逐步建立全国碳排放总量控制制度和分解落实机制，建立增加森林、草原、湿地、海洋碳汇的有效机制，加强应对气候变化国际合作。

2015 年 10 月，中共中央在《关于制定国民经济和社会发展第十三个五年规划的建议》中，明确提出支持绿色清洁生产，推进传统制造业绿色改造，推动建立绿色低碳循环发展产业体系，鼓励企业工艺技术装备更新改造。

2017 年 10 月，中国共产党第十九次全国代表大会(简称党的十九大)报告指出，坚持人与自然和谐共生。必须树立和践行绿水青山就是金山银山的理念，坚持节约资源和保护环境的基本国策，十九大报告首次把美丽中国作为建设社会主义现代化强国的重要目标。报告还提出要推进绿色发展。加快建立绿色生产和消费的法律制度和政策导向，建立健全绿色低碳循环发展的经济体系。构建市场导向的绿色技术创新体系，发展绿色金融，壮大节能环保产业、清洁生产产业、清洁能源产业。推进能源生产和消费革命，构建清洁低碳、安全高效的能源体系。推进资源全面节约和循环利用，实施国家节水行动，降低能耗、物耗，实现生产系统和生活系统循环链接。

从十九大报告可以看出，我们要着力转变发展方式特别是生产方式，切实将生态文明建设融入经济建设。绿色生产方式是绿色发展理念的基础支撑、主要载体，直接决定绿色发展的成效和美丽中国的成色，是我们党执政兴国需要解决的重大课题。面对人与自然的突出矛盾和资源环境的瓶颈制约，只有大幅提高经济绿色化程度，推动形成绿色生产方式，才能走出一条经济增长与碧水蓝天相伴的康庄大道。推动形成绿色生产方式，就是努力构建科技含量高、资源消耗低、环境污染少的产业结构，加快发展绿色产业，形成经济社会发展新的增长点。绿色产业包括环保产业、清洁生产产业、绿色服务业等，致力于提供少污染甚至无污染、有益于人类健康的清洁产品和服务。发展绿色产业，要求尽量避免使用有害原料，减少生产过程中的材料和能源浪费，提高资源利用率，减少废弃物排放量，加强废弃物处理，促进从产品设计、生产开发到产品包装、产品分销的整个产业链绿色化，以实现生态系统和经济系统良性循环，实现经济效益、生态效益、社会效益有机统一。

2018 年 6 月,中共中央、国务院在《关于全面加强生态环境保护坚决打好污染防治攻坚战的意见》中,提出要大力发展节能环保产业、清洁生产产业、清洁能源产业,加强科技创新引领,着力引导绿色消费,大力提高节能、环保、资源循环利用等绿色产业技术装备水平,培育发展一批骨干企业。大力发展节能和环境服务业,推行合同能源管理、合同节水管理,积极探索区域环境托管服务等新模式。鼓励新业态发展和模式创新。在能源、冶金、建材、有色、化工、电镀、造纸、印染、农副食品加工等行业,全面推进清洁生产改造或清洁化改造。要健全节能、节水、节地、节材、节矿标准体系,大幅降低重点行业和企业能耗、物耗。

5.1.2　国家发展规划

现阶段,我国的发展已经进入工业化的中后期,这必然带来多方面的积极变化。在增长速度方面,经济高速增长回落,中高速增长成为新常态。在增长结构方面,产业结构调整,服务业增速加快成为新常态。在增长模式方面,重化工业产品进入平台期,新兴产业增长加快成为新常态。在增长驱动方面,进入知识经济发展阶段,创新驱动成为新常态。

《中华人民共和国国民经济和社会发展第十三个五年规划纲要(2016—2020年)》要求推进资源节约集约利用,树立节约集约循环利用的资源观,推动资源利用方式根本转变,加强全过程节约管理,大幅提高资源利用综合效益。加大环境综合治理力度,大力推进污染物达标排放和总量减排,提出"实施重点行业清洁生产改造"。还提出清洁生产的推行思路要实现三个转变:

(1) 实现清洁生产水平由点、线提升向全面提升转变。

(2) 实现由以常规污染物控制为重点向兼顾有毒有害原料(产品)替代转变。

①修订国家鼓励的有毒有害原料替代目录,引导企业在生产过程中尽量使用无毒无害或低毒低害原料,从源头削减或避免污染物的产生,推进有毒有害物质替代。②继续实施高风险污染物削减行动计划,强化汞、铅、高毒农药等减量替代,逐步扩大实施范围,降低环境风险。③实施挥发性有机污染物削减计划,在涂料、家具、印刷、汽车制造涂装、橡胶制品、制鞋等重点行业推广替代和减量化技术。

(3) 实现由生产过程污染防治向全生命周期污染防治转变。

2015 年 5 月 19 日,国务院正式印发《中国制造 2025》。它是中国政府实施制造强国战略第一个十年的行动纲领。提出把可持续发展作为建设制造强国的重要着力点,加强节能环保技术、工艺、装备推广应用,全面推行清洁生产。发展循环经济,提高资源回收利用效率,构建绿色制造体系,走生态文明的发展道路。

围绕实现制造强国的战略目标,《中国制造 2025》提出了绿色制造工程的战略支撑和保障。要求组织实施传统制造业能效提升、清洁生产、节水治污、循环利用等专项技术改造。开展重大节能环保、资源综合利用、再制造、低碳技术产业化示范。实施重点区域、流域、行业清洁生产水平提升计划，扎实推进大气、水、土壤污染源头防治专项。制定绿色产品、绿色工厂、绿色园区、绿色企业标准体系，开展绿色评价。

到 2020 年，建成千家绿色示范工厂和百家绿色示范园区，部分重化工行业能源资源消耗出现拐点，重点行业主要污染物排放强度下降 20%。到 2025 年，制造业绿色发展和主要产品单耗达到世界先进水平，绿色制造体系基本建立。《中国制造 2025》还确定了 4 个定量指标，即规模以上单位工业增加值能耗 2020 年和 2025 年分别较"十二五"末降低 18% 和 34%；单位工业增加值二氧化碳排放量分别下降 22% 和 40%；单位工业增加值用水量分别降低 23% 和 41%；工业固体废物综合利用率由"十二五"末的 65% 分别提高到 73% 和 79%。

5.1.3　工业发展规划

2016 年 6 月 30 日，工业和信息化部印发的《工业绿色发展规划(2016—2020年)》(简称《规划》)提出，"十三五"要紧紧围绕资源能源利用效率和清洁生产水平提升，以传统工业绿色化改造为重点，以绿色科技创新为支撑，以法规标准制度建设为保障，加快构建绿色制造体系，大力发展绿色制造产业，推动绿色产品、绿色工厂、绿色园区和绿色供应链全面发展，建立健全工业绿色发展长效机制，提高绿色国际竞争力，走高效、清洁、低碳、循环的绿色发展道路，推动工业文明与生态文明和谐共融，实现人与自然和谐发展。《规划》从大力推进能效提升、扎实推进清洁生产、加强资源综合利用、消减温室气体排放、提升科技支撑能力、加快构建绿色制造体系、充分发挥区域比较优势、实施绿色制造+互联网、强化标准引领约束、积极开展国际交流合作十个方面提出了具体任务部署。《规划》作为"十三五"时期指导工业绿色发展的专项规划，将举起工业绿色发展的大旗，推动加快形成全系统全面推进绿色发展的工作格局。扎实推进清洁生产，大幅减少污染排放，围绕重点污染物开展清洁生产技术改造，推广绿色基础制造工艺，降低污染物排放强度，促进大气、水、土壤污染防治行动计划落实。

减少有毒有害原料使用。修订国家鼓励的有毒有害原料替代目录，引导企业在生产过程中使用无毒无害或低毒低害原料，从源头削减或避免污染物的产生，推进有毒有害物质替代。推进电器电子、汽车等重点产品有毒有害物质限制使用。继续实施高风险污染物削减行动计划，强化汞、铅、高农药等减量替代，逐步扩大实施范围，降低环境风险。实施挥发性有机物削减计划，在涂料、家具、印刷、汽车制造涂装、橡胶制品、制鞋等重点行业推广替代或减量化技术。推广无铬耐火材料。

推进清洁生产技术改造。针对二氧化硫、氮氧化物、化学需氧量、氨氮、烟

(粉)尘等主要污染物，积极引导重点行业企业实施清洁生产技术改造，逐步建立基于技术进步的清洁生产高效推行模式。在京津冀、长三角、珠三角、东北地区等重点区域组织实施钢铁、建材等重点行业清洁生产水平提升工程，降低二氧化硫、氮氧化物、烟(粉)尘排放强度。在长江、黄河等七大流域组织实施重点行业清洁生产水平提升工程，降低造纸、化工、印染、化学原料药、电镀等行业废水排放总量及化学需氧量、氨氮等污染物排放强度。

加强节水减污。围绕钢铁、化工、造纸、印染、饮料等高耗水行业，实施用水企业水效领跑者引领行动，开展水平衡测试及水效对标达标，大力推进节水技术改造，推广工业节水工艺、技术和装备。强化高耗水行业企业生产过程和工序用水管理，严格执行取水定额国家标准，围绕高耗水行业和缺水地区开展工业节水专项行动，提高工业用水效率。推进水资源循环利用和工业废水处理回用，推广特许经营、委托营运等专业化节水模式，推动工业园区集约利用水资源，实行水资源梯级优化利用和废水集中处理回用。推进中水、再生水、海水等非常规水资源的开发利用，支持非常规水资源利用产业化示范工程，推动钢铁、火电等企业充分利用城市中水，支持有条件的园区、企业开展雨水集蓄利用。

推广绿色基础制造工艺。推广清洁高效制造工艺，以铸造、热处理、焊接、涂镀等领域为重点，推广应用合金钢无氧化清洁热处理、热处理气氛减量化、真空低压渗碳热处理、感应热处理等高效节能热处理工艺，无铅波峰焊接抗氧化、氮气保护无铅再流焊接、高效节材摩擦焊等焊接工艺，绿色化除油、无铅电镀、三价铬电镀、电镀铬替代等清洁涂镀技术，减少制造过程的能源消耗和污染物排放。推进短流程、无废弃物制造，重点发展近净成形、数字化无模铸造、增材制造、新型防腐蚀等短流程绿色节材工艺技术，以及干式切削加工、低温微量润滑切削加工、铸件余热时效热处理等无废弃物制造技术，减少生产过程的资源消耗。

2016 年 7 月 19 日，工业和信息化部发布的《轻工业发展规划(2016—2020 年)》指出，绿色转型扎实推进。通过采用新技术、新工艺和新材料，提高能源利用率和资源综合利用率，皮革、造纸等行业的综合消耗明显下降。制定了电池、照明电器等重点行业清洁生产实施方案，实施清洁生产重点示范项目，提高清洁生产水平。全面或超额完成造纸、制革、铅蓄电池、酒精、味精和柠檬酸等行业淘汰落后产能目标任务。通过实施绿色照明工程、能效标识管理、环境标志认证、节能产品认证和节能惠民工程，提高了绿色节能产品市场比重。

智能高效，绿色低碳。坚持推进生产过程智能化，培育智能制造模式，全面提升企业研发、生产、管理和服务智能化水平。加强节能环保技术、工艺、装备推广应用，全面推行清洁生产，走生态文明发展之路。

加大绿色化改造力度。加大食品、皮革、造纸、电池、陶瓷、日用玻璃等行业节能降耗、减排治污改造力度，利用新技术、新工艺、新材料、新设备推动企业节能减排。以源头削减污染物为切入点，革新传统生产工艺设备，鼓励企业采用先进适用清洁生产工艺技术实施升级改造。加快制定能耗限额标准，树立能耗标杆企业，开展能效对标达标活动，大力推广节能新技术。在食品、造纸等行业引导企业建设能源管理中心，利用信息和管理技术提升企业的节能水平。在皮革、铅蓄电池等行业，积极开展重金属挥发性有机物、持久性有机物等非常规污染物削减。进一步落实《高风险污染物削减行动计划》，提高行业清洁生产水平。强化重点行业废水、废气的末端治理，对治污设施实施升级改造，采用成熟、先进的治污技术实现污染物的持续稳定削减。建设统一的绿色产品标准、认证、标识体系。

落实家用电器、太阳能热水器、钟表等行业品牌发展指导意见。落实《铅蓄电池行业规范条件(2015年本)》《制革行业规范条件》，加强行业管理，减少能源资源消耗和污染物排放。充分利用关于促进企业兼并重组的支持政策，培育一批有竞争力的企业。严格执行《产业结构调整指导目录(2011年本)(修正)》，鼓励发展产污强度低、能耗低、清洁生产水平先进的工艺技术。推行轻工产品绿色产品标识与认证、能效标识等制度，定期公布能源利用效率高的产品"能效之星"目录。

2016年9月20日，工业和信息化部发布的《纺织工业发展规划(2016—2020年)》指出，加强纺织绿色制造基础管理。推进纺织行业绿色制造、绿色产品标准体系建设，适时制修订重点产品能耗、水耗及重点行业污染物排放标准。进一步完善纺织清洁生产评价体系，推动印染、化纤等重点行业清洁生产审核。建设废旧纺织品回收和再利用体系，规范废旧纺织品回收、分拣、分级利用机制和"旧衣零抛弃"活动流程。按照国家统一的绿色产品合格评定体系建设要求，推进包括原液着色纤维、循环再利用化学纤维、生物基化学纤维等产品在内的"绿色纤维"及绿色纺织品的认证。制定"十三五"行业节能减排共性关键技术研发和推广路线图，建设行业节能减排数据库，加强印染、粘胶、再生纤维行业规范管理。

加快企业技术改造。实施强基工程，提升行业核心基础零部件(元器件)、关键基础材料、先进基础工艺开发应用及产业技术基础公共服务能力，改善和提高纺织产品质量、效率、能效环保等水平。鼓励企业加大技术改造和技术创新能力建设，扩大纤维新材料、智能化装备、高附加值新产品的产业化和在纺织及相关行业的应用。支持印染企业按照污染物排放等量或减量原则加快更新改造，提升纺织行业清洁生产和绿色制造水平。推动品牌企业研发设计中心、信息化集成系统及智能仓储配送系统建设。推动化纤、棉纺、印染、化纤长丝织造行业严格执行相关法律法规和强制性标准，对能耗、环保、安全生产达不到标准和生产不合格产品或淘汰类产能，依法依规有序关停退出。

2016年9月28日，工业和信息化部发布的《有色金属工业发展规划(2016—

2020 年)》指出，要加快传统产业升级改造。充分发挥技术改造对传统产业转型升级的促进作用，瞄准国际同行业标杆，引导企业运用先进适用技术及智能化技术，加快技术进步，推广应用新工艺、新技术、新装备，到 2020 年，国内有色金属冶炼工艺技术达到世界先进水平，全行业实现绿色清洁生产，使有色金属工业由传统产业向绿色产业转变。

积极发展绿色制造。坚持源头减量、过程控制、末端循环的理念，增强绿色制造能力，提高全流程绿色发展水平。鼓励利用现有先进的矿铜、矿铅冶炼工艺设施处理废杂铜、废蓄电池铅膏，支持铅冶炼与蓄电池联合生产。实施绿色制造体系建设试点示范，实施排污许可证制度，推进企业全面达标排放。加强清洁生产审核，组织编制重点行业清洁生产技术推行方案，推进企业实施清洁生产技术改造。推动节能减排以及低碳技术和产品普及应用，支持高载能产业利用局域电网消纳可再生能源，推进有色金属行业绿色低碳转型。

2016 年 9 月 28 日，工业和信息化部印发的《建材工业发展规划(2016—2020年)》指出，生态文明建设不断推进，倒逼建材工业转变发展方式、转换发展动能。推进绿色发展，提高资源综合利用效益，实现工业污染源全面达标排放，倒逼高能耗、高排放和资源高消耗的建材工业加快实施重点行业清洁生产改造，提高行业节能减排、资源综合利用和低碳发展水平，注重质量、效益和全要素生产率全面提升。

坚持绿色发展。加强节能减排和资源综合利用，大力发展循环经济、低碳经济，全面推进清洁生产，开发推广绿色建材，促进建材工业向绿色功能产业转变。

加强技术创新。依托企业集团、科研院所、大专院校等单位，构建"政产学研用"相结合的产业发展创新平台，支持科研院所和骨干企业建设具有行业特色的技术研发、检测测试、验证示范等机构，提升研发能力。支持建材工业大型企业建立基于互联网的"双创"平台，重点突破智能制造、清洁生产、产品设计和应用等关键技术，着力解决先进无机非金属材料、复合材料及其制品加工制造关键技术和装备，增强关键材料保障能力。加强关键核心技术、知识产权储备，构建专利组合和战略布局，加强知识产权建设和保护，鼓励企业利用知识产权参与市场竞争。

加强清洁生产。支持企业提升清洁生产水平，开发并利用适用技术实施节能减排技术改造，推广适用于建材的能源梯次利用技术装备，推进能源、环境、节水合同管理，研究完善重点行业清洁生产标准，降低能耗和排放水平。推广适用于建材窑炉烟气脱硫脱硝除尘综合治理、煤洁净气化等成套技术装备，推广节水工艺和技术，开展清洁生产技术改造。开发推广陶瓷原料干法制粉新工艺，耐火材料原料均化、级配和用后产品回收利用技术。提高低品位非金属矿采选及既有尾矿资源综合利用水平，提升共伴生矿物回收利用能力。鼓励合理利用劣质原料和工业固废，推进生产环节固废"近零排放"。推广无铬耐火材料，开发低毒、无毒木材防腐剂，逐步替代并减少使用铜铬砷(CCA)类高毒木材防腐剂，开发、推广和使用无毒高效脱硝催化材料，防治重金属污染。

2016年9月29日，工业和信息化部发布的《石化和化学工业发展规划(2016—2020年)》指出，坚持绿色发展。发展循环经济，推行清洁生产，加大节能减排力度，推广新型、高效、低碳的节能节水工艺，积极探索有毒有害原料(产品)替代，加强重点污染物的治理，提高资源能源利用效率。

促进传统行业转型升级。严格控制尿素、磷铵、电石、烧碱、聚氯乙烯、纯碱、黄磷等过剩行业新增产能，对符合政策要求的先进工艺改造提升项目应实行等量或减量置换。探索建立落后产能法制化、市场化退出机制，引导企业开展并购重组，发挥市场优胜劣汰的竞争机制和倒逼机制，充分利用安全、环保、节能、价格等措施，推动落后和低效产能退出，为先进产能创造更大的市场空间。利用清洁生产等先进技术改造提升现有生产装置，降低消耗，减少排放，提高综合竞争能力和可持续发展能力。加强应用研发，开拓传统产品应用消费领域，扩大消费量。强化品牌意识，提高产品质量，健全品牌管理体系，打造一批知名度、美誉度较高的国际知名品牌。整合优化生产服务系统，重点发展科技服务、研发设计、工程承包、信息服务、节能环保服务、融资租赁等现代生产性服务业，为行业提供社会化、专业化服务。

2016年10月28日，工业和信息化部发布的《钢铁工业调整升级规划(2016—2020年)》指出，推进绿色制造。实施绿色改造升级。加快推广应用和全面普及先进适用以及成熟可靠的节能环保工艺技术装备。全面完成烧结脱硫、干熄焦、高炉余压回收等改造，淘汰高炉煤气湿法除尘、转炉一次烟气传统湿法除尘等高耗水工艺装备。全面建成企业厂区主要污染物排放的环保在线监控体系。研发推广先进节能环保技术，开展焦炉和烧结烟气脱硫脱硝、综合污水回用深度脱盐等节能环保难点技术示范专项活动。在环境影响敏感区、环境承载力薄弱的钢铁产能集中区，加快实施封闭式环保原料场、烧结烟气深度净化等清洁生产技术改造。在钢铁产业集聚区，积极探索和实施物流集中铁路运输方案，系统优化物流体系，减少物流过程中无组织排放。

5.1.4　产业发展政策

2006年10月17日，国家发展和改革委员会发布的《水泥工业产业发展政策》指出，国家支持企业采取措施，减少大气污染物排放，降低环境污染，节能降耗，综合利用工业废渣，积极利用低品位原燃材料，提高资源利用率，鼓励水泥企业走资源节约道路，达到清洁生产技术规范要求。

2007年10月15日，国家发展和改革委员会发布的《造纸产业发展政策》指出，发展我国造纸产业，必须坚持循环发展、环境保护、技术创新、结构调整和对外开放的基本原则，坚决贯彻落实科学发展观和走新型工业化道路的要求；进一步完善市场环境，加大自主创新，转变发展模式，加快企业重组，加大环境整治力度；促进林纸一体化建设，继续推进《全国林纸一体化工程建设"十五"及2010年专项规划》的实施；以企业为核心，以市场为导向，促进产、学、研、用相结合，提高制浆造纸装备国产化水平；更好体现造纸产业循环经济的特点，推进清洁生产，节约资源，关闭落后草浆生产线，减少污染，贯彻可持续发展方针；全面构建装备先进、生产清洁、发展协调、增长持续、循环节约、竞争有序的现代造纸产业，进一步适应国民经济发展的要求和世界经济一体化的形势。

严格执行《环境保护法》《水污染防治法》《环境影响评价法》《清洁生产促进法》等法律法规，坚持预防为主、综合治理的方针，增强造纸行业的环境保护意识和造纸企业的社会责任感，健全环境监管机制，加大环境保护执法力度，完善污染治理措施，适时修订《造纸产业水污染物排放标准》，严格控制污染物排放，建设环境友好型造纸产业。

大力推进清洁生产工艺技术，实行清洁生产审核制度。新建制浆造纸项目必须从源头防止和减少污染物产生，消除或减少厂外治理。现有企业要通过技术改造逐步实现清洁生产。要以水污染治理为重点，采用封闭循环用水、白水回用、中段废水处理及回收、废气焚烧回收热能、废渣燃料化处理等"厂内"环境保护技术与手段，加大废水、废气和废渣的综合治理力度。要采用先进成熟废水多级生化处理技术、烟气多电场静电除尘技术、废渣资源化处理技术，减少"三废"的排放。

我国造纸工业资源短缺和环保约束压力增强，造纸工业的产业链条长、涉及面广，涉及水资源、水环境、林业、农业、能源、土地资源等诸多方面。面对我国资源短缺、环境问题日益突出的形势，造纸工业将按照科学发展观和循环经济的原则，创新发展模式，提高发展质量，在坚持发展的前提下，把"节水、节能、降耗、减污、增效"作为主攻目标，通过实施清洁生产、技术进步，使资源高效利用和循环利用，促进造纸工业实现可持续发展。

2007 年 11 月 23 日，国家发展和改革委员会发布的《煤炭产业政策》指出，加强煤炭资源综合利用，推进清洁生产，发展循环经济，建立矿区生态环境恢复补偿机制，建设资源节约型和环境友好型矿区，促进人与矿区和谐发展。

加强节能和能效管理，建立和完善煤炭行业节能管理、评价考核、节能减排和清洁生产奖惩制度。鼓励煤炭企业开发先进适用节能技术，煤炭企业新建、改扩建项目必须按照节能设计规范和用能标准建设，必须淘汰落后耗能工艺、设备和产品，推广使用符合国家能效标准、经过认证的节能产品。

2009 年 6 月 26 日，工业和信息化部、国家发展和改革委员会联合发布的《乳制品工业产业政策(2009 年修订)》指出，合理布局，协调发展。优化全国奶业布局，坚持扶优汰劣的原则，继续发挥重点产区以及大中城市的资源优势，提高资源利用效率，合理配置原料和加工产能，促进奶源基地与加工企业协调发展；适度鼓励具有地方特色的奶源基地建设及乳制品开发，逐步扩大加工能力，大力发展清洁生产和循环经济技术，提高企业环境绩效。

严格执行国家和地方相关环境保护、污染治理及清洁生产等法律法规和标准，加大环境保护执法力度，坚持预防为主、综合治理的方针，增强乳制品企业的环境保护意识和社会责任感，健全环境监管机制，完善污染预防和治理措施，努力降低企业产污强度，严格控制污染物排放，建设环境友好型乳制品工业。

2010 年 9 月 15 日，工业和信息化部发布的《轮胎产业政策》提出开发可回收再利用的橡胶、环保型助剂等原材料，废轮胎回收利用技术；完善推广低温炼胶和充氮硫化工艺；强化密炼粉尘、炼胶和硫化烟气的治理，推进清洁生产技术；简化并逐步取消轮胎外包装。

从事旧轮胎翻新和废轮胎再利用的企业必须采用满足环境保护要求、符合节能减排要求的清洁生产技术和工艺装备，杜绝二次污染。严禁利用废轮胎土法炼油，依法取缔已建设的用废轮胎土法炼油装置。

5.1.5　行业准入条件

2007 年 3 月 6 日，国家发展和改革委员会发布的《铅锌行业准入条件》要求必须有资源综合利用、余热回收等节能设施。烟气制酸严禁采用热浓酸洗工艺。冶炼尾气余热回收、收尘或尾气低二氧化硫浓度治理工艺及设备必须满足国家《节约能源法》《清洁生产促进法》《环境保护法》等法律法规的要求。利用火法冶金工艺进行冶炼的，必须在密闭条件下进行，防止有害气体和粉尘逸出，实现有组织排放；必须设置尾气净化系统、报警系统和应急处理装置。利用湿法冶金工艺进行冶炼，必须有排放气体除湿净化装置。

根据《中华人民共和国环境保护法》等有关法律法规，所有新、改、扩建项目必须严格执行环境影响评价制度，持证排污(尚未实行排污许可证制度的地区除外)，达标排放。现有铅锌采选、冶炼企业必须依法实施强制性清洁生产审核。环保部门对现有铅锌冶炼企业执行环保标准情况进行监督检查，定期发布环保达标生产企业名单，对达不到排放标准或超过排污总量的企业决定限期治理，治理不合格的，应由地方人民政府依法决定给予停产或关闭处理。

2007 年 9 月 3 日，国家发展和改革委员会发布的《平板玻璃行业准入条件》提出通过采用清洁生产审核等手段对生产全过程进行控制，减少各种污染物的产生和排放，降低生产过程和末端治理的成本，使生产过程的各项污染物排放能符合当地环境容量及总量的要求。

2008 年 2 月 4 日,国家发展和改革委员会发布的《电解金属锰行业准入条件(2008 年修订)》提出要符合《电解金属锰行业清洁生产评价指标体系(试行)》(国家发改委公告 2007 年第 63 号)和《清洁生产标准电解锰行业》(HJ/T357—2007)相关要求。

2010 年 2 月 22 日,工业和信息化部、国家发展和改革委员会、国土资源部、环境保护部、商务部、国家质量监督检验检疫总局、国家安全生产监督管理总局七部门联合发布的《耐火粘土(高铝粘土)行业准入标准》,提出高铝粘土矿山采选以及熟料生产过程中要加强清洁生产,污染物排放要符合国家《工业炉窑大气污染物排放标准》(GB 9078—1996)、《大气污染物综合排放标准》(GB 16297—1996)、《污水综合排放标准》(GB 8978—1996)、《一般工业固体废物贮存、处置场污染控制标准》(GB 18599—2001)等有关标准和主要污染物总量控制要求以及有关地方标准和要求的规定。

2010 年 2 月 24 日,工业和信息化部、国家发展和改革委员会、国土资源部、环境保护部、商务部、国家质量监督检验检疫总局、国家安全生产监督管理总局七部门联合发布的《萤石行业准入标准》指出采选生产过程中应实施清洁生产,保护环境。污染物排放要符合国家《大气污染物综合排放标准》(GB 16297—1996)、《污水综合排放标准》(GB 8978—1996)、《一般工业固体废物贮存、处置场污染控制标准》(GB 18599—2001)的有关要求和有关地方标准的规定。

2010 年 4 月 11 日,工业和信息化部发布的《印染行业准入条件(2010 年修订版)》提出印染企业要采用可持续发展的清洁生产技术,提高资源利用效率,从生产的源头控制污染物产生量。印染企业要依法定期实施清洁生产审核,按照有关规定开展能源审计,不断提高企业清洁生产水平。

2010 年 4 月 11 日,工业和信息化部发布的《粘胶纤维行业准入条件》提出改扩建粘胶纤维项目,要充分利用资源和能源,实施清洁生产和循环利用。鼓励和支持现有粘胶纤维企业通过技术改造淘汰落后产能,优势企业并购重组,提升产业集中度和整体竞争能力。

粘胶纤维生产企业要大力推行清洁生产技术和工艺,用消耗少、效率高、无污染或少污染的工艺设备替代消耗高、效率低、污染重的工艺设备。依法定期实施清洁生产审核,并按照有关规定开展能源审计,不断提高企业清洁生产水平。

2010 年 5 月 1 日,工业和信息化部发布的《纯碱行业准入条件》提出,新建、扩建的纯碱项目,应达到国家发展和改革委员会公布的《纯碱行业清洁生产评价指标体系》中的"清洁生产先进企业"水平以及《清洁生产标准纯碱行业》(HJ474—2009)的要求。

2010 年 11 月 16 日,工业和信息化部发布的《水泥行业准入条件》提出要遵守《中华人民共和国清洁生产促进法》,按国家发布的《水泥行业清洁生产评价指标体系和标准》的规定，建立清洁生产机制，依法定期实施清洁生产审核。

2010 年 12 月 30 日，工业和信息化部发布的《日用玻璃行业准入条件》提出日用玻璃行业应符合清洁生产要求，不断改进设计，使用低含硫量的优质燃料，控制硫酸盐和硝酸盐原料的使用，禁止使用三氧化二砷、三氧化二锑、含铅、含氟、铬矿渣及其他有害原辅材料，产品后加工工序应使用环保型颜料和制剂；采用先进工艺技术与设备、改善管理、综合利用等措施，从源头降低污染，提高资源利用效率。新建或改扩建项目须达到《日用玻璃行业清洁生产评价指标体系》中的清洁生产先进企业水平。

新建或改扩建项目清洁生产污染物产生指标应达到《新建或改扩建日用玻璃生产项目主要污染物控制指标》中的限额指标。开展清洁生产审核，对生产全过程进行控制，鼓励企业积极通过 GB/T 24001 环境管理体系认证。

2010 年 12 月 31 日，工业和信息化部、国家发展和改革委员会与环境保护部联合发布的《多晶硅行业准入条件》提出新建和改扩建项目应严格执行《环境影响评价法》，依法向有审批权限的环境保护行政主管部门报批环境影响评价文件。按照环境保护"三同时"的要求，建设项目配套环境保护设施并依法申请项目竣工环境保护验收，验收合格后方可投入生产运行。未通过环境评价审批的项目一律不准开工建设。现有企业应依法定期实施清洁生产审核，并通过评估验收，两次审核的时间间隔不得超过三年。

2011 年 2 月 14 日，工业和信息化部发布的《氟化氢行业准入条件》提出新建、改扩建氟化氢生产装置，应当严格遵守环境影响评价制度，采取清洁生产工艺，按照环保"三同时"原则同步建设配套的环境设施和资源化设施。现有氟化氢生产企业应当按规定开展清洁生产审核并通过清洁生产评估，应当在 2013 年年底前达到上述要求；通过改造达不到的，要按期停产或退出。

2011 年 3 月 7 日，工业和信息化部发布的《镁行业准入条件》提出新建镁及镁合金项目，选择符合镁冶炼要求的白云石资源，采用热法炼镁且生产效率高、工艺先进、能耗低、环保达标、资源综合利用效果好的生产工艺系统。其工艺技术指标为：还原镁收率≥80%、硅铁中硅利用率>70%、粗镁精炼收率≥95%。必须拥有资源综合利用、节能、冶炼尾气余热回收、收尘和低 SO_2 尾气浓度治理的工艺及设备；创造条件对还原渣进行综合利用。必须满足国家《节约能源法》《清洁生产促进法》《环境保护法》等法律法规的要求。推行清洁生产，降低产污强度，镁生产企业应依法定期实施清洁生产审核，并通过评估验收。

2011 年 8 月 18 日，工业和信息化部发布的《浓缩果蔬汁(浆)加工行业准入条件》提出支持和鼓励企业依法实施清洁生产审核，并通过评估验收。

2011 年 9 月 14 日，工业和信息化部发布的《磷铵行业准入条件》指出搬迁、新建或改扩建企业需要达到《磷肥行业清洁生产评价指标体系(试行)》中的"清洁生产先进企业水平"。现有企业 2014 年前需达到"清洁生产先进企业水平"。

2012 年 3 月 10 日,工业和信息化部发布的《岩棉行业准入条件》提出开展清洁生产审核,建立环境管理体系。制定完善的突发环境事件应急预案。

2012 年 5 月 11 日,工业和信息化部与环境保护部联合发布的《铅蓄电池行业准入条件》提出组织开展铅蓄电池企业环保核查,重点核查以下内容:依法执行建设项目(包括新建、改扩建项目)环境影响评价审批和环保设施"三同时"竣工验收制度;严格执行排污申报、排污缴费与排污许可证制度;主要污染物排放达到总量控制指标要求;主要污染物和特征污染物稳定达标排放;实施强制性清洁生产审核并通过评估验收等。

各地人民政府及工业和信息化、环境保护主管部门应对本地区铅蓄电池及其含铅零部件生产行业统一规划,严格控制新建项目,并使其符合本地区资源能源、生态环境和土地利用等总体规划的要求;对现有铅蓄电池企业,在其卫生防护距离之内不应规划建设居住区、医院、学校、食品加工企业等环境敏感项目;应引导现有企业主动实施兼并重组,有效整合现有产能,着力提升产业集中度,加大先进适用的清洁生产技术应用力度,提高产品质量,改善环境污染状况。

现有铅蓄电池及其含铅零部件生产企业应达到《电池行业清洁生产评价指标体系(试行)》(发展改革委公告 2006 年第 87 号)中规定的"清洁生产企业"水平,新建、改扩建项目应达到"清洁生产先进企业"水平。

2012 年 6 月 13 日,工业和信息化部发布的《葡萄酒行业准入条件》提出企业(项目)应遵守《中华人民共和国节约能源法》《中华人民共和国清洁生产促进法》,积极开展节能减排和清洁生产工作,对生产全过程实施有效控制,按要求实施清洁生产审核,并通过评估验收。

企业(项目)应积极采用先进节能、节水以及清洁生产技术、装备,改造淘汰能耗高、污染严重的技术与设备,不断提高节能减排和防控污染的能力。

2012 年 7 月 17 日,工业和信息化部发布的《钼行业准入条件》提出推行清洁生产,降低产污强度,钼生产企业应依法定期实施清洁生产审核,并通过评估验收。

2012 年 7 月 26 日,工业和信息化部发布的《稀土行业准入条件》提出污染物排放满足总量控制指标,完成污染物减排任务;严格执行《稀土工业污染物排放标准》(GB 26451—2011),安装在线排放检测装置;按要求办理排污申报、排污许可证等环保手续,定期实施清洁生产审核,并通过评估验收。

2012 年 8 月 27 日,工业和信息化部与环境保护部联合发布的《再生铅行业准入条件》提出新建和改扩建项目应严格执行《环境影响评价法》,未通过环境影响评价审批的项目一律不准开工建设。按照环境保护"三同时"的要求,建设项目配套环境保护设施并依法申请项目竣工环境保护验收,验收合格后方可投入生产运行。现有企业应按照《清洁生产促进法》定期开展强制性清洁生产审核,并通过评估验收,两次审核的时间间隔不得超过两年,位于《重金属污染综合防治"十二五"规划》中重点区域的重点企业及环境风险较大的再生铅企业应当购买环境污染责任保险。现有熔炼设施的生产过程中,应采取有效措施去除原料中含氯物质及切削油等有机物。鼓励企业封闭化生产。

2012 年 8 月 30 日,工业和信息化部发布的《木材防腐行业准入条件》提出要开展清洁生产审核,建立完善的环境管理体系,制定可行的突发环境事件应急预案。

2012 年 11 月 21 日,工业和信息化部发布的《石墨行业准入条件》提出定期开展清洁生产审核,建立环境管理体系,制定完善的突发环境事件应急预案。

2012 年 12 月 21 日,工业和信息化部发布的《合成氨行业准入条件》提出新建合成氨企业应达到《氮肥行业清洁生产评价指标体系(试行)》中规定的"清洁生产先进企业水平";支持和鼓励现有合成氨企业积极开展清洁生产,依法进行清洁生产审核,大力推广清洁生产技术,不断提高企业清洁生产水平。

2013 年 1 月 15 日,工业和信息化部发布的《建筑防水卷材行业准入条件》提出要采取清洁生产技术,开展清洁生产审核。建立环境管理体系,制定环境突发事件应急预案。

2013 年 4 月 1 日,工业和信息化部发布的《二硫化碳行业准入条件》提出新建、改扩建二硫化碳生产装置必须采用连续化先进生产工艺和装备。在符合天然气利用政策及天然气供应有保障的地区,应当采用国际先进的天然气清洁生产工艺生产二硫化碳。支持二硫化碳生产新工艺、新装备的研究开发,通过省级(含)以上有关部门技术鉴定后适时推广。

现有二硫化碳生产企业应当按照规定开展清洁生产审核。未通过审核的,依照国家有关法律法规进行处理。

2013 年 5 月 10 日,工业和信息化部发布的《铸造行业准入条件》提出支持和鼓励现有铸造企业积极开展清洁生产,依法进行清洁生产审核,大力推广清洁生产技术,不断提高企业清洁生产水平。

2013 年 11 月 18 日,工业和信息化部发布的《建筑卫生陶瓷行业准入标准》提出要采用清洁生产技术,固体废弃物资源化再利用,建筑陶瓷工艺废水全部回用,卫生陶瓷工艺废水回用率不低于 90%,污废水应处理达标后方可排放。

2014 年 3 月 3 日,工业和信息化部发布的《焦化行业准入条件(2014 年修订)》提出鼓励焦化企业采用装炉煤水分控制、配煤专家系统,干法、低水分、稳定熄焦,焦炉烟道气、荒煤气余热回收利用,单孔炭化室压力单调,负压蒸馏,热管换热,焦化废水深度处理回用,焦炉煤气高效净化,焦炉煤气脱硫废液提盐及其深加工,焦炉煤气制天然气、合成氨、氢气、联产甲醇合成氨等工艺,煤焦油产品深加工，煤焦油加氢，低阶煤应用等先进适用节能减排、清洁生产和综合利用技术。

行业协会要加强对焦炭市场、焦化技术进步等方面的分析和研究，推广焦化行业环保、节能和资源综合利用新技术；研究建立清洁生产评价指标体系，在行业内积极推广清洁生产；协助有关政府部门做好监督和管理工作。

2014 年 3 月 27 日，工业和信息化部发布的《温石棉行业准入标准》提出定期开展清洁生产审核，建立环境管理制度，编制并报备突发环境事件应急预案。石棉制品生产企业在清洁生产、节能降耗和综合利用以及安全生产、职业卫生和社会责任方面可比照本准入标准执行。

2014 年 9 月 5 日，工业和信息化部发布的《轮胎行业准入条件》提出企业应当遵守《环境保护法》《环境影响评价法》等法律法规，建立健全环境保护管理体系。现有、新建、改扩建轮胎生产装置污水和大气污染物排放应严格执行《橡胶制品工业污染物排放标准》(GB 27632)。固体废物处理和处置达到国家固体废物污染控制标准。有地方排放标准的，执行地方标准。按要求开展清洁生产审核，并通过评估验收。

5.2　法　律　法　规

当前，我国已经形成了从国家到地方、从原则性规定到具体实施办法的清洁生产法律法规体系，从而能够有效地规范和指导各地区、各行业的清洁生产工作。

《中华人民共和国清洁生产促进法》(简称《清洁生产促进法》)是实施清洁生产的基本法律依据，也是清洁生产立法的一个支点。围绕《清洁生产促进法》，我国的清洁生产法律法规建设从以下几个方面展开，形成了完整的清洁生产法律法规体系。

(1)《环境保护法》中关于清洁生产的原则性规定，以环境保护基本法的形式确认清洁生产是我国环境保护的一项基本制度。作为清洁生产专项法的《清洁生产促进法》在一定意义上可视为《环境保护法》的下位法，《环境保护法》在修订过程中，不断完善和增加清洁生产的内容，其对清洁生产的原则性规定是清洁生产立法的法律依据。

(2) 以单项环境介质保护或单项污染物污染防治的法律，以及技术改造、综合利用、节约能源、产业结构调整的法律为辅助。

(3) 国务院按照法定程序制定的与清洁生产法律配套的行政法规，国务院所属的各部、委员会根据法律和行政法规制定的与清洁生产相关的部门规章。

(4) 由地方权力机关根据本地区的实际情况，在其职责范围内制定一系列规范性法律文件作为配套和补充。这些地方法规以解决本行政区域内清洁生产中某一特定问题为目标，具有较强的针对性和可操作性。

5.2.1　法律

1. 以《清洁生产促进法》为核心

2002 年 6 月 29 日，第九届全国人民代表大会常务委员会第二十八次会议通过了《中华人民共和国清洁生产促进法》(简称《清洁生产促进法》)，自 2003 年 1 月 1 日起施行。2012 年 2 月 29 日，根据第十一届全国人民代表大会常务委员会第二十五次会议《关于修改〈中华人民共和国清洁生产促进法〉的决定》，对该法进行了修正，于 2012 年 7 月 1 日正式实施。

《清洁生产促进法》是我国第一部专门性的关于清洁生产的法律，也是世界上第一部真正以推行清洁生产为目的而制定的法律，是为了促进政府和企业积极开展清洁生产而制定的法律。它总结了国外关于实施清洁生产以及污染预防的相关经验，针对我国的清洁生产现状，作出了一系列的规定和措施，适用于生产和服务领域。

《清洁生产促进法》共六章四十二条。第一章总则，共六条，规定了清洁生产立法的目的、定义、调整范围、工作管理体制等方面的内容。第二章清洁生产的推行，共十一条，规定了有关政府及其主管部门应当制定有利于清洁生产的政策、推行规划；应当提供清洁生产方法和技术等方面的信息和服务；应当制定清洁生产指南和技术手册等。第三章清洁生产的实施，共十二条，对建筑业、农业、服务业、矿产资源勘查开采业实施清洁生产作了原则性的规定；对企业在技术改造过程中、产品和包装物的设计中实施清洁生产作了规定；对产品主体构件进行成分标注作出了规定；从废物综合利用的角度对企业提出了基本要求，以及对某些产品和包装物实施强制性回收等作出了规定。第四章是鼓励措施，共五条，包括国家建立清洁生产表彰奖励制度；对从事清洁生产研究、技术改造等项目列入政府统计财政安排的有关技术专项资金的扶持范围；支持中小企业实施清洁生产；对利用废物生产产品和从废物中回收原料的，税务机关按有关规定减征或免征增值税；企业用于清洁生产审核和培训的费用可以列入企业成本等五个方面的内容。第五章法律责任，共五条，对未标或不如实标注产品材料的成分；生产、销售有毒有害物质超标的建筑及装修材料；不履行产品或包装物回收义务；不按规定实施清洁生产审核；不按规定公布污染物排放情况等五个方面的行为所应承担的法律责任作出了规定。第六章附则，规定了生效日期。

《清洁生产促进法》作为推进清洁生产的基本法，其出台使清洁生产的实施有了基本的法律依据，标志着源头预防、全过程控制的战略已经融入经济发展综合策略，我国已经进入了清洁生产法制化和规范化管理的阶段，对我国推进清洁生产、促进经济发展方式转变和环境改善的影响深远。《清洁生产促进法》使清洁生产取得了完整而系统的法律制度形式，具体贯彻落实了"经济建设和环境保护协调发展""预防为主、防治结合、综合治理"等基本原则，促进了环境保护法制的健全和发展。

清洁生产在很大程度上应当是企业的自主行为，是企业通过生产过程控制，从源头削减污染，以实现更清洁的生产，它不完全属于政府监督的范畴。在市场经济条件下，政府应当更多地注重对企业清洁生产行为的引导、鼓励和支持，而不应当对其生产和经营过程进行过多的直接行政控制。《清洁生产促进法》以对清洁生产进行引导、鼓励和支持保障的法律规范为主要内容，不侧重直接行政控制和制裁，这是称为"清洁生产促进法"的原因。

《清洁生产促进法》关于推进清洁生产的规定主要有以下几方面。

1) 明确了国家建立清洁生产推行规划制度

《清洁生产促进法》通过法律形式明确由"国家建立清洁生产推行规划制度"，未来清洁生产将上升为国家战略，并由法律保证国家规划的刚性约束力。

《清洁生产促进法》第八条规定："国务院清洁生产综合协调部门会同国务院环境保护、工业、科学技术部门和其他有关部门，根据国民经济和社会发展规划及国家节约资源、降低能源消耗、减少重点污染物排放的要求，编制国家清洁生产推行规划，报经国务院批准后及时公布。

国家清洁生产推行规划应当包括：推行清洁生产的目标、主要任务和保障措施，按照资源能源消耗、污染物排放水平确定开展清洁生产的重点领域、重点行业和重点工程。

国务院有关行业主管部门根据国家清洁生产推行规划确定本行业清洁生产的重点项目，制定行业专项清洁生产推行规划并组织实施。

县级以上地方人民政府根据国家清洁生产推行规划、有关行业专项清洁生产推行规划，按照本地区节约资源、降低能源消耗、减少重点污染物排放的要求，确定本地区清洁生产的重点项目，制定推行清洁生产的实施规划并组织落实。"

此条款一是明确国务院清洁生产综合协调部门会同国务院环境保护、工业、科学技术部门和其他有关部门，根据国民经济和社会发展规划及国家节约资源、降低能源消耗、减少重点污染物排放的要求，编制国家清洁生产推行规划。二是提出了国家清洁生产推行规划应当包含的两项内容：其一是推行清洁生产的目标、主要任务和保障措施；其二是按照资源能源消耗、污染物排放水平确定开展清洁生产的重点领域、重点行业和重点工程。三是提出国务院有关行业主管部门根据国家清洁生产推行规划的要求，确定本行业清洁生产的重点项目，制定行业专项推行规划并组织实施的职责。四是强化了有关地方人民政府推行清洁生产的职责等。

2) 明确规定建立清洁生产财政资金

《清洁生产促进法》规定"国家设立中央财政清洁生产资金"。不仅如此，地方政府财政也要安排此专项资金。

《清洁生产促进法》第九条规定："中央预算应当加强对清洁生产促进工作的资金投入，包括中央财政清洁生产专项资金和中央预算安排的其他清洁生产资金，用于支持国家清洁生产推行规划确定的重点领域、重点行业、重点工程实施清洁生产及其技术推广工作，以及生态脆弱地区实施清洁生产的项目。中央预算用于支持清洁生产促进工作的资金使用的具体办法，由国务院财政部门、清洁生产综合协调部门会同国务院有关部门制定。"

"县级以上地方人民政府应当统筹地方财政安排的清洁生产促进工作的资金，引导社会资金，支持清洁生产重点项目。"

3) 将"强制性清洁生产审核"写入法律

《清洁生产促进法》规定："有下列情形之一的企业，应当实施强制性清洁生产审核：

(1) 污染物排放超过国家或者地方规定的排放标准，或者虽未超过国家或者地方规定的排放标准，但超过重点污染物排放总量控制指标的；

(2) 超过单位产品能源消耗限额标准构成高耗能的；

(3) 使用有毒、有害原料进行生产或者在生产中排放有毒、有害物质的。"

《清洁生产促进法》明确地写入了"强制性清洁生产审核"，规定了三类企业实施强制性清洁生产审核，增强了法律的强制性。

4) 规定了企业清洁生产审核制度

《清洁生产促进法》规定："企业应当对生产和服务过程中的资源消耗以及废物的产生情况进行监测，并根据需要对生产和服务实施清洁生产审核。

污染物排放超过国家或者地方规定的排放标准的企业，应当按照环境保护相关法律的规定治理。

实施强制性清洁生产审核的企业，应当将审核结果向所在地县级以上地方人民政府负责清洁生产综合协调的部门、环境保护部门报告，并在本地区主要媒体上公布，接受公众监督，但涉及商业秘密的除外。

县级以上地方人民政府有关部门应当对企业实施强制性清洁生产审核的情况进行监督，必要时可以组织对企业实施清洁生产的效果进行评估验收，所需费用纳入同级政府预算。承担评估验收工作的部门或者单位不得向被评估验收企业收取费用。

实施清洁生产审核的具体办法，由国务院清洁生产综合协调部门、环境保护部门会同国务院有关部门制定。"

5) 明确了法律责任

《清洁生产促进法》明确了三方面的法律责任：

一是明确了政府有关部门对企业实施强制性清洁生产审核的监督责任，以及不履行职责的法律责任。第三十五条规定："清洁生产综合协调部门或者其他部门未依照法律规定履行职责的，对直接负责的主管人员和其他直接责任人员依法给予处分。"

二是明确了企业开展强制性清洁生产审核的法律责任。第三十六规定："对不按照规定公布能源消耗或者重点污染物产生、排放情况的，由县级以上地方人民政府负责清洁生产综合协调的部门、环境保护部门按照职责分工责令公布，可以处十万元以下的罚款。"第三十九条规定："对不实施强制性清洁生产审核或者在清洁生产审核中弄虚作假的，或者实施强制性清洁生产审核的企业不报告或不如实报告审核结果的，由县级以上地方人民政府负责清洁生产综合协调的部门、环境保护部门按照职责分工责令限期改正，拒不改正的，处以五万元以上五十万元以下的罚款。"

三是明确了评估验收部门和单位及其工作人员的法律责任。第三十九条规定："承担评估验收工作的部门或单位及其工作人员向被评估验收企业收取费用的，不如实评估验收或者在评估验收中弄虚作假，或者利用职务之便谋取利益的，对直接负责的主管人员和其他直接责任人员依法给予处分；构成犯罪的，依法追究刑事责任。"

6) 规定了处罚尺度

《清洁生产促进法》在"法律责任"一章中，规定了对违法企业的处罚尺度，对未按照规定公布重点污染物产生、排放情况的，可以处 10 万元以下的罚款；对应当开展强制性清洁生产审核却未按规定实施，或者在审核过程中弄虚作假、不报告或者不如实报告审核结果的企业，罚款"五万元以上五十万元以下"，体现了法律的威慑力。

7) 对主管部门及职责进行了调整

《清洁生产促进法》根据国务院部门"三定方案"和中编办调整的职能分工，明确了两个方面：一是国务院清洁生产综合协调部门负责组织、协调全国的清洁生产促进工作，国务院环境保护、工业、科学技术、财政部门和其他有关部门，按照各自的职责，负责有关的清洁生产促进工作；二是针对地方政府负责清洁生产工作部门不一致的情况，规定由县级以上地方人民政府确定的清洁生产综合协调部门负责组织、协调本行政区域内的清洁生产促进工作。

8) 明确了与环境保护相关法律的衔接

规定污染物排放超过国家和地方规定的排放标准的企业，按照环境保护相关法律治理。这既促使企业通过强制性清洁生产审核从源头和生产全过程分析原因，查找症结，也明确了按照环境保护相关法律律规进行治理，保持了法律间的衔接。

　　2. 以《环境保护法》为清洁生产立法的法律依据

　　2015 年 1 月 1 日起施行的修订后的《中华人民共和国环境保护法》(简称《环境保护法》)以综合性环保基本法的形式对清洁生产的内容作了原则性规定。《环境保护法》明确了政府监督管理职责，完善了环境保护基本制度，强化了企业主体责任，加大了对环境违法行为法律制裁。在严厉的法律规定和严格执法的情况下，企业单纯依靠末端治理将难以实现污染物的稳定达标排放，采用清洁生产工艺势在必行。

　　《环境保护法》要求排污者按照国家有关规定缴纳排污费，或者是环境保护税，并严格控制排放浓度和排放总量，这体现了清洁生产减少污染排放的思想。《环境保护法》与清洁生产相关的具体规定有：

　　第二十二条　企业事业单位和其他生产经营者，在污染物排放符合法定要求的基础上，进一步减少污染物排放的，人民政府应当依法采取财政、税收、价格、政府采购等方面的政策和措施予以鼓励和支持。

　　第四十条　国家促进清洁生产和资源循环利用。

　　国务院有关部门和地方各级人民政府应当采取措施，推广清洁能源的生产和使用。

　　企业应当优先使用清洁能源，采用资源利用率高、污染物排放量少的工艺、设备以及废弃物综合利用技术和污染物无害化处理技术，减少污染物的产生。

　　第四十三条　排放污染物的企业事业单位和其他生产经营者，应当按照国家有关规定缴纳排污费。排污费应当全部专项用于环境污染防治，任何单位和个人不得截留、挤占或者挪作他用。

　　依照法律规定征收环境保护税的，不再征收排污费。

　　第四十四条　国家实行重点污染物排放总量控制制度。重点污染物排放总量控制指标由国务院下达，省、自治区、直辖市人民政府分解落实。企业事业单位在执行国家和地方污染物排放标准的同时，应当遵守分解落实到本单位的重点污染物排放总量控制指标。

　　对超过国家重点污染物排放总量控制指标或者未完成国家确定的环境质量目标的地区，省级以上人民政府环境保护主管部门应当暂停审批其新增重点污染物排放总量的建设项目环境影响评价文件。

　　第四十五条　国家依照法律规定实行排污许可管理制度。

　　实行排污许可管理的企业事业单位和其他生产经营者应当按照排污许可证的要求排放污染物；未取得排污许可证的，不得排放污染物。

　　第四十六条　国家对严重污染环境的工艺、设备和产品实行淘汰制度。任何单位和个人不得生产、销售或者转移、使用严重污染环境的工艺、设备和产品。

禁止引进不符合我国环境保护规定的技术、设备、材料和产品。

第五十五条　重点排污单位应当如实向社会公开其主要污染物的名称、排放方式、排放浓度和总量、超标排放情况，以及防治污染设施的建设和运行情况，接受社会监督。

3. 以污染防治、资源综合利用、节约能源等法律为辅助

在《水污染防治法》《大气污染防治法》《固体废物污染环境防治法》《海洋环境保护法》《土壤污染防治法》等多部单项环境介质保护或单项污染物污染防治的法律，以及技术改造、综合利用、节约能源、产业结构调整、循环经济的法律中出现清洁生产的法律要求，表明清洁生产已成为我国《环境保护法》的一项基本制度。

《水污染防治法》《大气污染防治法》《固体废物污染环境防治法》《土壤污染防治法》《海洋环境保护法》《循环经济促进法》等环境污染防治法律，均明确提出实施清洁生产的要求。规定发展清洁能源，鼓励和支持开展清洁生产，尽可能使污染物和废物减量化、资源化和无害化。明确规定了严格限制或禁止生产、销售、使用、进口严重污染环境的落后工艺和设备。《节约能源法》力图推动节能技术和工艺设备的采用，提高能源利用率，促进国民经济向节能型转化，同时减少污染物，禁止新建耗能过高的工业项目，淘汰耗能过高的产品、设备。

在推行清洁生产时，我国将其与工业产业结构、产品结构的调整相结合，要求在制定产业政策时，严格限制或禁止可能造成严重污染的产业、企业和产品，要求工业企业采用能耗物耗小、污染物产生量少的有利于环境的原料和先进工艺、技术和设备，采用节约用水、用能、用地的生产方式。

1)《水污染防治法》

2018 年 1 月 1 日起施行的修订后的《中华人民共和国水污染防治法》(简称《水污染防治法》)与清洁生产相关的规定有：

第四十四条　国务院有关部门和县级以上地方人民政府应当合理规划工业布局，要求造成水污染的企业进行技术改造，采取综合防治措施，提高水的重复利用率，减少废水和污染物排放量。

第四十八条　企业应当采用原材料利用效率高、污染物排放量少的清洁工艺，并加强管理，减少水污染物的产生。

2)《大气污染防治法》

2016 年 1 月 1 日起施行的《中华人民共和国大气污染防治法》(简称《大气污染防治法》)与清洁生产相关的规定有：

第三十二条　国务院有关部门和地方各级人民政府应当采取措施，调整能源

结构，推广清洁能源的生产和使用；优化煤炭使用方式，推广煤炭清洁高效利用，逐步降低煤炭在一次能源消费中的比重，减少煤炭生产、使用、转化过程中的大气污染物排放。

第三十四条 国家采取有利于煤炭清洁高效利用的经济、技术政策和措施，鼓励和支持洁净煤技术的开发和推广。

第四十一条 燃煤电厂和其他燃煤单位应当采用清洁生产工艺，配套建设除尘、脱硫、脱硝等装置，或者采取技术改造等其他控制大气污染物排放的措施。

国家鼓励燃煤单位采用先进的除尘、脱硫、脱硝、脱汞等大气污染物协同控制的技术和装置，减少大气污染物的排放。

第四十三条 钢铁、建材、有色金属、石油、化工等企业生产过程中排放粉尘、硫化物和氮氧化物的，应当采用清洁生产工艺，配套建设除尘、脱硫、脱硝等装置，或者采取技术改造等其他控制大气污染物排放的措施。

3)《固体废物污染环境防治法》

2016 年 11 月 7 日修正的《中华人民共和国固体废物污染环境防治法》(简称《固体废物污染环境防治法》)与清洁生产相关的规定有：

第三条 国家对固体废物污染环境的防治，实行减少固体废物的产生量和危害性、充分合理利用固体废物和无害化处置固体废物的原则，促进清洁生产和循环经济发展。

第四条 国务院有关部门、县级以上地方人民政府及其有关部门组织编制城乡建设、土地利用、区域开发、产业发展等规划，应当统筹考虑减少固体废物的产生量和危害性、促进固体废物的综合利用和无害化处置。

第十六条 产生固体废物的单位和个人，应当采取措施，防止或者减少固体废物对环境的污染。

第十八条 产品和包装物的设计、制造，应当遵守国家有关清洁生产的规定。国务院标准化行政主管部门应当根据国家经济和技术条件、固体废物污染环境防治状况以及产品的技术要求，组织制定有关标准，防止过度包装造成环境污染。

第二十八条 国务院经济综合宏观调控部门应当会同国务院有关部门组织研究、开发和推广减少工业固体废物产生量和危害性的生产工艺和设备，公布限期淘汰产生严重污染环境的工业固体废物的落后生产工艺、落后设备的名录。

第二十九条 县级以上人民政府有关部门应当制定工业固体废物污染环境防治工作规划，推广能够减少工业固体废物产生量和危害性的先进生产工艺和设备，推动工业固体废物污染环境防治工作。

第三十一条 企业事业单位应当合理选择和利用原材料、能源和其他资源，采用先进的生产工艺和设备，减少工业固体废物产生量，降低工业固体废物的危害性。

第三十六条　矿山企业应当采取科学的开采方法和选矿工艺，减少尾矿、矸石、废石等矿业固体废物的产生量和储存量。

第四十三条　城市人民政府应当有计划地改进燃料结构，发展城市煤气、天然气、液化气和其他清洁能源。

第五十三条　产生危险废物的单位，必须按照国家有关规定制定危险废物管理计划，危险废物管理计划应当包括减少危险废物产生量和危害性的措施以及危险废物储存、利用、处置措施。

4)《土壤污染防治法》

2019 年 1 月 1 日起施行的《中华人民共和国土壤污染防治法》(简称《土壤污染防治法》)与清洁生产相关的规定有：

第四条　任何组织和个人都有保护土壤、防止土壤污染的义务。

土地使用权人从事土地开发利用活动，企业事业单位和其他生产经营者从事生产经营活动，应当采取有效措施，防止、减少土壤污染，对所造成的土壤污染依法承担责任。

第十九条　生产、使用、储存、运输、回收、处置、排放有毒有害物质的单位和个人，应当采取有效措施，防止有毒有害物质渗漏、流失、扬散，避免土壤受到污染。

第二十三条　各级人民政府生态环境、自然资源主管部门应当依法加强对矿产资源开发区域土壤污染防治的监督管理，按照相关标准和总量控制的要求，严格控制可能造成土壤污染的重点污染物排放。

5)《海洋环境保护法》

2017 年 11 月 4 日修正的《中华人民共和国海洋环境保护法》(简称《海洋环境保护法》)与清洁生产相关的规定有：

第十三条　国家加强防治海洋环境污染损害的科学技术的研究和开发，对严重污染海洋环境的落后生产工艺和落后设备，实行淘汰制度。

企业应当优先使用清洁能源，采用资源利用率高、污染物排放量少的清洁生产工艺，防止对海洋环境的污染。

6)《节约能源法》

2016 年 7 月 2 日修正的《中华人民共和国节约能源法》(简称《节约能源法》)与清洁生产相关的规定有：

第七条　国家实行有利于节能和环境保护的产业政策，限制发展高耗能、高污染行业，发展节能环保型产业。

国务院和省、自治区、直辖市人民政府应当加强节能工作，合理调整产业结构、企业结构、产品结构和能源消费结构，推动企业降低单位产值能耗和单位产品能耗，淘汰落后的生产能力，改进能源的开发、加工、转换、输送、储存和供应，提高能源利用效率。

第九条　任何单位和个人都应当依法履行节能义务，有权检举浪费能源的行为。

第十六条　国家对落后的耗能过高的用能产品、设备和生产工艺实行淘汰制度。

生产过程中耗能高的产品的生产单位，应当执行单位产品能耗限额标准。对超过单位产品能耗限额标准用能的生产单位，由管理节能工作的部门按照国务院规定的权限责令限期治理。

对高耗能的特种设备，按照国务院的规定实行节能审查和监管。

第二十四条　用能单位应当按照合理用能的原则，加强节能管理，制定并实施节能计划和节能技术措施，降低能源消耗。

第三十一条　国家鼓励工业企业采用高效、节能的电动机、锅炉、窑炉、风机、泵类等设备，采用热电联产、余热余压利用、洁净煤以及先进的用能监测和控制等技术。

第七十一条　使用国家明令淘汰的用能设备或者生产工艺的，由管理节能工作的部门责令停止使用，没收国家明令淘汰的用能设备；情节严重的，可以由管理节能工作的部门提出意见，报请本级人民政府按照国务院规定的权限责令停业整顿或者关闭。

第七十二条　生产单位超过单位产品能耗限额标准用能，情节严重，经限期治理逾期不治理或者没有达到治理要求的，可以由管理节能工作的部门提出意见，报请本级人民政府按照国务院规定的权限责令停业整顿或者关闭。

7)《循环经济促进法》

《循环经济促进法》是《清洁生产促进法》的立法基础，清洁生产是循环经济立法的重要内容。循环经济立法主要调整六个方面的社会关系：第一，资源综合利用；第二，清洁生产；第三，废料回收与再生利用；第四，绿色消费；第五，循环经济产业园区；第六，循环农业。

2009 年 1 月 1 日起施行的《中华人民共和国循环经济促进法》(简称《循环经济促进法》)与清洁生产相关的规定有：

第九条　企业事业单位应当建立健全管理制度，采取措施，降低资源消耗，减少废物的产生量和排放量，提高废物的再利用和资源化水平。

第十九条　从事工艺、设备、产品及包装物设计，应当按照减少资源消耗和废物产生的要求，优先选择采用易回收、易拆解、易降解、无毒无害或者低毒低害的材料和设计方案，并应当符合有关国家标准的强制性要求。

第二十条　工业企业应当采用先进或者适用的节水技术、工艺和设备，制定并实施节水计划，加强节水管理，对生产用水进行全过程控制。

第二十六条　餐饮、娱乐、宾馆等服务性企业，应当采用节能、节水、节材和有利于保护环境的产品，减少使用或者不使用浪费资源、污染环境的产品。

第三十一条　企业应当采用先进技术、工艺和设备，对生产过程中产生的废水进行再生利用。

第三十二条　企业应当采用先进或者适用的回收技术、工艺和设备，对生产过程中产生的余热、余压等进行综合利用。

第四十四条　企业使用或者生产列入国家清洁生产、资源综合利用等鼓励名录的技术、工艺、设备或者产品的，按照国家有关规定享受税收优惠。

第四十五条　对符合国家产业政策的节能、节水、节地、节材、资源综合利用等项目，金融机构应当给予优先贷款等信贷支持，并积极提供配套金融服务。

对生产、进口、销售或者使用列入淘汰名录的技术、工艺、设备、材料或者产品的企业，金融机构不得提供任何形式的授信支持。

第四十六条　国家实行有利于资源节约和合理利用的价格政策，引导单位和个人节约和合理使用水、电、气等资源性产品。

5.2.2　行政法规和部门规章

为了实施《清洁生产促进法》，落实《清洁生产促进法》提出的任务，完善清洁生产法制化体系，国务院组织制定并颁布了配套的管理条例和实施细则，国家发展和改革委员会、工业和信息化部、生态环境部、科学技术部等政府主管部门陆续颁布了相关计划、指导意见、规定、管理办法等部门规章。

主要的清洁生产行政法规和部门规章有：

(1) 2018 年 4 月，生态环境部、发改委印发《清洁生产审核评估与验收指南》。

① 规定了《清洁生产审核评估与验收指南》制定的目的和依据、适用范围、原则、评估与验收的定义、部门职责等内容。

② 规定了有关部门开展年度清洁生产审核评估的进度安排、企业提交的材料、评估方式、评估技术要点、评估技术审查意见等内容。

③ 规定了企业需提交的材料、验收程序、验收技术要点、验收结果、信息公示等内容。

④ 规定了监督检查、信息报送、评估与验收经费、评估与验收专家组要求、加强培训等内容。

(2) 2016 年 7 月，国家发改委、环境保护部联合颁布了《清洁生产审核办法》，同时废止 2004 年 8 月 16 日颁布的《清洁生产审核暂行办法》。

① 明确了部门职责和分工，由国家发改委会同环境保护部负责全国清洁生产审核的组织、协调、指导和监督工作，并明确了节能主管部门的职责。

②　明确了三类企业应依法实施清洁生产审核,以及对"有毒有害物质"的界定进行调整。

有毒有害物质包括:危险废物、剧毒化学品,含有铅、汞、镉、铬等重金属和类金属砷的物质,《关于持久性有机污染物的斯德哥尔摩公约》附件所列物质,其他具有毒性、可能污染环境的物质。

③　对企业信息公开提出了明确要求,对不同类型强制性清洁生产审核企业信息公开内容进行了细化。

④　明确了需要进行评估验收的企业范围:国家考核的规划、行动计划中明确指出需要开展强制性清洁生产审核工作的企业;申请各级清洁生产、节能减排等财政资金的企业。

⑤　对违规企业、咨询服务机构和部门工作人员的处罚条款进行调整。

不实施强制性清洁生产审核或在审核中弄虚作假的,或者实施强制性清洁生产审核的企业不报告或者不如实报告审核结果的,按照《中华人民共和国清洁生产促进法》的规定处罚。

企业委托的咨询服务机构不按照规定内容、程序进行清洁生产审核,弄虚作假、提供虚假审核报告的,由省、自治区、直辖市、计划单列市及新疆生产建设兵团清洁生产综合协调部门会同环境保护主管部门或节能主管部门责令其改正,并公布其名单。造成严重后果的,追究其法律责任。

对违反本办法相关规定受到处罚的企业或咨询服务机构,由省级清洁生产综合协调部门和环境保护主管部门、节能主管部门建立信用记录,归集至全国信用信息共享平台,会同其他有关部门和单位实行联合惩戒。

有关部门的工作人员玩忽职守,泄露企业技术和商业秘密,造成企业经济损失的,按照国家相应法律法规予以处罚。

(3) 2016 年 8 月,工业和信息化部、环境保护部印发《水污染防治重点行业清洁生产技术推行方案》(简称《方案》)。

《方案》要求,加快实施清洁生产技术改造。企业要充分发挥清洁生产技术应有的主体作用,积极采用先进适用技术实施清洁生产技术改造,提升企业技术水平和核心竞争力,从源头预防和减少污染物产生,促进水污染防治目标的实现。中央企业集团要积极组织所属企业采用先进适用清洁生产技术实施改造并提供资金支持。

《方案》强调,加强政策引导支持力度。各级工业和信息化主管部门应充分利用清洁生产、技术改造、工业转型升级专项资金和专项建设基金、绿色信贷等资金渠道,支持企业实施《方案》中的清洁生产技术改造,对符合条件的项目优先给予支持。各级环境保护主管部门在安排水污染防治相关资金时,可考虑将在满足达标排放基础上实施《方案》中的清洁生产技术改造并能有效削减主要污染物或当地超标污染物排放量的项目列入支持范围。

《方案》指出，做好技术支持和信息咨询服务。有关行业协会、科研院所和环境综合服务机构，要充分发挥自身优势，做好技术引导、技术支持、技术服务和信息咨询、交流研讨等工作，帮助企业实施清洁生产技术改造，提高先进适用技术应用普及率。

(4) 2014 年 7 月，工业和信息化部印发《大气污染防治重点工业行业清洁生产技术推行方案》(简称《方案》)。

《方案》要求，各地方工业和信息化主管部门要制定实施计划，加强政策支持，强化效果考核。

加强调查研究，结合工业发展特点和大气污染防治要求，制定切实可行的清洁生产技术改造实施计划，明确目标、任务、完成时限和措施。参考本《方案》提出清洁生产技术，指导重点行业企业实施清洁生产技术改造项目，大幅削减污染物产生量和排放量，促进本辖区重点行业到 2017 年排污强度比 2012 年下降30%以上。中央企业清洁生产技术改造项目按所在辖区范围纳入实施计划。请各省级工业和信息化主管部门于 2014 年 11 月底前将实施计划报我部。

充分利用工业转型升级、技术改造、大气污染防治等专项资金以及地方财政资金，优先支持实施计划中清洁生产技术改造项目的实施。

强化效果考核，保证实施计划落实。督促企业抓紧实施技术改造，及时开展实施效果评估验收，建立项目实施效果与降低排污强度挂钩的评估考核机制，并作为大气污染防治行动计划实施情况考核的主要指标，每年 2 月底前向工业和信息化部报告实施情况。

《方案》强调，有关行业协会要充分发挥自身优势，做好信息咨询、技术服务、交流研讨等工作，协助地方工业和信息化主管部门编制好实施计划，指导企业采用先进适用技术实施清洁生产技术改造，力争取得好的实施效果。

《方案》指出，企业要充分发挥作为应用清洁生产技术主体的作用，积极采用先进适用技术实施清洁生产技术改造，提升企业技术水平和核心竞争力，从源头预防和减少污染物产生，促进大气污染防治目标的实现。中央企业集团要积极组织所属企业采用先进适用清洁生产技术实施改造并提供资金支持。

(5) 2010 年 4 月，环境保护部颁布《关于深入推进重点企业清洁生产的通知》(环发〔2010〕54 号)，紧密结合重金属污染防治、抑制部分行业产能过剩和重复建设，明确了近期重点企业清洁生产工作的目标、任务和要求，将重点企业清洁生产制度与我国现行各项环境管理制度创新性地相衔接。其中附件 1《重点企业清洁生产行业分类管理名录》，明确了需实施清洁生产审核的重点企业的 21 个行业类别。

(6) 2009 年，工业和信息化部颁布《工业和信息化部关于加强工业和通信业清洁生产促进工作的通知》(工信部节〔2009〕461号)，推动工业和通信业节能、降耗、减排、增效，加快工业结构调整和工业经济发展方式转型，明确了工业和通信业领域推进清洁生产的工作重点和各项任务。

(7) 2010年，工业和信息化部发布了《重点行业清洁生产技术推行方案》，共17个重点行业118项技术，包括推广技术(技术成熟待推广)和示范技术(研制成功待产业化)，加快了重大清洁生产技术的示范应用和推广，提升了行业整体清洁生产水平，推动了行业清洁生产技术升级。

(8) 2009年，财政部、工业和信息化部联合颁布《中央财政清洁生产专项资金管理暂行办法》(财建〔2009〕707号)，进一步规范了中央财政清洁生产专项资金的使用与管理，提高资金使用效益，加快清洁生产技术应用推广，提升企业清洁生产水平，明确了应用示范项目、推广示范项目清洁生产专项资金申请报告要点。

(9) 2008年，国家环境保护总局颁布了《关于进一步加强重点企业清洁生产审核工作的通知》(环发〔2008〕60号)，明确了环保部门在重点企业清洁生产审核工作中的职责和作用；建立重点企业清洁生产审核公报制度；加强清洁生产审核与现有环境管理制度的结合；规范管理清洁生产审核咨询服务机构，提高审核质量；明确了重点企业清洁生产审核的奖惩措施。在该通知的《重点企业清洁生产审核评估、验收实施指南》的附件中，规定了重点企业清洁生产审核评估所需的资料、流程及要求。

(10) 2005年，国家环境保护总局颁布了《关于印发重点企业清洁生产审核程序的规定的通知》(环发〔2005〕151号)，规定了重点企业清洁生产审核程序，明确了第一批需要重点审核的有毒有害物质名录。2008年，环境保护部颁布了《关于进一步加强重点企业清洁生产审核工作的通知》(环发〔2008〕60号)，明确了第二批需要重点审核的有毒有害物质名录。

(11) 2004年，财政部发布《中央补助地方清洁生产专项资金使用管理办法》，进一步规范中央补助地方清洁生产专项资金的使用管理，明确了清洁生产资金补助范围及中心企业申请清洁生产资金条件，明确了清洁生产资金申报与审批程序。

(12) 2003年，国务院转发11部委联合文件《关于加快推行清洁生产的意见》，提出推行清洁生产的总体工作规划。提高认识，明确推行清洁生产的基本原则；统筹规划，完善政策；加快结构调整和技术进步，提高清洁生产的整体水平；加强企业制度建设，推进企业实施清洁生产；完善法规体系，强化监督管理；加强对推行清洁生产工作的领导。

(13) 2003年，国家环境保护总局颁布了《关于贯彻落实〈清洁生产促进法〉的若干意见》(环发〔2003〕60号)，要求落实环境保护部门促进和监督实施清洁生产的职责，明确目标和任务；明确企业实施清洁生产的责任。

(14) 2000年，国家发改委发布了《重点行业清洁生产技术导向目录》，共三批

17 个行业 141 项技术，提供了冶金、石油化工、化工、轻工、纺织、机械、有色金属、石油、建材等行业清洁生产技术。

(15) 1997 年，国家环境保护总局颁布了《关于推行清洁生产的若干意见》(环控〔1997〕0232 号)，转变观念，提高认识，加强领导；加大宣传力度，做好人员培训；积极稳妥，突出重点，加大力度；结合建立现代企业制度，推动实施清洁生产。

除此以外，在污染防治、技术改造、综合利用、节约能源、产业结构调整、循环经济的行政法规和部门规章中，也对清洁生产工作提出了要求。

(1) 2018 年 7 月，工业和信息化部发布了《关于印发坚决打好工业和通信业污染防治攻坚战三年行动计划的通知》(工信部节〔2018〕136 号)。

明确提出了："到 2020 年，规模以上企业单位工业增加值能耗比 2015 年下降 18%，单位工业增加值用水量比 2015 年下降 23%，绿色制造和高技术产业占比大幅提高，重点区域和重点流域重化工业比重明显下降，产业布局更加优化，结构更加合理，工业绿色发展整体水平显著提升，绿色发展推进机制基本形成。"

大力发展绿色产业。发展壮大节能环保、清洁生产和清洁能源产业。推进环保装备制造业规范发展，加大先进环保装备推广应用力度，提升环保装备技术水平，为污染治理提供装备保障。在冶金、建材、有色、化工、电镀、造纸、印染、农副食品加工等行业，以自愿性清洁生产审核为抓手，推进清洁生产技术改造。

(2) 2018 年 6 月，国务院发布了《关于印发打赢蓝天保卫战三年行动计划的通知》(国发〔2018〕22 号)。

明确提出了环境空气质量目标："经过 3 年努力，大幅减少主要大气污染物排放总量，协同减少温室气体排放，进一步明显降低细颗粒物(PM2.5)浓度，明显减少重污染天数，明显改善环境空气质量，明显增强人民的蓝天幸福感。到 2020 年，二氧化硫、氮氧化物排放总量分别比 2015 年下降 15%以上；PM2.5 未达标地级及以上城市浓度比 2015 年下降 18%以上，地级及以上城市空气质量优良天数比率达到 80%，重度及以上污染天数比率比 2015 年下降 25%以上。"

深化工业污染治理，严厉打击违法排污，持续推进工业污染源全面达标排放；针对过去工业企业污染管控薄弱环节，如无组织排放、VOCs 治理等，强化全过程管控，推进治污设施升级改造。针对污染排放量较大的钢铁等行业，推动实施超低排放改造。

大力培育绿色环保产业。壮大绿色产业规模，发展节能环保产业、清洁生产产业、清洁能源产业，培育发展新动能。积极支持培育一批具有国际竞争力的大型节能环保龙头企业，支持企业技术创新能力建设，加快掌握重大关键核心技术，促进大气治理重点技术装备等产业化发展和推广应用。积极推行节能环保整体解决方案，加快发展合同能源管理、环境污染第三方治理和社会化监测等新业态，培育一批高水平、专业化节能环保服务公司。

加大燃煤锅炉和炉窑整治力度。县级及以上城市建成区基本淘汰每小时 10 蒸吨及以下燃煤锅炉，重点区域每小时 65 蒸吨及以上燃煤锅炉全部完成节能和超低排放改造；加快淘汰中小型煤气发生炉。

(3) 2017 年 12 月，国家发展改革委、工业和信息化部联合发布了《关于促进石化产业绿色发展的指导意见》(发改产业〔2017〕2105 号)。

明确提出了："依法依规淘汰能耗和排放不达标、本质安全水平低、职业病危害严重的落后工艺、技术和装备，淘汰的落后工艺、技术和装备，一律不得转移。实施清洁生产改造，从基础设计至生产运营阶段，全流程推动工艺、技术和装备不断升级进步，加强企业精益管理，从源头上减少三废产生，实现末端治理向源头减排转变。采用先进节能、节水技术，开展节能、节水改造，提升行业能效水平，减少行业废水排放。采用废气、二氧化碳、固体废弃物综合利用技术，减少废气、二氧化碳和固体废弃物排放。鼓励沿海石化企业优先采用海水淡化与综合利用技术，减少常规水源消耗。鼓励企业开展'智能工厂''数字车间'升级改造，实现资源配置优化、过程动态优化，全面提升企业智能管理和绿色发展水平。"

(4) 2017 年 10 月，工业和信息化部发布了《国家涉重金属重点行业清洁生产先进适用技术推荐目录》，鼓励采用先进适用的清洁生产技术，从源头削减控制重金属的产生，减少重金属对环境造成的污染。

(5) 2017 年 1 月，国务院发布了《国务院关于印发"十三五"节能减排综合工作方案的通知》(国发〔2016〕74 号)。

明确了主要目标："到 2020 年，全国万元国内生产总值能耗比 2015 年下降 15%，能源消费总量控制在 50 亿吨标准煤以内。全国化学需氧量、氨氮、二氧化硫、氮氧化物排放总量分别控制在 2001 万吨、207 万吨、1580 万吨、1574 万吨以内，比 2015 年分别下降 10%、10%、15% 和 15%。全国挥发性有机物排放总量比 2015 年下降 10% 以上。"

促进传统产业转型升级，加快新兴产业发展，推动能源结构优化；加强工业、建筑、交通运输、农业农村等重点领域节能；控制重点区域流域排放，推进工业污染物减排；大力发展循环经济，加强城市废弃物规范有序处理；实施节能减排工程，推进能源综合梯级利用。

(6) 2016 年 12 月，工业和信息化部、科学技术部、环境保护部联合发布了《关于发布〈国家鼓励的有毒有害原料(产品)替代品目录(2016 年版)〉的通告》(工信部联节〔2016〕398 号)，引导企业持续开发、使用低毒低害和无毒无害原料，减少产品中有毒有害物质含量，从源头削减或避免污染物产生。

(7) 2016 年 8 月，工业和信息化部、环境保护部联合发布了《关于印发〈水污染防治重点行业清洁生产技术推行方案〉的通知》，推进造纸、印染等 11 个重点行业实施清洁生产技术改造，降低工业新增水用量，提高水重复利用率，减少水污染物产生，严格控制并削减行业水污染物排放总量，推动全面达标排放，促进水环境质量持续改善。

加快实施清洁生产技术改造。企业要充分发挥清洁生产技术应用的主体作用，积极采用先进适用技术实施清洁生产技术改造，提升企业技术水平和核心竞争力，从源头预防和减少污染物产生，促进水污染防治目标的实现。中央企业集团要积极组织所属企业采用先进适用的清洁生产技术实施改造并提供资金支持。

(8) 2016 年 8 月，国务院发布了《关于石化产业调结构促转型增效益的指导意见》(国办发〔2016〕57 号)，改造提升传统产业，利用清洁生产、智能控制等先进技术改造提升现有生产装置，提高产品质量，降低消耗，减少排放，提高综合竞争能力。

(9) 2016 年 7 月，工业和信息化部、财政部联合发布了《关于印发重点行业挥发性有机物削减行动计划的通知》(工信部联节〔2016〕217 号)，加快推进落实绿色制造工程实施指南，推进促进重点行业挥发性有机物削减，提升工业绿色发展水平，改善大气环境质量，提升制造业绿色化水平。

(10) 2016 年 5 月，国务院印发《土壤污染防治行动计划》(简称"土十条")。

"土十条"提出，到 2020 年，全国土壤污染加重趋势得到初步遏制，土壤环境质量总体保持稳定，农用地和建设用地土壤环境安全得到基本保障，土壤环境风险得到基本管控。到 2030 年，全国土壤环境质量稳中向好，农用地和建设用地土壤环境安全得到有效保障，土壤环境风险得到全面管控。到本世纪中叶，土壤环境质量全面改善，生态系统实现良性循环。

"土十条"坚持问题导向、底线思维，坚持突出重点、有限目标，坚持分类管控、综合施策，确定了十个方面的措施：一是开展土壤污染调查，掌握土壤环境质量状况。二是推进土壤污染防治立法，建立健全法规标准体系。三是实施农用地分类管理，保障农业生产环境安全。四是实施建设用地准入管理，防范人居环境风险。五是强化未污染土壤保护，严控新增土壤污染。六是加强污染源监管，做好土壤污染预防工作。七是开展污染治理与修复，改善区域土壤环境质量。八是加大科技研发力度，推动环境保护产业发展。九是发挥政府主导作用，构建土壤环境治理体系。十是加强目标考核，严格责任追究。

"土十条"明确了与清洁生产相关的具体要求：

继续淘汰涉重金属重点行业落后产能，完善重金属相关行业准入条件，禁止新建落后产能或产能严重过剩行业的建设项目。按计划逐步淘汰普通照明白炽灯。提高铅酸蓄电池等行业落后产能淘汰标准，逐步退出落后产能。制定涉重金属重点工业行业清洁生产技术推行方案，鼓励企业采用先进适用的生产工艺和技术。2020 年重点行业的重点重金属排放量要比 2013 年下降 10%。

合理使用化肥农药。鼓励农民增施有机肥,减少化肥使用量。科学施用农药,推行农作物病虫害专业化统防统治和绿色防控,推广高效低毒低残留农药和现代植保机械。加强农药包装废弃物回收处理。推行农业清洁生产,开展农业废弃物资源化利用试点,形成一批可复制、可推广的农业面源污染防治技术模式。严禁将城镇生活垃圾、污泥、工业废物直接用作肥料。到 2020 年,全国主要农作物化肥、农药使用量实现零增长,利用率提高到 40%以上,测土配方施肥技术推广覆盖率提高到 90%以上。

(11) 2015 年 4 月,国务院印发《水污染防治行动计划》(简称"水十条")。

到 2020 年,全国水环境质量得到阶段性改善,污染严重水体较大幅度减少,饮用水安全保障水平持续提升,地下水超采得到严格控制,地下水污染加剧趋势得到初步遏制,近岸海域环境质量稳中趋好,京津冀、长三角、珠三角等区域水生态环境状况有所好转。到 2030 年,力争全国水环境质量总体改善,水生态系统功能初步恢复。到本世纪中叶,生态环境质量全面改善,生态系统实现良性循环。

到 2020 年,长江、黄河、珠江、松花江、淮河、海河、辽河等七大重点流域水质优良(达到或优于Ⅲ类)比例总体达到 70%以上,地级及以上城市建成区黑臭水体均控制在 10%以内,地级及以上城市集中式饮用水水源水质达到或优于Ⅲ类比例总体高于 93%,全国地下水质量极差的比例控制在 15%左右,近岸海域水质优良(一、二类)比例达到 70%左右。京津冀区域丧失使用功能(劣于Ⅴ类)的水体断面比例下降 15 个百分点左右,长三角、珠三角区域力争消除丧失使用功能的水体。

到 2030 年,全国七大重点流域水质优良比例总体达到 75%以上,城市建成区黑臭水体总体得到消除,城市集中式饮用水水源水质达到或优于Ⅲ类比例总体为 95%左右。

"水十条"在十个方面确定了具体的行动措施:一是全面控制污染物排放。二是推动经济结构转型升级。三是着力节约保护水资源。四是强化科技支撑。五是充分发挥市场机制作用。六是严格环境执法监管。七是切实加强水环境管理。八是全力保障水生态环境安全。九是明确和落实各方责任。十是强化公众参与和社会监督。

"水十条"明确了与清洁生产有关的具体要求:

专项整治十大重点行业。制定造纸、焦化、氮肥、有色金属、印染、农副食品加工、原料药制造、制革、农药、电镀等行业专项治理方案,实施清洁化改造。新建、改建、扩建上述行业建设项目实行主要污染物排放等量或减量置换。2017年底前,造纸行业力争完成纸浆无元素氯漂白改造或采取其他低污染制浆技术,钢铁企业焦炉完成干熄焦技术改造,氮肥行业尿素生产完成工艺冷凝液水解解析技术改造,印染行业实施低排水染整工艺改造,制药(抗生素、维生素)行业实施绿色酶法生产技术改造,制革行业实施铬减量化和封闭循环利用技术改造。

调整产业结构。依法淘汰落后产能。自 2015 年起，各地要依据部分工业行业淘汰落后生产工艺装备和产品指导目录、产业结构调整指导目录及相关行业污染物排放标准，结合水质改善要求及产业发展情况，制定并实施分年度的落后产能淘汰方案，报工业和信息化部、环境保护部备案。未完成淘汰任务的地区，暂停审批和核准其相关行业新建项目。

推进循环发展。加强工业水循环利用。推进矿井水综合利用，煤炭矿区的补充用水、周边地区生产和生态用水应优先使用矿井水，加强洗煤废水循环利用。鼓励钢铁、纺织印染、造纸、石油石化、化工、制革等高耗水企业废水深度处理回用。

抓好工业节水。制定国家鼓励和淘汰的用水技术、工艺、产品和设备目录，完善高耗水行业取用水定额标准。开展节水诊断、水平衡测试、用水效率评估，严格用水定额管理。到 2020 年，电力、钢铁、纺织、造纸、石油石化、化工、食品发酵等高耗水行业达到先进定额标准。

(12) 2014 年 7 月，工业和信息化部发布了《大气污染防治重点工业行业清洁生产技术推行方案》(工信部节〔2014〕273 号)，推进重点工业行业企业实施清洁生产技术改造，降低大气污染物排放强度，促进大气环境质量持续改善。

(13) 2013 年 9 月，国务院印发《大气污染防治行动计划》(简称"大气十条")。

到 2017 年，全国地级及以上城市可吸入颗粒物浓度比 2012 年下降 10%以上，优良天数逐年提高；京津冀、长三角、珠三角等区域细颗粒物浓度分别下降 25%、20%、15%左右，其中北京市细颗粒物年均浓度控制在 60 微克/立方米左右。

"大气十条"在十个方面确定了具体的行动措施：一是加大综合治理力度，减少多污染物排放。二是调整优化产业结构，推动产业转型升级。三是加快企业技术改造，提高科技创新能力。四是加快调整能源结构，增加清洁能源供应。五是严格节能环保准入，优化产业空间布局。六是发挥市场机制作用，完善环境经济政策。七是健全法律法规体系，严格依法监督管理。八是建立区域协作机制，统筹区域环境治理。九是建立监测预警应急体系，妥善应对重污染天气。十是明确政府企业和社会的责任，动员全民参与环境保护。

(14)《建设项目竣工环境保护验收技术规范》进一步规范和细化建设项目竣工环境保护验收的标准和程序，提高可操作性。包括纺织染整、输变电工程、煤炭采选、石油天然气开采、公路、水利水电、港口、储油库及加油站、造纸工业、汽车制造、乙烯工程、石油炼制、黑色金属冶炼及压延加工、城市轨道交通、生态影响类、水泥制造、火力发电厂、电解铝共 18 个类别。

(15) 2005 年，国家发改委颁布了首部《产业结构调整指导目录》(简称《指导目录》)，至今涉及 20 多个行业，其中鼓励类 539 条(受到广泛关注的小排量汽车此次列入鼓励发展项目)，限制类 190 条，淘汰类 399 条。

《指导目录》的重点内容涵盖七个方面：一是瞄准薄弱领域，着力提高基础工艺、基础材料、基础元器件等基础制造能力。二是突出关键环节，更加注重提高关键设备制造能力和关键部件配套能力。三是强化保障支撑，加快发展重点产业调整振兴和新兴产业所需装备。四是更加关注"三农"，扶持发展先进适用的农用装备。五是适应需求变化，大力发展新兴领域装备。六是防范产能过剩，坚决抑制部分行业重复建设。七是淘汰落后产能，加快产业转型升级。

5.2.3　地方法规

除国家层面的清洁生产法律、行政法规外，作为配套和补充，我国部分省(自治区、直辖市)的立法机构制定了清洁生产的地方性法规。地方立法主要有两种方式：一是在国家立法的框架内地方化，即在地方综合性环境保护法中作出有关资源综合利用、节约资源、减少废弃物清洁生产的规定，或是在制定国家单项法的实施条例中进一步细化相关规定；二是突破国家立法的框架，制定清洁生产地方法规，如《太原市清洁生产条例》《山东省清洁生产促进条例》《天津市清洁生产促进条例》《云南省清洁生产促进条例》等。部分地方政府也制定和发布了推行清洁生产的实施办法和规范等地方规章。这些地方性法规的出台和实施，为清洁生产工作的推行和实施提供了切实可行的依据。

1. 广东省的主要法规和文件

(1) 2017年6月，广东省经济和信息化委员会(简称经济和信息化委)、环境保护厅联合颁布了《关于做好清洁生产审核相关工作的通知》(简称《通知》)(粤经信节能函〔2017〕133号)。

《通知》明确了各地经济和信息化(简称经信)部门、环境保护部门应及时发布年度开展清洁生产审核企业名单，同时报送省经济和信息化委、环境保护厅备案。

《通知》明确了企业应在清洁生产审核流程中的相应时间将相关资料上传至"广东省清洁生产信息化公共服务平台"(www.gdqjsc.com)。

《通知》中的附件《广东省清洁生产审核报告编制技术指南》和《广东省简易流程清洁生产审核报告编制技术指南》，供各地及有关清洁生产咨询服务机构、企业在开展清洁生产审核工作过程中作为编制清洁生产审核报告参考。

(2) 2017年5月，广东省经济和信息化委、环境保护厅联合颁布了《关于印发清洁生产审核及验收工作流程的通知》(粤经信规字〔2017〕3号)，明确了清洁生产审核及验收工作流程。

(3) 2017年1月，广东省经济和信息化委、环境保护厅联合颁布了《关于做好水污染防治重点行业清洁化改造工作的通知》(粤经信节能函〔2017〕1号)，公布了404家重点行业清洁化改造企业名单，规定了其清洁生产目标。

(4) 2016 年 7 月，广东省经济和信息化委、环境保护厅联合颁布了《广东省全面推进绿色清洁生产工作意见的通知》(粤经信节能〔2016〕235 号)，提出建立清洁生产工作统一协调机制，创新审核验收方法，建立差异化奖惩机制和完善工作保障机制。广东省对自愿性和强制性清洁生产审核工作实施统一管理，创新清洁生产推进模式，简化清洁生产审核流程，形成了广东省经济和信息化委和环境保护厅牵头、多部门配合的绿色清洁生产推行模式。"十三五"期间广东省开展清洁生产审核的企业预计将超过 10 000 家次，可实现节能量 400 万吨标煤，节水 2 亿吨，减排二氧化碳 1000 万吨，削减 COD 产生量 10 万吨、二氧化硫产生量 10 万吨、氨氮产生量 0.6 万吨、氮氧化物产生量 8 万吨。

(5) 2015 年 3 月，广东省经济和信息化委颁布了《省级清洁生产企业认定职能转移后续监管办法的通知》(简称《办法》)(粤经信节能函〔2015〕441 号)，明确了监管内容。

《办法》规定了承接职能期间，承接主体每年 12 月前应当向省经济和信息化委书面报告承接主体资格情况和当年认定工作情况。

《办法》规定了协议执行期届满前 1 个月内，承接主体应按照本办法规定的监管内容进行总结，并形成书面报告，同时提供本办法第四条规定的监管内容所需文件、数据及资料，由省经济和信息化委对承接主体工作情况进行评估。

(6) 2014 年 9 月，广东省经济和信息化委、科学技术厅、环境保护厅联合颁布了《关于加强省级清洁生产企业认定职能转移后续监管工作的通知》(粤经信节能函〔2014〕1452 号)，规定了省级清洁生产企业认定具体工作按《广东省清洁生产企业认定操作细则》(简称《操作细则》)执行。《操作细则》明确了清洁生产审核备案、验收和认定、复审换证和监督管理的要求。同时明确，进一步转变政府职能，充分发挥市场主体作用，取消清洁生产技术服务机构的备案管理，全面放开清洁生产服务市场。

(7) 2013 年 12 月，广东省经济和信息化委、科学技术厅联合颁布了《关于第一批创建省清洁生产技术中心的通知》(简称《通知》)(粤经信节能函〔2013〕3293 号)，公布了第一批创建省清洁生产技术中心名单。

《通知》规定了"省清洁生产技术中心"称号有效期为两年。

《通知》规定了省经济和信息化委会同省科学技术厅将加强对省清洁生产技术中心创建工作的指导支持和监督管理，对不符合相关要求的省清洁生产技术中心将提出整改要求，对整改后仍不符合要求的将取消其"省清洁生产技术中心"称号。

(8) 2013 年 6 月，广东省经济和信息化委颁布了《关于创建省清洁生产示范园区的通知》(粤经信节能函〔2013〕1564 号)，深入推进全省工业园区清洁生产工作，从源头节能减排，提高资源利用效率，促进园区产业优化升级，明确了主要任务和建设目标。

(9) 2012 年 8 月，广东省环境保护厅颁布了《关于加强重点企业清洁生产管理工作有关事项的通知》(简称《通知》)(粤环函〔2102〕880 号)。

《通知》规定了要加强对评估验收材料的审查,未达到要求的不予受理;要加强对专家组成员的遴选,合理搭配专业构成;要加强对审核报告质量和方案实施情况及效果的核查,防止现场考察走形式走过场。

《通知》规定了重金属企业每两年完成一轮清洁生产审核的要求,加强对列入重金属污染防治规划的重点企业的筛查,对于尚未开展清洁生产审核的,要立即启动,并于年底前完成评估或验收;对于已完成清洁生产审核但超过有效期的,要立即启动新一轮审核,确保年底前完成;对于正在开展清洁生产审核的,要加快进度,确保年底前完成;对于已关闭或停产的,要核实情况,并准备好相关证明材料。

(10) 2012 年 8 月,广东省环境保护厅颁布了《关于印发广东省重点企业清洁生产审核报告编制技术要求和广东省重点企业清洁生产验收工作报告编制技术要求的通知》(粤环〔2012〕62 号),明确了清洁生产审核报告和清洁生产验收工作报告编制技术要求。

(11) 2012 年 3 月,广东省经济和信息化委、科学技术厅、环境保护厅、财政厅、住房和城乡建设厅、交通运输厅、农业农村厅、旅游局联合颁布了《广东省"十二五"清洁生产规划(2011—2015 年)》,明确了推行清洁生产的指导思想、原则和目标,制定了六个主要任务,从工业、农业、建筑、交通、商贸服务、旅游六个重点领域推行清洁生产。

(12) 2011 年 4 月,广东省环境保护厅颁布了《关于进一步加强广东省重点企业清洁生产审核工作的通知》(粤环〔2011〕37 号),提高对清洁生产重要性、紧迫性的认识;摸清底数,制定工作计划和方案;加强监管,扎实推进重点企业清洁生产审核工作;严格把关,切实做好清洁生产审核评估验收工作;注重实效,建立绩效统计制度;加强对清洁生产审核咨询服务机构的监管。

(13) 2010 年 8 月,经济和信息化委、科学技术厅、环境保护厅联合颁布了《广东省清洁生产咨询服务机构管理办法》,明确了申请咨询服务机构应符合的条件,规定了咨询服务机构申请的流程,制定了对咨询服务机构的监督管理制度。

(14) 2010 年 8 月,广东省经济和信息化委颁布了《关于印发广东省清洁生产审核报告编制范本的通知》(粤经信节能〔2010〕739 号),规定了清洁生产审核报告编制要求。

(15) 2007 年 9 月,广东省人民政府办公厅颁布了《关于加快推进清洁生产工作的意见》(粤府办〔2007〕77 号),明确了指导思想、主要目标和基本原则,制定了主要任务。

(16) 2001 年 10 月,广东省经济和信息化委、科学技术厅、环境保护厅联合颁布了《广东省清洁生产联合行动实施意见》,明确了总体目标,制定了具体任务,落实相关政策和措施。

2. 广州市的主要法规和文件

(1) 2018 年 7 月,广州市环境保护局颁布了《关于印发广州市贯彻落实广东省固体废物污染防治三年行动计划实施方案(2018—2020 年)的通知》(穗环〔2018〕149 号),明确固体废物污染防治目标要求,全面加快固体废物处理处置能力建设,深入推进固体废物减量化和回收利用,全面压实固体废物污染防治责任,加大固体废物环境监管执法力度,加强固体废物管理能力建设,完善固体废物管理机制,行动计划实施保障措施。

支持工业固体废物资源化新技术、新设备、新产品应用,拓展资源化利用途径。深入推进工业园区循环化改造和工业"三废"资源化利用,建设工业资源综合利用基地和示范工程,支持"城市矿产"示范基地建设,提高大宗工业固体废弃物、废旧塑料、建筑垃圾等综合利用水平。充分利用工业窑炉、水泥窑等设施消纳尾矿、粉煤灰、炉渣、冶炼废渣、脱硫石膏等工业固体废物,构建以水泥、建材、冶金等行业为核心的工业固体废物综合利用系统。

鼓励固体废物特别是危险废物产生量较大的重点企业自行建设废物处理处置设施,鼓励其依法申领危险废物经营许可证,开展社会化服务,降低废物运输和周转风险。全面推行污水处理厂内部减容减量政策,鼓励污泥产生量大的企业采用余热干化、深度脱水工艺降低污泥含水率。全面加强企业工艺技术改造,持续推进清洁生产,改变末端固废产生状态,为固废资源化利用创造条件。

(2) 2018 年 3 月,广州市工业和信息化委员会和环境保护局联合颁布了《关于做好 2018 年依法实施绿色清洁生产审核工作的通知》(穗工信函〔2018〕500 号),推动企业依法实施绿色清洁生产审核,强化清洁生产审核奖惩机制,提升清洁生产审核质量。

(3) 2017 年 7 月,广州市工业和信息化委员会和环境保护局联合颁布了《关于做好清洁生产审核及验收相关工作的通知》(穗工信函〔2017〕1341 号),规定各相关企业按要求自行开展或委托第三方协助开展本企业清洁生产审核工作,在"广东省清洁生产信息化公共服务平台"(www. gdqjsc. com)注册,填写有关信息,提交审核计划等资料,通过开展审核提出和实施升级改善项目,主动配合政府主管部门的监督检查和审核验收工作。

(4) 2017 年 5 月,广州市工业和信息化委员会和环境保护局联合颁布了《关于 2017 年依法实施清洁生产审核工作的通知》(穗工信函〔2017〕949 号),推动企业依法实施清洁生产审核,加强清洁生产信息化公共服务平台管理。

(5) 2016 年 9 月,广州市工业和信息化委员会和环境保护局联合颁布了《关于印发广州市"十三五"绿色清洁生产工作推行方案的通知》(穗工信〔2016〕17 号),明确了总体思路,提出了工作目标,制定了主要任务和措施。

到 2020 年，全市 1500 家企业(单位)完成清洁生产审核，规模以上工业企业审核率达到 30%以上，创建市级清洁生产企业 500 家，培育省级清洁生产企业 100 家；市清洁生产企业持续开展审核，复审换证率 60%以上；全市 7 个市辖区完成园区循环化改造推进工作方案编制，25 个工业园区(集聚区)完成循环化改造，园区内规模以上企业清洁生产审核率超过 80%。

推动企业开展清洁生产审核，实施差别化清洁生产审核方式，开展清洁生产示范，深化穗港清洁生产合作，培育清洁生产技术服务队伍，建立清洁生产信息化公共服务平台，强化清洁生产宣传培训，推动清洁生产培训交流，建立完善清洁生产激励政策，落实清洁生产资金保障，规范清洁生产审核服务市场，强化清洁生产技术专家管理，加强企业清洁生产审核监管。

(6) 2016 年 4 月，广州市环境保护局颁布了《广州市环保局清洁生产项目申报指南》，明确了项目申报流程、所需申报材料、项目验收所需资料。

(7) 2016 年 3 月，广州市环境保护局和财政局联合颁布了《关于印发广州市排污费专项资金管理办法的通知》(穗环〔2016〕19 号)，规范了市排污费专项资金的使用和管理，提高资金使用效益，促进污染防治，改善环境质量，明确了支持范围和支付方式、项目申报及评审、资金补助原则。

(8) 2004 年 4 月，广州市经济委员会、环境保护局、科技局联合颁布了《关于印发〈广州市清洁生产实施方案〉的通知》(穗经〔2004〕22 号)，明确了目标、主要内容、主要措施。

通过政府鼓励、政策扶持、科技先导、环保监督、企业实施方式，依靠技术进步，与产业、产品结构调整相结合，积极推进清洁生产，到 2005 年要达到：建立一支由企业经营者、专家与技术人员等组成的推行清洁生产队伍；培植一批高标准、规范化的清洁生产示范企业；推动总结一批原污染重、经治理效果明显的清洁生产典型案例；制定和实施有关清洁生产的地方性政策与法规，使清洁生产逐步纳入法制化轨道；逐步建立起促进企业自觉实施清洁生产的有效机制。

分批选取典型企业实施清洁生产试点，在我市起到示范带头作用。鼓励新搬迁企业调整产业结构，优先采用资源利用率高以及污染物产生量少的清洁生产技术、工艺和设备，开发生产高新技术产品和无污染产品，实现清洁生产。针对不同对象，采取多种形式开展相关的教育培训，普及清洁生产的知识，推广和总结清洁生产经验。

健全机构，组建广州市清洁生产促进中心，作为广州市清洁生产的技术依托机构，在市政府有关部门的领导下开展工作。建立促进清洁生产的激励机制，运用经济和市场手段调动企业实施清洁生产的自觉性和积极性。加强对企业生产全过程的环境监督与执法。对污染重点排放企业强制实行清洁生产审核。全社会动员，加大宣传力度，切实提高对清洁生产的认识。

第6章 清洁生产的技术规范

清洁生产的技术规范是有效地推行清洁生产工作的重要依托，是科学评价企业清洁生产水平的客观需求。它可以为企业开展清洁生产提供技术支持和导向，判断清洁生产潜力与机会，评定清洁生产绩效，还可为科研部门的新技术研究与开发的选题，工程设计单位的企业技术改造或新、改、扩建项目的设计，环境咨询单位的环境影响评价，政府主管部门的企业清洁生产项目的审批验收，提供必不可少的技术支持。

清洁生产技术规范大体可以分为三大类：第一类是由国家发改委组织制定的行业清洁生产评价指标体系；第二类是由生态环境部组织制定的行业清洁生产标准；第三类是工业和信息化部组织编制的企业清洁生产水平评价技术要求。按照全国人民代表大会环境与资源保护委员会(简称全国人大环资委)的意见，今后有必要将三套评价技术规范统一整合为清洁生产评价指标体系。

受制于行业特征等因素，目前仍有相当一部分行业还没有建立清洁生产指标体系和清洁生产标准，如化工行业制订清洁生产评价指标体系和标准就相当困难。由于同一种产品所使用的化学原料不完全相同，甚至同一种产品有多种生产方法，使得生产制作工艺截然不同，这就导致无法用体系和标准来准确把握。如果针对产品制订体系和标准，适用范围就无法保证广泛性，如果要保证广泛性，就必须制订出很多套体系和标准，这个问题的解决还有很多工作要做。

6.1 清洁生产评价指标体系

清洁生产评价指标体系是由相互联系、相对独立、相互补充的系列清洁生产评价指标所组成，用于衡量清洁生产状态的指标集合。

随着清洁生产在社会实践中逐步深入，对清洁生产活动进行规范化并科学地评价其清洁生产状态及效果变得日益重要。清洁生产评价指标体系的形成就是为了对企业的清洁生产水平进行科学的、客观的评价，它不仅能将企业的清洁生产状况与效果如实反映出来，评定出企业清洁生产的总体水平以及各生产环节的清洁生产水平，而且能帮助企业发现自身生产或管理等方面的不足，并针对其清洁生产水平较低的环节提出相应的清洁生产方案和改进措施，进一步推动企业的清洁生产工作，增加企业自身的综合竞争力，降低企业的环境风险，实现企业的可持续发展。

建立清洁生产评价指标体系是实行清洁生产评价工作的需要，它明确了生产全过程控制的主要内容和目标，使企业和管理部门对清洁生产的实际效果和管理目标具体化，把清洁生产由抽象的概念变成直观的可操作、可量化、可对比的具体内容。通过定性和定量使企业看到清洁生产的绩效来提高企业自愿开展清洁生产的积极性。

6.1.1　框架组成

行业清洁生产评价指标体系由一级指标和二级指标组成。其中，一级指标包括生产工艺及装备指标、资源能源消耗指标、资源综合利用指标、污染物产生指标、产品特征指标和清洁生产管理指标等六类指标，每类指标又由若干个二级指标组成。其中二级指标中包含有限定性指标。

限定性指标为对节能减排有重大影响的指标，或者法律法规明确规定严格执行的指标。原则上，限定性指标主要包括但不限于单位产品能耗限额、单位产品取水定额、有毒有害物质产生限值，行业特征污染物，行业准入性指标，以及二氧化硫、氮氧化物、化学需氧量、氨氮、噪声等污染物的产生量，因行业性质不同有所差异。

6.1.2　选取原则

一般而言，指标体系既是管理科学水平的标志，也是进行定量比较的尺度。清洁生产评价指标体系是国家、地区、部门和企业，在一定的科学、技术、环境、经济条件下，规定企业在一定时期内开展清洁生产所需达到的具体目标和水平，其指标内容随着经济、社会和环境的变化而变化。清洁生产评价指标体系的建立应该以合理性和简洁性为出发点，由于清洁生产涵盖了原材料和能源、生产过程和产品这三大方面，体现了人类、自然和社会的和谐发展，因此清洁生产评价指标体系的制定应当遵循以下原则。

1. 全过程原则

清洁生产贯穿于产品的整个生命周期，因此清洁生产评价指标的选取范围也应该涵盖整个产品的全方面，不仅包括原材料、能源及生产过程，而且也关注产品本身的状况和产品使用后带来的环境效益，即从产品的设计、生产、储存、运输、消费的全过程对原材料、能源的消耗和污染物产生及其毒性分析都建立相应评价指标。

2. 时空性原则

选取的评价指标既可以是长远的规划目标，也可以是短期的实施目标，同时还应规定执行指标的具体区域、行业、企业和车间等。

3. 污染预防原则

选取的评价指标要突出体现污染预防的理念，但并不要求涵盖所有的环境、经济、社会等指标，关键是通过分析生产过程中资源的消耗和废物的产生情况，以此反映生产过程的资源、能源的利用率，从而达到保护自然资源的目的。

4. 定量定性结合原则

为确保评价结果的科学性、准确性及可比性，有必要建立数学评价模式，尽可能选取可量化的指标。另外，评价指标是复杂而又相互联系密切的，对于不可量化的指标，也通过采用定性指标进行分析评价，但应力求科学、合理、实用、可行。

5. 易操作性原则

评价指标要抓住重点和关键环节，突出重点、意义明确、结构清晰、可操作性强、实施成本低。既要能充分表达清洁生产的丰富内涵、综合性强，又要反映目标项目的主要情况，且简单易行。

6. 持续改进原则

清洁生产是一个持续改进的过程，要求企业在达到现有指标的基础上向更高的目标迈进，因此指标体系也应该相对应地体现持续性改进的原则，引导企业根据自身现有的情况，选择不同的清洁生产目标实现持续改进。

6.1.3　制定情况

国家发改委在 2005 年开始到 2009 年期间，推出了 30 部清洁生产评价指标体系(试行)。在 2014 年初到 2017 年期间，国家发改委通过整合和改编旧的评价指标体系，推出了 24 部新的行业清洁生产评价指标体系，同时停止施行之前发布的 11 部同行业的清洁生产评价指标体系(试行)。在 2018 年 12 月，国家发改委、生态环境部和国家工信部整合修编了 14 个行业清洁生产评价指标体系。国家发改委、生态环境部和国家商务部制定了 1 个清洁生产评价指标体系。现行的清洁生产评价指标体系见表 6.1。

表 6.1　现行的清洁生产评价指标体系

序号	标准名称	实施日期
1	《氮肥行业清洁生产评价指标体系(试行)》	2005 年 5 月
2	《印染行业清洁生产评价指标体系(试行)》	2006 年 12 月

序号	标准名称	实施日期
3	《烧碱/聚氯乙烯行业清洁生产评价指标体系(试行)》	2006 年 12 月
4	《煤炭行业清洁生产评价指标体系(试行)》	
5	《铝行业清洁生产评价指标体系(试行)》	
6	《铬盐行业清洁生产评价指标体系(试行)》	
7	《包装行业清洁生产评价指标体系(试行)》	2007 年 4 月
8	《磷肥行业清洁生产评价指标体系(试行)》	
9	《轮胎行业清洁生产评价指标体系(试行)》	
10	《陶瓷行业清洁生产评价指标体系(试行)》	
11	《涂料制造业清洁生产评价指标体系(试行)》	
12	《纯碱行业清洁生产评价指标体系(试行)》	2007 年 7 月
13	《发酵行业清洁生产评价指标体系(试行)》	
14	《机械行业清洁生产评价指标体系(试行)》	
15	《硫酸行业清洁生产评价指标体系(试行)》	
16	《石油和天然气开采行业清洁生产评价指标体系(试行)》	2009 年 2 月
17	《精对苯二甲酸(PTA)行业清洁生产评价指标体系(试行)》	
18	《电石行业清洁生产评价指标体系(试行)》	
19	《有机磷农药行业清洁生产评价指标体系(试行)》	
20	《钢铁行业清洁生产评价指标体系》	2014 年 2 月
21	《水泥行业清洁生产评价指标体系》	
22	《电力(燃煤发电企业)行业清洁生产评价指标体系》	2015 年 4 月
23	《制浆造纸行业清洁生产评价指标体系》	
24	《稀土行业清洁生产评价指标体系》	
25	《平板玻璃行业清洁生产评价指标体系》	2015 年 10 月
26	《电镀行业清洁生产评价指标体系》	
27	《铅锌采选行业清洁生产评价指标体系》	
28	《黄磷工业清洁生产评价指标体系》	
29	《生物药品制造业(血液制品)清洁生产评价指标体系》	
30	《电池行业清洁生产评价指标体系》	2015 年 12 月
31	《镍钴行业清洁生产评价指标体系》	
32	《锑行业清洁生产评价指标体系》	
33	《再生铅行业清洁生产评价指标体系》	

续表

序号	标准名称	实施日期
34	《电解锰行业清洁生产评价指标体系》	
35	《涂装行业清洁生产评价指标体系》	
36	《合成革行业清洁生产评价指标体系》	2016 年 10 月
37	《光伏电池行业清洁生产评价指标体系》	
38	《黄金行业清洁生产评价指标体系》	
39	《制革行业清洁生产评价指标体系》	
40	《环氧树脂行业清洁生产评价指标体系》	
41	《1，4-丁二醇行业清洁生产评价指标体系》	2017 年 7 月
42	《有机硅行业清洁生产评价指标体系》	
43	《活性染料行业清洁生产评价指标体系》	
44	《钢铁行业(烧结、球团)清洁生产评价指标体系》	
45	《钢铁行业(高炉炼铁)清洁生产评价指标体系》	
46	《钢铁行业(炼钢)清洁生产评价指标体系》	
47	《钢铁行业(钢延压加工)清洁生产评价指标体系》	
48	《钢铁行业(铁合金)清洁生产评价指标体系》	
49	《再生铜行业清洁生产评价指标体系》	
50	《电子器件(半导体芯片)制造业清洁生产评价指标体系》	
51	《合成纤维制造业(氨纶)清洁生产评价指标体系》	2018 年 12 月
52	《合成纤维制造业(锦纶 6)清洁评价指标体系》	
53	《合成纤维制造业(聚酯涤纶)清洁生产评价指标体系》	
54	《合成纤维制造业(维纶)清洁生产评价指标体系》	
55	《合成纤维制造业(再生涤纶)清洁生产评价指标体系》	
56	《再生纤维素纤维制造业(粘胶法)清洁生产评价指标体系》	
57	《印刷业清洁生产评价指标体系》	
58	《洗染业清洁生产评价指标体系》	

6.1.4　评价指标体系的内容

　　清洁生产分析和评价主要应从工艺路线选择、节能消耗、减少污染物产生和排放等方面进行评述，同时还要兼顾环境和经济效益的评价。依据生命周期分析的原则，现行的评价指标一般分为六大类：生产工艺装备及技术要求指标、资源能源利用指标、产品特征指标、污染物产生指标(末端治理前)、资源综合利用指标、清洁生产管理指标。指标种类分为定性、定量、定性和定量相结合。其中，资源能源利用指标和污染物产生指标在清洁生产审核中是非常重要的两类指标，因此必须有定量指标，而其余四类指标属于定性指标或定性和定量相结合。

1. 生产工艺装备及技术要求指标

生产过程所采用的工艺和设备是企业实施清洁生产所强调污染预防的一个很重要的前提，生产工艺和设备的先进性对原材料、资源能源的使用和产品的质量起决定性因素。通过对国内外同行业的先进生产工艺装备与技术水平调查，该指标以满足国家产业政策要求为前提，推广使用能耗低、产排污少的清洁生产工艺、装备和制造技术，部分行业在此指标中还体现出环保治理设施的配备情况。具体指标包括装备要求、生产规模、生产工艺方案、主要设备参数、自动化控制水平等。

2. 资源能源利用指标

原辅材料在使用过程中应被充分利用，在生产过程中应降低其对生态环境带来的影响程度，原辅材料的选择应遵循无毒性、低毒性的原则，原辅材料使用后进入环境尽量不影响或轻微影响人体健康和环境质量。在正常的生产操作情况下，生产单位产品对资源的消耗程度可以部分地反映出一个企业生产技术的先进水平和管理水平，从清洁生产角度看，资源指标的消耗程度在一定的程度上可以反映企业的生产过程在宏观上对生态系统的影响，也可直接反映出企业的生产技术工艺水平和管理水平的高低。具体指标包括原辅材料的选择、单位产品原辅材料的消耗、单位产品取水量、水的重复利用率、水的循环利用率、单位产品耗电量、其他能源的单位产品消耗量、一次能源消耗比例、单位产品综合能耗等。

3. 产品特征指标

清洁生产一方面侧重在生产过程中的污染预防或源头削减，另一方面也关注产品的环境效益。产品的性能和包装在产品储存、运输、销售、使用直至产品报废及处置过程均会对环境和人体产生一定的影响。产品特征指标是从有利于包装材料再利用或资源化利用、产品易拆解、易回收、易降解、环境友好等方面提出的产品指标及要求。定量指标主要包括产品一次合格率，定性指标主要指产品性能及其包装等导致的污染物的种类和数量是否符合相关标准的要求，易于回收和拆解的产品设计以及反映产品储存、运输、使用和废弃后可能造成的环境影响等指标。

4. 污染物产生指标(末端治理前)

污染物或废物被称为"放错地方的资源",污染物产生指标能反映生产过程物耗、能耗的使用及利用状况,可以直观看出工艺的先进程度或管理水平的高低。根据总量控制要求,给出单位产品的污染物产生指标,主要包括废水、废气和固体废物三类污染物,并结合行业特征污染物的产生,重点关注二氧化硫、氮氧化物、烟尘、工业粉尘、化学需氧量、氨氮、总磷、重金属、工业固体废物、持久性有机污染物等。

5. 资源综合利用指标

清洁生产在重视源头削减的同时,也强调对生产过程带来的污染物和废物的回收利用和资源化处理。资源综合利用指标主要指生产过程中所产生废物可回收利用特征及回收利用情况的指标。为避免废物流失到环境中造成环境污染、危害人体健康,应对其进行合理有效的收集处理和综合利用。由于生产过程中产生的废物,在经济技术可行的条件下,企业应积极拓展综合利用途径,提高废物回收利用率。具体指标包括余热余压利用率、工业废水重复利用率、工业气体重复利用率、工业固体废物综合利用率等。

6. 清洁生产管理指标

企业的清洁生产水平与环境管理水平相辅相成。清洁生产管理指标以生产过程中有利于提高资源能源利用效率,减少污染物产生与排放方面为起点,对企业的生产过程提出的管理指标及要求。围绕企业管理对环境影响较大的各个方面,根据行业特点提出规范和改进环境管理的要求。具体包括执行环境法律法规标准指标、企业生产过程环境管理指标、清洁生产审核指标、固体废物处理处置指标、清洁生产审核制度执行、清洁生产部门设置和人员配备、清洁生产管理制度、环境管理体系认证、建设项目环保"三同时"执行情况、能源管理体系实施相关方环境管理指标等。

6.1.5 评价指标体系的应用

(1) 判断被审核企业在行业中的定位。由于开展清洁生产企业主体的差异性,不同行业、不同工艺、不同规模的企业在审核方法的运用以及审核技术路线的选择上应有所区别并有所侧重,以便审核工作贴近企业实际得以顺利高效地进行。

为此,审核工作开始之际应对被审核企业的行业定位有所把握。最直接有效的方式是通过企业相关指标与行业清洁生产指标进行对比,通过对比结果的汇总分析、判定企业目前在同行业中的总体定位,进而顺利地开展审核工作。

(2) 为审核重点的确定提供参考。清洁生产审核重点的确定直接影响到此后的清洁生产审核工作的重心和走向，因此无论是被审核企业还是审核机构均对审核重点的确定采取谨慎的态度，经过多方的分析论证后才得以确定。在审核重点的确定过程中，企业的实际生产情况与清洁生产评价指标体系的对比结果为审核重点的确定提供重要的参考。

清洁生产审核过程中将企业的实际与行业评价指标对照比较，可能会发现企业在生产工艺、能源利用、管理模式等某一环节的指标与行业的先进水平存在着较大的差距，甚至与行业基本水平也有一定的距离。与清洁生产指标对比存在差距就说明企业在这一环节是薄弱的，是有不足的，是有上升空间的，同时也是企业清洁生产潜力较大的方面，这符合确定审核重点的原则，因此审核重点的确定可以根据与清洁生产评价指标体系的比照结果来实现。

(3) 作为清洁生产目标设置的参照。清洁生产目标是企业完成一轮清洁生产审核工作后所能表现出的直观提升与改进。清洁生产目标在设置时应充分考虑其科学性、合理性及可达性。清洁生产评价指标体系可为企业清洁生产目标的选择及当量值的设置提供重要的依据。

企业在清洁生产目标的选择及设定上应优先考虑与行业水平相差较大的指标，清洁生产目标值的设定可充分参照清洁生产评价指标体系中规定的三级水平的量值，在设置时应充分考虑其可达性及可行性。在设置清洁生产目标当量值时也可以二级标准为目标，这样既保证了在现有水平上的提升，同时也能保证企业经过努力提升自我后达到目标。

(4) 为最终企业的提升提供比照。被审核企业实施中高费并完成一轮清洁生产后均会取得一定的成果、效益。通常情况下，审核绩效最终应以单位产品指标的形式来表现。单位产品指标在审核前后的本质提升要通过与行业的清洁生产标准比照和衡量。如审核前企业的某关键指标未达到行业基本水平，而审核后能达到清洁生产三级水平及以上，则表明通过清洁生产审核企业的清洁生产水平有明显的提升。

清洁生产评价指标体系要为清洁生产审核工作服务，清洁生产审核工作是制定清洁生产指标的着眼点和落脚点。为此，企业在审核过程中应积极主动地运用与之适应的清洁生产评价指标体系使之充分发挥应有的作用价值。

6.2　清洁生产标准

清洁生产标准是指依据生命周期分析原理，从生产工艺与装备、资源能源利用、产品、污染物产生、废物回收利用和环境管理六个方面，对行业的清洁生产水平给出阶段性的指标要求，指导企业清洁生产和污染的全过程控制。

6.2.1 框架组成

我国的行业清洁生产标准,是根据生产(服务)过程的八个方面,从污染预防思想出发,将清洁生产指标分为六大类,即生产工艺与装备要求(定性)、资源能源利用指标(定量)、产品指标(定量)、污染物产生指标(末端治理前)(定量)、废物回收利用指标(定量)、环境管理要求(定性)。在上述指标的基础上,根据行业特点、行业技术、装备水平、管理水平和行业企业在清洁生产方面的发展趋势,又将每个指标分为三个等级:一级为国际清洁生产先进水平,二级为国内清洁生产先进水平,三级为国内清洁生产基本水平。其中,三级代表目前在国家技术许可的前提下,进行清洁生产的企业应该达到的最基本的水平,二级水平代表目前国内相关行业清洁生产的发展方向,一级水平则代表目前国际上相关行业清洁生产的发展方向。

6.2.2 选取原则

(1) 从产品生命周期全过程考虑。清洁生产标准应着眼于产品的性能和包装在产品储存、运输、销售、使用直至产品报废及处置过程,尤其对生产过程,既要考虑对资源的使用,又要考虑污染物的产生,全面反映产品生命周期对环境的影响。

(2) 体现污染预防思想。清洁生产标准应主要反映出建设项目实施过程中所使用的资源量及产生的废物量,包括使用能源、水或其他资源的情况。通过对这些指标的评价,应能够反映出建设项目通过节约和更有效的资源利用来达到保护自然资源的目的。

(3) 量化原则。由于清洁生产标准涉及面比较广,为了使所确定的清洁生产标准既能够反映项目的主要情况,又简便易行,清洁生产标准在选取时要充分考虑可操作性。标准值要易获取,有较好的可定量性,其计算和测量方法简便;标准数据还应相互独立,不应存在相互包含和交叉的关系及大同小异的现象,以便评价结果更加客观和直观,实现理论科学性和现实可行性的合理统一。

(4) 满足政策法规要求并符合行业发展趋势。清洁生产标准应符合产业政策和行业发展趋势的要求,并应根据行业特点,考虑各种产品和生产过程来选取指标。

6.2.3 颁布情况

自 2002 年以来,国家环境保护总局委托中国环境科学研究院组织开展了 50 多个行业的清洁生产标准制定工作,在 2003~2010 年期间,国家环境保护总局和国家环境保护部共推出了 57 部清洁生产标准,其中 20 部清洁生产标准由于新的行业清洁生产评价指标体系推行而同时停止施行。现行的清洁生产标准见表 6.2。

表 6.2　现行的清洁生产标准

序号	标准名称	发布日期	实施日期
1	《清洁生产标准 石油炼制业》(HJ/T 125—2003)	2003 年 4 月 18 日	2003 年 6 月 1 日
2	《清洁生产标准 炼焦行业》(HJ/T 126—2003)		
3	《清洁生产标准制 革行业 (猪轻革)》(HJ/T 127—2003)		
4	《清洁生产标准 啤酒制造业》(HJ/T 183—2006)	2006 年 7 月 3 日	2006 年 10 月 1 日
5	《清洁生产标准 食用植物油工业 (豆油和豆粕)》(HJ/T 184—2006)		
6	《清洁生产标准 纺织业 (棉印染)》(HJ/T 185—2006)		
7	《清洁生产标准 甘蔗制糖业》(HJ/T 186—2006)		
8	《清洁生产标准 电解铝业》(HJ/T 187—2006)		
9	《清洁生产标准 氮肥制造业》(HJ/T 188—2006)		
10	《清洁生产标准 基本化学原料制造业(环氧乙烷/乙二醇)》(HJ/T 190—2006)		
11	《清洁生产标准 铁矿采选业》(HJ/T 294—2006)	2006 年 8 月 15 日	2006 年 12 月 1 日
12	《清洁生产标准 人造板行业(中密度纤维板)》(HJ/T 315—2006)	2006 年 11 月 22 日	2007 年 2 月 1 日
13	《清洁生产标准 乳制品制造业(纯牛乳及全脂乳粉)》(HJ/T 316—2006)		
14	清洁生产标准 钢铁行业(中厚板轧钢)》(HJ/T 318—2006)		
15	《清洁生产标准 镍选矿行业》(HJ/T 358—2007)	2007 年 8 月 1 日	2007 年 10 月 1 日
16	《清洁生产标准 彩色显像(示)管生产》(HJ/T 360—2007)		
17	《清洁生产标准 烟草加工业》(HJ/T 401—2007)	2007 年 12 月 20 日	2008 年 3 月 1 日
18	《清洁生产标准 白酒制造业》(HJ/T 402—2007)		
19	《清洁生产标准 化纤行业(涤纶)》(HJ/T 429—2008)		
20	《清洁生产标准 电石行业》(HJ/T 430—2008)		
21	《清洁生产标准 石油炼制业(沥青)》(HJ 443—2008)	2008 年 9 月 27 日	2008 年 11 月 1 日
22	《清洁生产标准 味精工业》(HJ 444—2008)		
23	《清洁生产标准 淀粉工业》(HJ 445—2008)		
24	《清洁生产标准 煤炭采选业》(HJ 446—2008)	2008 年 11 月 21 日	2009 年 2 月 1 日
25	《清洁生产标准 印制电路板制造业》(HJ 450—2008)		
26	《清洁生产标准 葡萄酒制造业》(HJ 452—2008)	2008 年 12 月 24 日	2009 年 3 月 1 日
27	《清洁生产标准 氧化铝业》(HJ 473—2009)	2009 年 8 月 10 日	2009 年 10 月 1 日
28	《清洁生产标准 纯碱行业》(HJ 474—2009)		
29	《清洁生产标准 氯碱工业(烧碱)》(HJ 475—2009)		
30	《清洁生产标准 氯碱工业(聚氯乙烯)》(HJ 476—2009)		

续表

序号	标准名称	发布日期	实施日期
31	《清洁生产标准 废铅酸蓄电池铅回收业》(HJ/T 510—2009)	2009 年 11 月 16 日	2010 年 1 月 1 日
32	《清洁生产标准 粗铅冶炼业》(HJ/T 512—2009)	2009 年 11 月 13 日	2010 年 2 月 1 日
33	《清洁生产标准 铅电解业》(HJ/T 513—2009)		
34	《清洁生产标准 宾馆饭店业》(HJ 514—2009)	2009 年 11 月 30 日	2010 年 3 月 1 日
35	《清洁生产标准 铜冶炼业》(HJ/T 558—2010)	2010 年 2 月 1 日	2010 年 5 月 1 日
36	《清洁生产标准 铜电解业》(HJ/T 559—2010)		
37	《清洁生产标准 酒精制造业》(HJ 581—2010)	2010 年 6 月 8 日	2010 年 9 月 1 日

6.2.4　作用和应用原则

1. 清洁生产标准在审核过程中的作用

(1) 可以指导和帮助企业进行生产过程中污染全过程的控制分析，尤其是对生产过程产生的污染的控制，使各个生产环节的污染预防具体化和定量化，推进行业、企业技术进步。通过对比清洁生产指标，可判定企业目前在同行业中的总体定位，明确其存在的差距环节，确定其环境绩效改进的方向和差距。从而加以解决。从企业管理的角度看，这部分指标的完成有利于企业增产增效，节能降耗，优化管理。

(2) 为环境管理部门提供衡量企业环境绩效的依据，通过市场驱动机制，调动企业推行清洁生产的积极性，将清洁生产转化为企业的自觉行为。

(3) 弥补当前环境标准侧重末端治理、忽略全过程控制的弊病，实现两者的有机结合，丰富环境标准体系。

(4) 为行业排放标准的逐步提高提供前瞻性技术指导。

2. 清洁生产标准在审核过程中的应用原则

(1) 通过指标对比发挥作用。清洁生产标准主要由量化的行业基准指标构成，企业只有通过与行业的基准值对照分析，才能发现其生产管理上的不足，为此，应以清洁生产标准为基础，对照采集被审核企业现有的相关数据与信息，通过对比发挥清洁生产标准应有的作用。

(2) 指标有一定的适用范围。清洁生产标准的各项指标是通过大量的企业数据总结得出，由于同行业的企业在生产规模、工艺参数、主要设备的构成等方面均不可避免地存在差异性，清洁生产标准中的所有指标并不一定适用于被审核企业，更何况清洁生产标准一般是宏观涵盖行业的基本生产状况，在企业层面的实用性不能做到百分之百。所以在与清洁生产标准对比评价时，审核人员首先应充分了解被审核企业的基本情况，以保障对比时能够准确无误地剔除掉不适用于企业实际的相关指标，最大限度地避免由不同生产工艺带来的差异而导致对比结果失真的现象发生。

6.3　企业清洁生产水平评价技术要求

企业清洁生产水平评价技术要求是通过引导企业采用先进的清洁生产工艺和技术，对同行业或同类性质生产装置上的企业推行行业清洁生产技术，对企业实施清洁生产具有指导性作用，这些技术是经过生产实践证明，具有明显的经济和环境效益。

6.3.1　国家重点行业清洁生产技术导向

为全面推进清洁生产，引导企业采用先进的清洁生产工艺和技术，积极防治工业污染，国家经济贸易委员会(简称经贸委)于 2000 年发布了《国家重点行业清洁生产技术导向目录》(第一批)，其涉及冶金、石油化工、化工、轻工和纺织 5 个重点行业，共 57 项清洁生产技术(表 6.3)。这些技术是经过生产实践证明，具有明显的环境效益、经济效益和社会效益，可以在本行业或同类性质生产装置上推广应用。

国家经贸委和国家环境保护总局于 2003 年联合发布了《国家重点行业清洁生产技术导向目录》(第二批)，其涉及冶金、机械、有色金属、石油和建材 5 个重点行业，共 56 项清洁生产技术，如表 6.4 所示。

国家发展改革委和国家环境保护总局于 2006 年联合发布了《国家重点行业清洁生产技术导向目录》(第三批)，其涉及钢铁、有色金属、建材、环保、煤炭、轻工、电池、纺织等行业，共 28 项清洁生产技术，如表 6.5 所示。

表 6.3　《国家重点行业清洁生产技术导向目录》(第一批)

行业	技术
冶金行业	干熄焦技术
	高炉富氧喷煤工艺
	小球团线结技术
	烧结环冷机余热回收技术
	烧结机头烟尘净化电除尘技术
	焦炉煤气 H.P.F 法脱硫净化技术
	石灰窑废气回收液态 CO_2

续表

行业	技术
冶金行业	尾矿再选生产铁精态
	高炉煤气布袋除尘
	LT 法转炉煤气净化与回收技术
	LT 法转炉粉尘热压块技术
	轧钢氧化铁皮生产还原铁粉技术
	锅炉全部燃烧高炉煤气技术
石油化工行业	含硫污水汽提氨精制
	淤浆法聚乙烯母液直接进蒸馏塔
	含硫污水汽提装置的除氨技术
	汽提净化水回用
	成品油罐三次自动切水
	火炬气回收利用技术
	含硫污水汽提装置扩能改造
	延迟焦化冷焦处理炼油厂"三泥"
	合建池螺旋鼓风曝气技术
	PTA(精对苯二甲酸装置)母液冷却技术
化工行业	合成氨原料气净化精制技术——双甲新工艺
	合成氨气体净化新工艺——NHD 技术
	天然气换热式转化造气工艺及换热式转化炉
	水煤浆加压气化制合成气
	磷酸生产废水封闭循环技术
	磷石膏制硫酸联产水泥
	利用硫酸生产中产生的高、中温余热发电
	气相催化法联产三氯乙烯、四氯乙烯
	利用蒸氨废液生产氯化钙和氯化钠
	蒽醌法固定床钯触媒制过氧化氢
轻工行业	碱法/硫酸盐法制浆墨液碱回收
	射流气浮法回收纸机白水技术
	多盘式真空过滤机处理纸机白水
	超效浅层气浮设备
	玉米酒精糟生产全干燥蛋白饲料(DDGS)

行业	技术
轻工行业	差压蒸馏
	薯类酒精糟厌氧-好氧处理
	饱和盐水转鼓腌制法保存原皮技术
	含铬废液补充新鞣液直接循环再利用技术
	啤酒酵母回收及综合利用
	味精发酵液除菌体生产高蛋白饲料，浓缩等电点取谷氨酸，浓缩母液生产复合肥技术
纺织行业	转移印花新工艺
	超滤法回收染料
	涂料染色新工艺
	涂料印花新工艺
	棉布前处理冷轧堆一步法工艺
	酶法水洗牛仔织物
	丝光淡碱回收技术
	红外线定向辐射器代替普通电热元件及煤气
	粘胶纤维厂蒸煮系统废气回收利用
	粘胶纤维厂蒸煮系统废气回收利用
	用高效活性染料代替普通活性染料，减少染料使用量
	从洗毛废水中提取羊毛脂
	涤纶纺真丝绸印染工艺碱减量工段废碱液回用技术

表 6.4　《国家重点行业清洁生产技术导向目录》(第二批)

行业	技术
冶金行业	高炉余压发电技术
	双预热蓄热式轧钢加热炉技术
	转炉复吹溅渣长寿技术
	高效连铸技术
	连铸坯热送热装技术
	交流电机变频调速技术
	转炉炼钢自动控制技术
	电炉优化供电技术
	炼焦炉烟尘净化技术

续表

行业	技术
冶金行业	洁净钢生产系统优化技术
	铁矿磁分离设备永磁化技术
	长寿高效高炉综合技术
	转炉尘泥回收利用技术
	转炉汽化冷却系统向真空精炼供汽技术
机械行业	铸态球墨铸铁技术
	铸铁型材水平连续铸造技术
	V法铸造技术(真空密封造型)
	消失模铸造技术
	离合器式螺旋压力机和蒸空模锻锤改换电液动力头
	回转塑性加工与精密成形复合工艺及装备
	真空加热油冷淬火、常压和高压气冷淬火技术
	低压渗碳和低压离子渗碳气冷淬火技术
	真空清洗干燥技术
	机电一体化晶体管感应加热淬火成套技术
	埋弧焊用烧结焊剂成套制备技术
	无毒气保护焊丝双线化学镀铜技术
	氯化钾镀锌技术
	镀锌层低铬钝化技术
	镀锌镍合金技术
	低铬酸镀硬铬技术
有色金属行业	选矿厂清洁生产技术
	白银炉炼铜工艺技术
	闪速法炼铜工艺技术
	诺兰达炼铜技术
	尾矿中回收硫精矿选矿技术
	氢氧化铝气态悬浮焙烧技术
	串级萃取分离法生产高纯稀土技术
	电热回转窑法从冶炼砷灰中生产高纯白砷技术

行业	技术
有色金属行业	低浓度二氧化硫烟气制酸技术
	从尾矿中回收绢云母技术
	煅烧炉余热利用新技术
	电解铝、炭素生产废水综合利用技术
	氧化铝含碱废水综合利用技术
石油行业	双保钻井液技术
	废弃钻井液固液分离技术
	废弃钻井液固化技术
	炼油化工污水回用技术
建材行业	新型干法水泥窑纯余热发电技术
	新型干法水泥采用低挥发分煤技术
	利用工业废渣制造复合水泥技术
	环保型透水陶瓷铺路砖生产技术
	挤压联合粉磨工艺技术
	开流高细、高产管磨技术
	快速沸腾式烘干系统
	高浓度、防爆型煤粉收集技术
	散装水泥装、运、储、用技术

表 6.5　《国家重点行业清洁生产技术导向目录》(第三批)

行业	技术
钢铁行业	利用焦化工艺处理废塑料技术
	冷轧盐酸酸洗液回收技术
	焦化废水 A/O 生物脱氮技术
	高炉煤气等低热值煤气高效利用技术
	转炉负能炼钢工艺技术
有色金属行业	新型顶吹沿没喷枪富氧熔池炼锡技术
	300kA 大型预焙槽加锂盐铝电解生产技术
	管-板式降膜蒸发器装备及工艺技术
建材行业	无钙焙烧红矾钠技术
	节能型隧道窑焙烧技术

续表

行业	技术
建材行业	水泥生产粉磨系统技术
	水泥生产高效冷却技术
	水泥生产煤粉燃烧技术
	煤粉强化燃烧及劣质燃料燃烧技术
	少空气快速干燥技术
	石英尾砂利用技术
	玻璃熔窑烟气脱硫除尘专用技术
环保行业	干法脱硫除尘一体化技术与装备
	畜禽养殖及酿酒污水生产沼气技术
煤炭行业	煤矿瓦斯气利用技术
轻工行业	柠檬酸连续错流变温色谱提纯技术
	香兰素提取技术
	木塑材料生产工艺及装备
电池行业	超级电容器应用技术
纺织行业	对苯二甲酸的回收和提纯技术
	上浆和退浆液中 PVA(聚乙烯醇)回收技术
	气流染色技术
	印染业自动调浆技术和系统

6.3.2　行业清洁生产技术推行

为深入贯彻落实《中华人民共和国清洁生产促进法》,加快重大清洁生产技术的示范应用和推广,提升行业整体清洁生产水平,国家工业和信息化部于 2010 年 3 月发布了聚氯乙烯等 17 个重点行业清洁生产技术推行方案,企业作为应用清洁生产技术的主体,要把应用先进适用的技术实施清洁生产技术改造作为提升企业技术水平和核心竞争力,从源头预防和减少污染物产生,实现清洁发展的根本途径。聚氯乙烯等 17 个行业清洁生产技术见表 6.6。

表 6.6　聚氯乙烯等 17 个行业清洁生产技术

行业	推行技术
聚氯乙烯行业	乙烯氧氯化生产聚氯乙烯
	低汞触媒生产技术配套控氧干馏法回收废触媒中的 $HgCl_2$ 及活性炭的新工艺一体化技术

续表

行业	推行技术
聚氯乙烯行业	干法乙炔发生配套干法水泥技术
	低汞触媒应用配套高效汞回收技术
	盐酸脱吸工艺技术
	PVC 聚合母液处理技术
发酵行业	新型浓缩连续等电提取工艺
	发酵母液综合利用新工艺
	发酵废水资源再利用技术
	高性能温敏型菌种定向选育、驯化及发酵过程控制技术
	阶梯式水循环利用技术
	冷却水封闭循环利用技术
啤酒行业	低压煮沸、低压动态煮沸
	煮沸锅二次蒸汽回收
	麦汁冷却过程真空蒸发回收二次蒸汽
	啤酒废水厌氧处理产生沼气的利用
	提高再生水的回用率
酒精行业	浓醪发酵技术
	酒糟离心清液回配技术
	糟液废水全糟处理技术
	间接蒸汽蒸馏技术
纯碱行业	氨碱厂白泥用于锅炉烟气湿法脱硫技术
	联碱不冷碳化技术
	回收锅炉烟道气 CO_2 生产纯碱技术
	干法蒸馏技术
	外冷变换气制碱清洗工艺
氮肥行业	连续加压煤气化技术
	气体深度净化技术
	合成氨原料气微量 CO、CO_2 脱除清洁生产工艺
	先进氨合成技术及预还原催化剂
	氮肥生产污水零排放技术

续表

行业	推行技术
氮肥行业	循环冷却水超低排放技术
	氮肥生产废气废固处理及清洁生产综合利用技术
	氨法锅炉烟气脱硫技术
	LH 型等蒸发式冷却(冷凝)器技术
	氮肥行业工业冷却与锅炉系统节水及废水近零排放技术
	尿素 CO_2 脱氢技术
电解锰行业	电解锰电解后序工段连续抛沥逆洗及自控技术
	电解锰锰粉酸浸液二段酸浸洗涤压滤一体化技术
	电解锰行业锰渣制砖工艺技术
	电解锰废水铬锰离子回收技术
	新型、环保、节能型电解槽
钢铁行业	烧结烟气循环富集技术
	焦炉废塑料、废橡胶利用技术
	高炉喷吹废塑料技术
	氯化钛白生产技术
	尾矿高浓度浓缩尾矿堆存技术
	尾矿制加气混凝土综合利用技术
	洁净钢生产系统优化技术
	转炉炼钢自动控制技术
	转底炉处理含铁尘泥生产技术
	废水膜处理回用技术
	钢渣微粉生产技术
磷肥行业	磷石膏综合利用技术
	无水氢氟酸
	碘回收利用技术
	磷石膏渣场防渗、筑坝治理技术
	湿法磷酸净化技术
	磷石膏综合利用技术
	磷铵料浆浓缩技术改进
	WFS 废水选矿技术

续表

行业	推行技术
硫酸行业	矿制酸节能节水技术
	活性焦法烟气脱硫
	硫磺制酸节能、节水技术
	硫酸酸洗工艺
农药行业	二苯醚类除草剂原药生产废酸、废水、废渣中有利用价值的物质回收利用技术
	常压空气氧化技术生产二苯醚酸
	加氢还原生产邻苯二胺技术
	农药中间体菊酸酰氯化合成清洁生产技术
	拟除虫菊酯类农药清洁生产技术
	乐果原药清洁生产技术
	草甘膦母液资源化回收利用
	除草剂莠灭净的一锅法绿色合成新工艺
	不对称催化合成精异丙甲草胺技术
	高品质甲基嘧啶磷清洁生产技术
	甲叉法酰胺类除草剂生产技术
	草甘膦副产氯甲烷的清洁回收技术
染料行业	染颜料中间体加氢还原等清洁生产制备技术
	染料膜过滤、原浆干燥清洁生产制备技术
	有机溶剂替代水介质清洁生产制备技术
	低浓酸含盐废水循环利用技术
热处理行业	可控气氛热处理技术
	加热炉全纤维炉衬技术
	高效节能型空气换热器
	IGBT 晶体管感应加热电源技术
	计算机精密控制系统
	化学热处理催渗技术
	多功能淬火冷却系统
	真空清洗技术
	真空热处理技术

续表

行业	推行技术
肉类加工行业	风送系统
	畜禽骨深加工新技术
	节水型冻肉解冻机
	猪血制蛋白粉新技术
	现代化生猪屠宰成套设备
	新型节能塑封包装技术与设备
	肉类产品冷冻、冷藏设备节能降耗技术
烧碱行业	三相流烧碱蒸发技术
	超声波防除垢烧碱蒸发节能技术
	国产化离子膜应用
	烧碱用盐水膜法脱硝技术
	离子膜法烧碱生产技术
	金属扩张阳极、改性隔膜技术
	"零极距"离子膜电解槽
	三效逆流膜式蒸发技术
	氯化氢合成余热利用技术
印刷电路行业	微蚀刻废液再生回用技术
	废退锡水回收技术
	冷水机组余热回收
	低含铜废液、蚀刻液减排
	固体废弃物综合利用技术
	PCB 行业用水减量技术
纺织染整行业	染整高效前处理工艺
	少水印染加工技术
	印染在线检测与控制系统

　　国家工业和信息化部于 2011 年 3 月发布了铜冶炼、铅锌冶炼、造纸、皮革、制糖 5 个行业清洁生产技术推行方案。铜冶炼等 5 个行业清洁生产技术见表 6.7。

表 6.7　铜冶炼等 5 个行业清洁生产技术

行业	推行技术
铜冶炼行业	密闭电解槽防酸雾技术
	永久阴极电解工艺
铅锌冶炼行业	氧气底吹-液态高铅渣直接还原铅冶炼技术
	富氧直接浸出湿法炼锌技术
	铅锌冶炼废水分质回用集成技术
造纸行业	纸浆无元素氯漂白技术
	置换蒸煮技术
	厌氧处理废水沼气利用技术
皮革行业	制革和毛皮加工主要工序废水循环使用集成技术
	制革废毛和废渣制备制革用蛋白质的提取及应用填料技术
	无硫(低硫)、少灰保毛脱毛技术
	高吸收铬鞣及其铬鞣废液资源化利用技术
	制革无氨、少氨脱灰、软化技术
	制革无盐浸酸技术
	制鞋生产低挥发性有机化合物排放集成技术
制糖行业	低碳低硫制糖新工艺
	全自动连续煮糖技术
	糖厂废水循环利用与深化处理技术
	甜菜干法输送技术

国家工业和信息化部于 2011 年 8 月发布了铬盐、钛白粉、涂料、黄磷、碳酸钡 5 个行业清洁生产技术推行方案。铬盐等 5 个行业清洁生产技术见表 6.8。

表 6.8　铬盐等 5 个行业清洁生产技术

行业	推行技术
铬盐行业	铬铁碱溶氧化制铬酸钠
	气动流化塔式连续液相氧化生产铬酸钠
	碳化法生产红矾钠技术
	钾系亚熔盐液相氧化法
	无钙焙烧技术

续表

行业	推行技术
钛白粉行业	氯化法钛白粉生产技术
	连续酸解技术
	余热浓缩废酸技术
	硫钛联产节能和废副处理技术
	酸解黑渣回收利用技术
	钛白副产石膏综合利用技术
	磷钛联产技术
	钛白副产硫酸亚铁综合利用技术
涂料行业	溶剂型涂料密闭式一体化生产工艺
	水性防腐涂料清洁生产技术
	光固化涂料清洁生产技术
	水性木器涂料清洁生产技术
	涂料用氨基树脂清洁生产技术
黄磷行业	黄磷尾气深度净化及利用技术
	黄磷电炉干法除尘替代湿法除尘技术
	热磷渣生产微晶铸石技术
	尾气经处理后用于生产甲酸钠、甲酸
	尾气替代煤作燃料
碳酸钡行业	回转炉烟气余热综合利用技术
	回转炉静电除尘技术
	热风闪蒸干燥系统替代回转烘干炉

国家工业和信息化部于 2011 年 12 月发布了《电池行业清洁生产实施方案》，介绍了电池行业重点清洁生产技术。电池行业清洁生产技术见表 6.9。

表 6.9　电池行业清洁生产技术

类型	推行技术
推广类	铅蓄电池内化成工艺技术
	扣式碱性锌锰电池无汞化技术与装备
	电动工具等民用动力锂离子电池与氢镍电池技术
	纸板锌锰电池无汞无镉无铅技术
	铅蓄电池无镉化技术

续表

类型	推行技术
产业示范类	卷绕式铅蓄电池技术与装备
	扩展式、冲孔式、连铸连轧式铅蓄电池板栅制造工艺技术与装备
	轨道交通车辆、工业机器人等领域用动力锂离子电池与氢镍电池技术
研发类	无汞氧化银电池技术
	功率型(放电倍率 1C 以上)铅蓄电池减铅技术
	铅蓄电池等废电池规模化无害化再生利用技术与装备

国家工业和信息化部于 2012 年 12 月发布了荧光灯、水泥、电镀、电石、ADC 发泡剂、化学原料药(抗生素/维生素)6 个行业清洁生产技术实施方案。荧光灯等 6 个行业清洁生产技术见表 6.10。

表 6.10　荧光灯等 6 个行业清洁生产技术

行业	推行技术
荧光灯行业	低汞生产工艺
	荧光灯用高性能固汞生产工艺
	固汞为原料的生产工艺
	荧光灯灯管纳米保护膜涂敷技术
水泥行业	节能型多通道低氮燃烧器技术
	分解炉分级燃烧技术
	选择性非催化还原(SNCR)脱硝技术
	水泥窑协同处置生活垃圾技术
	水泥窑协同处置污泥技术
	水泥窑协同处置工业废物技术
	水泥窑窑衬使用无铬耐火材料(砖)技术
电镀行业	三价铬镀铬
	无氰预镀铜
	激光熔覆技术
	钨基合金镀层
	非氰化物镀金技术
	无铅无镉化学镀镍技术
	镀铬溶液净化回用
	非六价铬转化膜

续表

行业	推行技术
电石行业	电石炉气生产甲醇、二甲醚等化工产品技术
	空心电极技术
	石灰窑尾气中的二氧化碳回收利用技术
ADC 发泡剂行业	酮连氮法 ADC 生产技术
	ADC 缩合母液资源化利用技术
化学原料药 (抗生素/维生素)行业	生物法制备抗生素中间体清洁生产技术
	V$_C$ 生产过程中溶媒回收新技术
	无机陶瓷组合膜分离技术
	发酵废水处理制备沼气资源综合利用技术

　　国家工业和信息化部于 2014 年 2 月发布了《稀土行业清洁生产技术推行方案》。稀土行业清洁生产技术见表 6.11。

表 6.11 　稀土行业清洁生产技术

行业	推行技术
稀土行业	低碳低盐无氨氮稀土氧化物分离提纯技术
	稀土精矿低温硫酸化动态焙烧技术
	非皂化萃取分离稀土技术
	模糊/联动萃取分离工艺

　　国家工业和信息化部于 2014 年 7 月发布了《大气污染防治重点工业行业清洁生产技术推行方案》，向钢铁、建材、石化、化工、有色金属冶炼等重点行业企业推广采用先进适用的清洁生产技术，实施清洁生产技术改造，通过大幅度削减工业烟(粉)尘、二氧化硫、氮氧化物、挥发性有机物等大气污染物产生和排放。大气污染防治重点工业行业清洁生产技术见表 6.12。

表 6.12 　大气污染防治重点工业行业清洁生产技术

行业	推行技术
钢铁行业	焦炉分段(多段)加热技术
	烧结烟气循环工艺
	黑体强化辐射传热节能新技术
	改良复合催化剂湿式氧化法脱硫脱氰技术(HPF 法)

行业	推行技术
钢铁行业	苦味酸催化剂湿式氧化法脱硫脱氰技术(NNF 法)
	静电除尘器软稳高频电源技术
	烧结烟气污染物协同控制技术
	转炉干法除尘技术
	电袋复合除尘器
	覆膜滤料袋式除尘技术
	原料系统棚化、仓化技术
	高温干法除尘回收技术
建材行业	节能型多通道低氮燃烧器技术
	分解炉分级燃烧技术
	选择性非催化还原(SNCR)脱硝技术
	浮法玻璃熔窑零号喷枪全氧助燃技术
	窑炉烟气脱硫脱硝除尘发电一体化系统
	大型高效低阻袋除尘器
	电除尘器改造成高效低阻袋除尘器技术
化工、石化行业	油气回收技术
	泄漏检测与修复(LDAR)技术
	低温等离子、光氧催化治理废气技术
	蓄热式热氧化、蓄热式催化热氧化、臭氧氧化等废气治理技术
	氨法、双碱法等烟气脱硫技术
	超克劳斯硫磺回收及余热利用技术
	电石炉气净化处理和回收利用技术
	国产高效硫酸钒催化剂生产新技术
	硫酸尾气脱硫技术
	溶剂型涂料全密闭式一体化生产工艺
	水性木器涂料清洁生产技术
	黄磷尾气治理及综合利用技术
	尿素造粒塔粉尘洗涤回收技术
	硫化橡胶粉常压连续脱硫成套设备
	化肥生产袋式除尘技术

续表

行业	推行技术
有色金属冶炼行业	氧气底吹-液态高铅渣直接还原铅冶炼技术
	有机溶液循环吸收脱硫技术
	活性焦脱硫技术
	有色冶金锑砷分离富集回收技术
	有色金属精矿焙烧高温含硫烟气干法净化技术

　　国家工业和信息化部、环境保护部于 2016 年 8 月发布了《水污染防治重点行业清洁生产技术推行方案》，推进造纸等 11 个重点行业实施清洁生产技术改造，通过降低工业新增水用量，提高水重复利用率，减少水污染物产生，严格控制并削减行业水污染物排放总量，推动全面达标排放，促进水环境质量持续改善，水污染防治重点行业清洁生产技术见表 6.13。

表 6.13　水污染防治重点行业清洁生产技术

行业	推行技术
造纸行业	本色麦草浆清洁制浆技术
	置换蒸煮工艺
	氧脱木素技术
	无元素氯漂白技术
	镁碱漂白浆化机生产关键技术
	白水循环综合利用技术
食品加工行业	白酒机械化改造技术
	黄酒清洁化生产工艺
	高浓醪酒精发酵技术
	甜菜干法输送技术
	色谱分离技术在淀粉糖生产过程中的应用
	连续离交技术在淀粉糖精制过程中的应用示范
	苏氨酸高效生产新技术与新工艺
制革行业	制革准备与鞣制工段废液分段循环系统
	基于白湿皮的铬复鞣"逆转工艺"技术
	铬鞣废水处理与资源化利用技术

行业	推行技术
制革行业	少硫保毛脱毛及少氨无氨脱灰软化集成技术
	少铬高吸收鞣制技术
	不浸酸高吸收铬鞣技术
纺织行业	棉短绒绿色制浆工程化技术
	印染前处理环保助剂工艺
	高温高压气流染色技术
	高温气液染色技术
	苎麻生物脱胶技术
	无水液氨丝光整理技术
	十四效闪蒸一步法提硝处理酸浴清洁工艺技术
	数码印花技术
有色金属行业	重金属废水生物制剂法深度处理与回用技术
	采选矿废水生物制剂协同氧化深度处理与回用技术
	锌锰电解过程重金属水污染物智能化源削减成套技术及装备
	硫磷混酸协同体系高效处理复杂白钨矿新技术
	非皂化萃取分离稀土技术
	低碳低盐无氨氮稀土氧化物分离提纯技术
氮肥行业	醇烃化、醇烷化气体深度净化工艺技术
	尿素工艺冷凝液水解解吸技术
	高浓度有机废水制取水煤浆联产合成气技术
农药行业	高浓度含盐有机废水高温氧化及盐回收技术
	草甘膦母液资源化处理分级回收工艺
	草铵膦清洁生产技术
	新烟碱类杀虫剂关键中间体 2-氯-5-氯甲基吡啶技术
	联苯菊酯清洁生产技术
焦化行业	干熄焦技术
	煤调湿技术
	焦化废水深度处理回用技术
	焦化脱硫废液处理技术

续表

行业	推行技术
电镀行业	三价铬镀铬
	无氰预镀铜
	激光熔覆技术
	钨基合金镀层
	无铅无镉化学镀镍技术
化学原料药制造行业	绿色酶法催化合成工艺
染料颜料制造行业	6-氯-3-氨基甲苯-4-磺酸(CLT 酸)绿色制造技术
	1-氨基-8-萘酚-3，6-二磺酸(H 酸)绿色制造工程
	高含盐、高色度、高毒性、高 COD 染料废水治理及综合利用技术
	染颜料清洁生产自动化、连续化控制技术
	2-氨基-4-乙酰氨基苯甲醚(还原物)清洁生产集成技术

第 7 章　清洁生产的机构和作用

清洁生产能较好解决资源短缺和环境污染两大困境，作为推动者的政府需要对清洁生产进行方向指引和宏观调控。清洁生产中心开展清洁生产研究，为加强清洁生产政策制定提供技术支撑，也是清洁生产相关工作的重要管理者和操作执行者。企业是清洁生产工作的主体，但面临不了解政策、不熟悉技术、创新能力不足和环保意识薄弱等问题，存在与政府之间的某种断裂，影响了清洁生产的推行效果，而行业协会在解决这些问题方面发挥了不可或缺的作用。

清洁生产是一项技术性极强的工作，清洁生产专家在制定清洁生产推行政策、编制清洁生产推行规划、拟定清洁生产相关评价指标体系、评审清洁生产项目和开展清洁生产审核咨询方面都发挥着重要作用。清洁生产咨询服务机构以清洁生产审核为主要形式，通过分析和发现企业的清洁生产潜力，协助提出清洁生产方案，为推动清洁生产工作开展发挥了重要作用。

7.1　政　　府

清洁生产无论是宏观的战略决策还是微观的企业实践，都需要国家清洁生产职能部门以及各级政府相关部门的积极作为，对企业实施层面的清洁生产进行有效调控。

清洁生产具有双重属性，因其环保功能而具有公共服务属性，因其生产功能而具有市场属性。因此，政府在行使对清洁生产的管理职能时，既需要注重监督又需要注重服务。

许多清洁技术项目的实施会给企业同步带来经济效益和环境效益。对此，要加快政府职能转变，简政放权，放管并重。支持成立清洁生产联盟或者协会，加强清洁生产行业自律。建立规范的清洁生产咨询服务市场，实现行业向规范化方向发展。建立政府与清洁生产行业协会间的信用信息互联共享机制。通过政府购买服务等方式，委托行业协会开展信用评价、咨询服务，推进行业自律的良性互动。

政府要有所为，有所不为。当市场能有效发挥作用时，清洁生产应交给市场，但由于清洁生产具有环保属性，政府也要有所为，不仅要进行监督，还要强化服务功能。政府要制定市场规则，规范市场行为。要监督企业行为，做好裁判。要出台鼓励政策，调动社会力量促进清洁生产深入开展。制定清洁生产发展规划，把握清洁生产工作发展方向。

7.1.1　职能部门

在国家层面，要做到依法、有序、高效地进行清洁生产活动，离不开清洁生产综合协调部门这一机构的行政指导与依法监督。

"组织、协调全国清洁生产促进工作"的职能部门先后历经三次更迭，从 1993 年国务院经贸委到 2003 年国家发改委，再到 2010 年国务院清洁生产综合协调部门。

中央机构编制委员会办公室(简称中央编办)在 2010 年 11 月份核发第 108 号文件明确规定："由发改委牵头，环境保护部、教育部、科技部、工业和信息化部等部门共同参与，建立清洁生产促进部门协调机制，协调清洁生产促进工作重要政策和重大问题。"由此确立了国家发改委综合协调(牵头)、多部门共同参与的机制。

根据全国人民代表大会常务委员会(简称全国人大常委会)于 2012 年 2 月 29 日修正的《清洁生产促进法》第 5 条规定："国务院清洁生产综合协调部门负责组织、协调全国的清洁生产促进工作。国务院环境保护、工业、科学技术、财政部门和其他有关部门按照各自的职责，负责有关的清洁生产促进工作。"现今的主要清洁生产职能部门为国务院清洁生产综合协调部门。

为落实《清洁生产促进法》(2012 年)，进一步规范清洁生产审核程序，更好地指导地方和企业开展清洁生产审核，根据国家发展和改革委员会及环境保护部 2016 年 5 月 16 日发布的《清洁生产审核办法》第四条规定："国家发展和改革委员会会同环境保护部负责全国清洁生产审核的组织、协调、指导和监督工作。县级以上地方人民政府确定的清洁生产综合协调部门会同环境保护主管部门、管理节能工作的部门和其他有关部门，根据本地区实际情况,组织开展清洁生产审核。"国家清洁生产职能部门为国务院清洁生产综合协调部门(发改委牵头)，地方清洁生产职能部门主要有县级以上地方环境保护主管部门、管理节能工作的部门和其他有关部门。

7.1.2　政府工作

政府作为社会集团意志的代表，是推行清洁生产的组织者、调控者，在健全环境保护和清洁生产相关的政策法规，规范企业的绿色行为等方面发挥着核心作用。在推行清洁生产工作中，政府的作用主要体现在两个方面：一方面，政府应该发挥引导、鼓励和服务作用。如制定清洁生产推行规划、为企业提供清洁生产的技术信息和技术支持等。另一方面，政府也应通过行政法律强制手段，对现有污染严重，治理难，布局不合理和群众反映强烈的污染企业实施关闭、停产、合并、转产，停止一切严重污染环境的工程项目建设。对资源浪费大，环境污染严重的技术、设备和工艺予以强制淘汰等，使我国的工业经济实现由粗放型向生态效益型的转变。

具体来说，政府主要从以下方面推行清洁生产工作：

(1) 建立健全清洁生产机制和制度，在财政税收、工业开发、科技发展、宣传教育等方面制定特殊的政策，以鼓励企业推行清洁生产。推行清洁生产是一项复杂的社会系统工程，建立和健全清洁生产机制和制度是实施清洁生产的前提。政府管理部门制定了一系列清洁生产实施的指导方针，鼓励资源节约、质量效益型工业企业的发展，限制资源浪费、污染严重的工业企业发展，并建立和完善政府部门统一领导，各部门分工负责，全社会共同参与的运行机制。

(2) 制定行业清洁生产评价指标体系、行业清洁生产标准、企业清洁生产水平评价技术要求以及清洁生产地方标准，逐步建立完善清洁生产的技术规范体系，引导企业实施清洁生产。

(3) 建立清洁生产信息化公共服务平台，推动信息共享。通过政府的积极推动和引导，将清洁生产推广体系中投资方、技术供应方、咨询服务机构和企业等主体有机整合起来，加快科技成果的推广转化，鼓励市场融资机构为清洁生产技术转让与应用提供市场化融资渠道。

(4) 加强对企业的监督和管理措施。清洁生产的主体是企业，政府管理部门通过对企业进行定量监控，找出高物耗、高能耗、高污染的环节，监督企业采取清洁生产的对应措施。

(5) 根据区域工业特点，分区域、有重点地进行清洁生产精细化管理。从国家、地方、部门层面制定清洁生产推行规划，进行产业和行业结构调整，以有利于全面推行清洁生产。对清洁生产的示范项目，予以资金和其他方面的支持，对效果明显的树立典型，起到以点带面的作用。

(6) 积极倡导和扶持清洁生产技术的研究与开发，支持清洁生产示范项目，为企业提供技术支持。鼓励国内外的组织或个人设立清洁生产基金，资助企业开展清洁生产的科学研究和技术开发。加强国际交流与合作，加快引进适合国情的清洁生产技术和设备，建立清洁生产的信息系统和项目库。收集国内外工业企业清洁生产的技术资料和各类信息，建立数据库和网页，以加强清洁生产项目的可行性研究。

加强清洁生产技术的研发和推广。梳理制约区域经济发展的环境问题，提出清洁生产技术需求清单，调动全国甚至国际研发资源，进一步加强清洁生产科研。制订有利于清洁生产技术开发的政策，建立清洁生产技术支撑体系，包括建立清洁生产信息系统和技术咨询服务体系，发布清洁生产技术、工艺、设备和产品导向目录及限期淘汰名录。

(7) 构建绿色制造体系，鼓励有条件的企业开展产品生态设计和绿色供应链活动，赶上国际绿色制造潮流。支持企业开发绿色产品，推行生态设计。建设绿色工厂，发展绿色园区。打造绿色供应链，加快建立以资源节约、环境友好为导向的采购、生产、营销、回收及物流体系。逐步建立政府引导、行业规范、企业自主、市场服务、公众监督的绿色供应链推进模式。

(8) 推行清洁生产与源头控制，将清洁生产工作与城市建设相结合。认真贯彻实施《清洁生产促进法》，变污染的末端治理为生产全过程控制。在高耗能、高用水企业生产中，源头控制能耗使用量，加大循环水的利用率，使规模以上单位工业增加值能耗逐年下降，单位 GDP 用水量逐年降低，以实现创建国家环保模范城市，文明城市，绿色园区，循环经济园区等。

(9) 开展清洁生产的宣传教育和人员培训，安排各种活动提高公众的清洁生产意识，把清洁生产纳入各级学校教育之中，提高公众清洁生产意识，以克服在清洁生产实行中所遇到的思想观念障碍。近年来，政府管理部门加强了清洁生产的宣传、教育、培训和信息引导，树立清洁生产理念，增强企业实施清洁生产的自觉性。充分利用各种媒体，宣传清洁生产的重要作用和意义，推广清洁生产的经验，同时要对污染环境、浪费资源的行为进行公开曝光，形成有利于推行清洁生产的舆论氛围。举办各种类型的研讨班和培训班。组织政府机关各级领导，研讨清洁生产与可持续发展的战略和策略；组织企业经理，研究推行清洁生产的技术，交流清洁生产的经验；组织环保人员，研究有利于推行清洁生产的环保政策、办法及制度，组织清洁生产审计员培训，培养一批从事清洁生产审计的专门人才。通过清洁生产的系列教育培训和宣传活动，提高全社会对清洁生产的认识，使清洁生产的推行成为各级政府决策中考虑的重要因素，建立起强有力的推行清洁生产的组织机构和技术队伍，为清洁生产营造一个良好的社会环境。

(10) 公布高能耗、重污染的企业名单，对企业实施清洁生产审核的情况进行监督，组织对企业实施清洁生产的效益和成果进行评估验收。

7.1.3 香港清洁生产伙伴计划

1. 清洁生产伙伴计划

为协助和鼓励香港及广东省的港资工厂采用清洁生产技术和作业方式，香港特别行政区政府环境保护署联同广东省经济和信息化委员会，于 2008 年 4 月推出清洁生产伙伴计划，旨在鼓励在广东的港资企业积极参与改善区域环境质量。2015 年 3 月 31 日首两期计划完结时，伙伴计划已批准超过 2400 个资助项目，并举办近 390 个不同形式的技术和推广活动。鉴于伙伴计划所带来的环境效益，香港特别行政区政府环境保护署再投入 1.5 亿港元，延展伙伴计划五年至 2020 年 3

月 31 日。香港生产力促进局为清洁生产伙伴计划的执行机构。

该计划以 8 个行业为对象,即化学制品业、食品和饮品制造业、家具制造业、金属和金属制品业、非金属矿产品业、造纸及纸品制造业、印刷和出版业,以及纺织业。港资厂商通过实行清洁生产,以达成节约能源、减少空气污染物排放、降低生产成本、减少污水排放的目的。该计划的主要资助项目如下。

(1) 实地评估:为企业就能源效益、减排和减少物料消耗等方面提出切实可行的改善建议。政府会资助一半的评估费用,并以 28 000 港元为每个项目的资助上限。

(2) 示范项目:通过在参与计划的工厂内装置设备和改善生产工序,展示清洁生产技术的成效。政府会资助一半的费用,并以 330 000 港元为每个项目的资助上限。

伙伴计划还会举办研讨会、工厂考察和展览等技术推广活动,与业界分享采用清洁生产技术的知识及成功经验。伙伴计划也会资助各工商业协会举办以行业为本的宣传推广活动,以协助不同行业广泛采用清洁生产技术。

2. "粤港清洁生产伙伴"标志计划

为进一步鼓励港资工厂实行清洁生产,粤港两地政府于 2009 年起共同推行"粤港清洁生产伙伴"标志计划,向积极落实和推动清洁生产的企业颁发标志证书,以嘉许他们的努力。标志计划共有四个范畴:

(1) 粤港清洁生产优越伙伴(制造业):表扬持续实行清洁生产并获得显著成效的港资工厂。

(2) 粤港清洁生产伙伴(制造业):嘉许在清洁生产有良好表现的港资工厂。

(3) 粤港清洁生产伙伴(供应链):对鼓励与其有合作联系的港资工厂落实清洁生产的采购业务企业进行表扬。

(4) 粤港清洁生产伙伴(技术服务):鼓励积极推动"伙伴计划"并提供良好服务给参与计划的港资工厂的环境技术服务供应商。

自 2015 年起,广东省节能降耗专项资金对获制造业标志的企业给予一次性 5 万元人民币奖励。

7.2　清洁生产中心

为加强清洁生产政策制定与管理方面的技术支撑,国家环境保护总局于 1994 年 12 月批准成立了国家清洁生产中心,成为国内最早开展清洁生产研究、推进清洁生产的科研机构,随后,全国陆续成立了一批地方清洁生产中心和行业清洁生产中心。截至目前,我国几乎所有的省(区、市)建立了省级清洁生产中心、部分地市级的清洁生产中心,以及煤炭、冶金、轻工、化工、石化、航空航天等多个行业的清洁生产中心,这些地方和行业清洁生产中心的建立和运行,为各地政府、行业开展清洁生产工作提供了有力支撑。

国家清洁生产中心设在中国环境科学研究院,地方的清洁生产中心通常设在同级的环境科学研究院(所),行业的清洁生产中心通常设在同行业的科研院所和行业协会。清洁生产中心一般是设立的事业单位。

1. 国家清洁生产中心

国家清洁生产中心,又称生态环境部清洁生产中心,曾用名为联合国中国国家清洁生产中心,是一个推进中国清洁生产的研究和咨询实体。1995 年 6 月,在联合国工业发展组织(UNIDO)和联合国环境规划署(UNEP)的指导和财政支持下,参加了 UNIDO/UNEP 合作项目"在发展中国家建立国家清洁生产中心"。

在国家环境保护总局、UNIDO 和 UNEP 的共同支持下,中心围绕我国环保战略由末端治理逐步向污染预防转移,开展了一系列具有深远影响的活动,在建立中国清洁生产审核方法学体系,制定中国清洁生产法律、法规及政府管理制度,大规模推动企业清洁生产审核、清洁生产人才培养和机构建设中发挥了显著的作用。在企业清洁生产审核方法学研究、清洁生产标准研究、清洁生产行业指南研究、清洁生产政策法规研究方面处于全国领先水平。

国家清洁生产中心的研究重点为:中国清洁生产法律法规体系、清洁生产标准体系研究;行业清洁生产标准制订;企业清洁生产审核方法学研究;重点企业清洁生产审核的关键技术和控制步骤、企业清洁生产推进机制研究;清洁生产的理论与实践对实现国家主要污染物削减目标的支撑机理研究。

其重点工作为:协助生态环境部制订有关推进清洁生产政策和管理办法;负责对地方清洁生产中心的技术指导和能力建设;国家级清洁生产审核师培训;指导重点企业清洁生产审核;为生态环境部环境管理决策服务。

2. 省级清洁生产中心

省级清洁生产中心,某些省份称作清洁生产促进中心,是本省清洁生产相关工作的重要管理者和操作执行者,对于本省清洁生产工作全面推进具有举足轻重的作用。随着我国清洁生产工作的广泛深入开展,省级清洁生产中心的职能也随之发生变化,由原有的主要针对企业做具体的审核工作,向管理职能转变。

现阶段省级清洁生产中心职能定位如下。

1) 开展清洁生产评估验收工作

目前,大多数省级清洁生产中心的主要日常工作是直接参与对具体企业的清洁生产审核的评估与验收。理由有两个：

(1) 评估验收工作技术性强。由于审核企业分属不同行业，规模性质和生产工艺设备各不相同，要求评估验收人员具有扎实的清洁生产专业能力和丰富的企业审核经验。省级清洁生产中心人员接触清洁生产工作较早、工作思路清晰，又经过审核试点阶段的系统实践及后期大量审核工作的反复锤炼，对审核工作本质有深刻的认识。因此，省级清洁生产中心是清洁生产评估验收工作的最佳执行者，这也有利于提高此项工作在全省范围内执行过程中的规范性与统一性。

(2) 评估验收工作量大。各地被列入清洁生产审核名单企业的数量庞大，每一轮清洁生产审核年限的规定，使得清洁生产审核的评估验收工作成为一项常态工作。评估验收工作仅靠各地清洁生产行政主管部门，人力、时间均无法满足要求，省级清洁生产中心的加入，无疑可以更好地完成评估验收工作。

2) 咨询服务机构及从业人员的管理

各地的清洁生产审核咨询服务机构及从业人员是当前开展清洁生产审核工作的主要组织及人员依托，其职责履行好坏及业务能力的高低直接影响审核工作的质量。通过省级清洁生产中心加强咨询服务机构及从业人员的监督管理，以利于区域清洁生产工作的正常有序进行。

(1) 咨询服务机构日常监管。目前，各省普遍存在几十家以上的清洁生产咨询服务机构，承担省内绝大多数的企业清洁生产审核工作。省级清洁生产中心应切实担负起管理职能，使其沿既定的要求规范运行。通常情况下，管理事项包括：年度强审名单公布后，召集咨询服务机构，对当年清洁生产审核工作的情况、要求进行管理说明，并对咨询服务机构关注的问题进行解答；在年中(企业清洁生产审核工作半程)时，进行阶段调度，掌握全省清洁生产审核工作的总体进展情况，并以此为依据，对下半年工作提出要求；在年底前，大部分企业清洁生产审核工作已完成时，召集咨询服务机构，对本年度清洁生产审核的评估验收工作进行部署，使咨询服务机构明确此次评估验收工作的相关要求，按要求做好相关准备工作。

(2) 对咨询服务机构的年度考核是对咨询服务机构上年度工作情况的总体客观评价。通常包括以下几方面：所完成审核企业的数量，通过评估或验收的比例；所完成企业所属行业，规模、性质；如省内对评估验收有比分机制，则统计通过优秀、良好、及格、不及格的比例；清洁生产审核所产生的业绩情况，如煤、水、电、汽及其他原材料的节约量，污染物的节约量，经济效益等；通过清洁生产产生的新技术、专利情况等；对于违反相关政策法规要求的机构，上报清洁生产主管部门。

通过上述考核，将其结果在相关媒体上公示，作为企业今后选取咨询服务机构的依据参考，以最终实现咨询服务机构的优胜劣汰。

(3) 清洁生产审核从业人员的管理。清洁生产审核从业人员需将相关材料信息提交至省级清洁生产中心，在接受省级清洁生产中心的相关岗位培训合格后，方可从事审核实践工作。通过此项措施，以提升清洁生产审核从业人员的业务能力素质，进而保障审核工作的质量。

3) 政策法规的研究与制定

(1) 研读政策法规与转化实践。近些年，国家层面上针对清洁生产工作的政策法规陆续出台，如何正确理解其实质内涵，并反映到实践中，需要省级清洁生产中心提供意见与建议。省级清洁生产中心所处位置，使其既是政策理论贯彻于践行工作的重要指导者，同时也是管理部门与基层企业之间的信息互动纽带，它了解各方面的利益诉求，因此，在政策法规的践行方面发挥较大作用。

(2) 协助制定省内相关法规。为适应区域清洁生产特点和发展状况，各省会针对性地出台本省清洁生产工作的法规要求，以规范工作行为和提升总体水平。

省级清洁生产中心应结合国家宏观清洁生产政策法规，结合省情，制定切实可行的省内规章。如《省清洁生产审核实施细则》《省清洁生产审核评估验收细则》等。

省级清洁生产中心还应从实际工作出发，对国家尚未出台相关规定的某些空白点，制定法规要求。如《省清洁生产咨询机构管理办法》《省内清洁生产从业人员管理办法》等，从而进一步完善现有的清洁生产法规体系，提高管理效率。

4) 清洁生产相关宣传培训

清洁生产宣传培训应针对不同的受众群体开展不同内容、形式的培训。大体应分为针对清洁生产管理者、企业的决策者、企业的技术人员、咨询服务机构审核师 4 类人群。

(1) 清洁生产管理者。清洁生产管理者指清洁生产相关管理部门的行政人员，其自身对清洁生产工作的认识水平高低，是其能否管理好，监督好的前提条件。因此，省级清洁生产中心应从管理的角度对其进行培训，提高其认识水平。培训内容应包括：清洁生产与清洁生产审核基本原理、政策法规的正确理解、如何执法、执法的关键点等。通过培训，使管理者更好地行使行政职能。

(2) 企业决策者。企业的决策者对清洁生产工作的认识程度决定企业是否参与审核工作。省级清洁生产中心的宣讲培训应从清洁生产审核工作对企业的意义、政策法规的要求及审核的直接效益与间接效益等角度进行宣讲，使企业决策者认识清洁生产本质，进而接受，直至参与到审核工作当中来。

(3) 企业技术人员。企业技术人员是企业清洁生产审核工作中的具体执行者。省级清洁生产中心针对其宣讲培训应以审核工作基本原理、审核的程序、审核最终的评估与验收为重点，提高其实践操作的能力，进而提升企业清洁生产审核工作的质量。

(4) 咨询服务机构审核师。审核师是企业清洁生产审核工作中的关键指导人员，其技术水平的高低决定审核工作能否顺利进行和最终成效。省级清洁生产中心应针对其工作特点开展定期培训，以不断提升其业务能力。培训内容包括：最新政策法规解读、省内当前审核工作的侧重与要求、当前审核工作中普遍存在的问题与解决、特征案例的剖析等。

7.3　行业协会

行业协会的宗旨是在国家的法律、法令指导下，发挥政府和企业之间、企业和市场之间的桥梁和纽带作用，协助政府进行行业管理，为会员、会员的用户和政府提供信息和服务。在清洁生产工作中，行业协会拥有信息充分和集体行动效率等优势，行业协会介入清洁生产工作，有益于提高清洁生产工作的效率和成果的产生，可实现环境绩效和行业发展的双赢。

1. 行业协会在清洁生产中的地位

随着我国行政机构改革、政府职能转变的开展，大批行业协会出现，各级政府开始将原来由政府承担的行业管理和服务职能逐步向行业协会转移，行业协会作为现代市场经济中有别于市场和政府的"第三部门"也开始在推进行业健康发展方面发挥重要作用。

行业协会既是清洁生产工作的积极推动者，又是清洁生产审核工作的实施者，是政府推广、实施清洁生产思想的有力外部支撑。

1) 重要性

政府清洁生产工作的部分职能向行业协会转移符合服务型政府建设和行业协会管理体制改革的总体趋势。通过职能转移和公共服务购买，政府专注于行业全局性、战略性的决策、规划和审批工作，可增强行业主管部门的宏观调控和指导能力。同时，政府购买行业协会服务可以有效缓解经费、人员等资源匮乏这一制约行业协会发展的主要问题，有利于行业协会的培育与发展。行业协会虽然民间化程度较高，但对政府依然存在一定程度的依附性，在参与公共服务中行业协会处于被动地位，政府清洁生产部分职能向行业协会转移，无疑是理顺政会关系的有效途径，可以改善行业协会与政府间的协作关系，同时增强行业协会服务企业的能力，提高行业协会在行业管理中的地位，与政府和企业形成合力，共同构成完善的行业清洁生产工作管理体制。

2) 可行性

自 20 世纪 80 年代后期以来，行业协会在参与行业管理和职能履行方面积累了广泛的经验，行业协会承接转移清洁生产部分职能的平台条件已经基本成熟。行业协会的整体实力不断增强，实际履行的职能不断拓展。部分行业协会已具备较强的服务意识，在向会员企业提供服务方面积累了不少经验，在行业中也有一定的地位和影响力，为政府向行业协会转移服务提供了良好的起始条件，行业协会与政府合作的积极性较高。政企分开工作基本完成后，一方面行业协会的自主性和自主意识有了较大的提高，对行业公共事务的参与意识进一步增强；另一方面，财力、人力和物力紧张等制约协会发展的瓶颈因素也日益凸显，促使协会要努力实现收入渠道的多元化，提高自身的资源汲取能力，在双方平等的前提下，大部分行业协会都愿意加强与政府的合作。

2. 行业协会在清洁生产工作中的优势

1) 提供专业化的技术支持

科学技术是第一生产力，是实施清洁生产的根本保障，离开了技术便谈不上清洁生产，清洁生产思想的实现归根结底是靠技术工艺的改进来实现的。目前，专业的清洁生产咨询服务机构只是在清洁生产思想、普遍的实施方式和方法方面具有优势，对企业具体的工艺、技术等内在因素的指导能力不足。行业协会由于自身工作性质决定了其对组织的具体实际有着相对全面、深刻的认识，因此能够依据自身优势，为企业提供专业的技术支持，进而提高清洁生产工作的效率和实施的深度。

2) 掌握业内最新前沿动态

业内最新前沿动态是企业清洁生产工作中横向和纵向对比的关键依据。行业协会通过自身在业内的收集，以及对行业长时间发展趋势的洞察，能够较为全面地掌握业内最新前沿动态，提出具前瞻性的意见和建议。

3) 协调、促进行业内信息交流

行业协会是企业与咨询服务机构之间沟通的桥梁和纽带。行业协会的介入，可协助理顺企业与咨询服务机构之间的关系，使工作得以顺利地展开与深入。同时，行业协会利用自身在行业内的影响力，对清洁生产相关信息与行业内企业进行沟通和交流，保证信息交流的顺畅。

3. 行业协会在清洁生产中的工作内容

作为政府与企业之间的桥梁，行业协会在清洁生产中的作用不可忽视，其作用如下：

(1) 组织科技攻关，创新工艺。各行业在消除和减少污染方面投放大量资金，研究开发先进的清洁生产技术，并通过行业协会推行先进的清洁生产技术。

(2) 行业协会通过建立公共技术创新服务平台，实现共享清洁生产技术。

(3) 行业协会全力推进清洁生产审核进程，完善节能减排的支撑体系。引导企业率先开展清洁生产审核工作，并举办"企业开展清洁生产审核培训班"，在有关咨询服务机构的配合下，跟踪推进企业开展清洁生产审核。

(4) 组织行业内清洁生产的宣传和教育以及专业技术人员的培训，传播清洁生产思想，宣传清洁生产工作所产生的效益，扩大清洁生产工作的影响。

(5) 政府和行业协会互动。行业协会创新载体，搭建平台，与政府职能部门、企业举行专题座谈和联谊活动，就环境保护、清洁生产、职业卫生等问题进行研讨，使政企之间沟通更加便捷。

(6) 承接政府部分职能转移，开展优秀清洁生产企业、先进咨询服务机构等的评选和认定工作。

(7) 承担政府购买清洁生产服务，组织清洁生产企业的评估验收工作。

(8) 推荐行业内工艺专家或环保专家，对咨询服务机构和企业进行技术指导。

(9) 协调咨询服务机构与企业之间的关系，保证清洁生产工作的顺畅进行。

(10) 提供行业现状与发展趋势以及最新的行业标准与相关的政策法规，帮助咨询服务机构对企业进行准确定位。

4. 行业协会在清洁生产工作中应注意的问题

1) 应提高业务水平

行业协会应加强对清洁生产相关知识的学习和掌握，以适应清洁生产工作的要求。为此，应加强两方面的学习。一方面，应加强清洁生产与清洁生产审核知识的学习，了解并掌握清洁生产思想的脉络和清洁生产审核的程序、步骤以及方式、方法，最终达到灵活运用的目的。另一方面，结合清洁生产工作实际的要求，对本行业与清洁生产相关的信息进行梳理汇总。

2) 应避免行业内垄断

行业协会由于其所处的特殊位置，与行业主管部门及其下属组织有着密切的关系，因此对于清洁生产工作的介入占有先机。但由于清洁生产工作的特殊性质，如不保持一定的责任分工，将有可能导致行业协会取代专业的清洁生产咨询服务机构，在行业内实行垄断。因此，有必要明确划分行业协会与专业清洁生产咨询服务机构的职能、职权范畴，既要防止行业内垄断，又要避免各自为政。

7.4　专家和专家库

《清洁生产审核办法》要求，国家发展和改革委员会、环境保护部会同相关部门建立国家级清洁生产专家库，发布行业清洁生产评价指标体系、重点行业清洁生产审核指南，组织开展清洁生产培训，为企业开展清洁生产审核提供信息和技术支持。各级清洁生产综合协调部门会同环境保护主管部门、节能主管部门可以根据本地实际情况，组织开展清洁生产培训，建立地方清洁生产专家库。

清洁生产专家作为清洁生产管理的智囊团，在制定清洁生产推行政策、评审清洁生产项目和开展清洁生产审核咨询方面都发挥着重要作用，有力地促进了国家和地方清洁生产工作的开展。

1. 专家在清洁生产审核工作中的作用

(1) 清洁生产审核(方法学)专家：传授清洁生产基本思想；传授清洁生产审核每一步骤的要点和方法；破除习惯思想，发现明显的清洁生产机会。

(2) 行业工艺专家：及时发现工艺设备和实际操作问题；提出解决问题的建议；提供国内外同行业技术水平参照数据。

(3) 行业环保专家：及时发现污染严重的环节；提出解决问题的建议；提供国内外同行业污染排放参照数据。

2. 专家入选条件

入选专家一般必须同时具备以下条件：

(1) 获得国家清洁生产审核培训合格证书，同时应具有高级以上技术职称；

(2) 熟悉清洁生产相关法规、政策和标准，掌握清洁生产工作内容以及审核程序；

(3) 熟悉相关行业污染防治技术、行业生产工艺及清洁生产技术；

(4) 具有良好的业务素质和职业道德，坚持原则，作风正派；

(5) 身体健康，能正常承担工作。

3. 专家职责

(1) 接受政府部门委托，为清洁生产推行规划、清洁生产规章政策、行业清洁生产评价指标体系、行业清洁生产标准和指南等的制定提供咨询服务。

(2) 接受相关部门或企业的委托，对清洁生产项目、实施方案、技术与工艺进行论证。

(3) 为政府部门和企业提供清洁生产咨询服务(包括清洁生产培训、审核、评估验收等工作)。

(4) 承担其他与清洁生产有关的工作。

7.5　咨询服务机构

清洁生产审核原则上要求企业自主进行，但由于我国当前企业自身技术力量薄弱，清洁生产咨询服务机构成为推进清洁生产工作的重要力量。

咨询服务机构是实施清洁生产审核的技术责任主体，是企业达到"节能、降耗、减污、增效"目标的技术支持力量。《清洁生产审核办法》规定，清洁生产审核以企业自行组织开展为主。实施强制性清洁生产审核的企业，如果自行独立组织开展清洁生产审核，应具备开展清洁生产审核物料平衡测试、能量和水平衡测试的基本检测分析器具、设备或手段，以及拥有熟悉相关行业生产工艺、技术规程和节能、节水、污染防治管理要求的技术人员的条件。不具备独立开展清洁生产审核能力的企业，可以聘请外部专家或委托具备相应能力的咨询服务机构协助开展清洁生产审核。目前，我国99%以上企业的清洁生产审核都委托咨询服务机构协助开展。

1. 咨询服务机构的条件

《清洁生产审核办法》强调了协助企业组织开展清洁生产审核工作的咨询服务机构的能力建设要求，它应当具备下列条件：

(1) 具有独立法人资格，具备为企业清洁生产审核提供公平、公正和高效率服务的质量保证体系和管理制度。

(2) 具备开展清洁生产审核物料平衡测试、能量和水平衡测试的基本检测分析器具、设备或手段。

(3) 拥有熟悉相关行业生产工艺、技术规程和节能、节水、污染防治管理要求的技术人员。

(4) 拥有掌握清洁生产审核方法并具有清洁生产审核咨询经验的技术人员。

同时，咨询服务机构应当为实施清洁生产审核的企业保守技术和商业秘密。

2014年9月，广东省经济和信息化委员会、广东省科学技术厅、广东省环境保护厅联合颁布了《关于加强省级清洁生产企业认定职能转移后续监管工作的通知》(粤经信节能函〔2014〕1452号)，明确通知取消清洁生产技术服务机构的备案管理，全面放开清洁生产服务市场。

2. 咨询服务机构的作用

清洁生产审核过程中，协助企业编制完成一份规范的审核报告只是发挥咨询服务机构作用的一方面，咨询服务机构更主要的作用如下。

1) 指导企业分析和发现清洁生产潜力与机会

尽管企业的专业技术人员更加了解自己的生产过程，但通常由于思维定式，难以发现所存在的问题。因此，咨询服务机构应帮助企业分析其生产过程中所存在的物料流失、原材料和能源的过度消耗等不合理现象，分析企业现存的最迫切需要解决或面临的重大环境问题，发现清洁生产潜力与机会。更重要的是，为了推行持续清洁生产，企业应具备一定的清洁生产审核能力，因此培养企业分析和发现清洁生产潜力与机会的能力，也是咨询服务机构义不容辞的责任。

2) 提出有可行性的中高费方案

中、高费方案能解决较为重大的物耗、能耗和环境问题，实现技术进步。咨询服务机构如能够提出可行的中高费方案，并作出技术可行性分析和经济评估，无疑可以加快清洁生产审核进程，增大经济效益和环境效益。而要做到这一点，咨询服务机构就必须强化能力建设、提高服务意识和质量。

3) 帮助企业建立持续开展清洁生产的机制

这种机制的基础是通过宣传、培训，让企业知道清洁生产的作用，提高全员对清洁生产的认识，知道清洁生产审核应当如何开展，激发企业主动推行清洁生产的积极性和创造性，引导企业不断地实施清洁生产。

这种机制的生命力在于全员参与清洁生产，不但可以产生相当的环境效益和经济效益，更重要的是可以提高员工素质，进而增加了企业的无形资产，实现持续技术改进和清洁生产审核成果的进一步巩固。

这种机制的核心是形成一整套关于清洁生产的合理化建议、技术方案从提交、审查、资金筹措、设计、实施、验收到制度化巩固、管理人员配备的管理制度。

这种机制应当能够避免清洁生产搞成"运动式"，而是经常性的"持续开展"，这是因为生产技术、污染控制技术、企业管理、清洁生产理论等均在不断发展中，信息量越来越大，人们的视野越来越开阔，能够不断发现自己的问题，不断地进行改进，形成所谓"持续清洁生产"，这也是清洁生产与末端控制的最主要区别之一。

4) 帮助企业完善和提升企业管理体系

生产、服务过程中任何技术问题、管理缺陷的改进，都必须在一定的企业管理平台上运行。以往之所以常有回潮现象，就是因为审核过程中仅注重技术改进，而忽视了企业管理体系的完善。

有效的清洁生产审核可以帮助企业选择最佳环境策略和技术路线，而完善的企业管理体系能够在设定的工艺技术、设备、计量、污染物控制状态下，保持生产体系的正常运行，并且跟踪本行业的技术和管理进步，不断改进工艺技术、设备、计量、污染物控制和提高员工素质。

咨询服务机构应当帮助企业完善企业管理体系特别是环境管理体系。例如，企业通过了 ISO14001 环境管理体系认证后，可以指导企业采用清洁生产方法，识别生产、服务过程中的环境因素，编制环境管理方案等，在高质量的环境管理体系下开展清洁生产，可以取得更好的环境绩效。

7.6 清洁生产审核师

1. 清洁生产审核师的资质

清洁生产审核师制度是我国清洁生产体系的重要组成部分。国家层次的清洁生产审核师是指通过国家生态环境部科技标准司批准，国家清洁生产中心组织的清洁生产相关培训及考核，获得国家清洁生产审核师资格的人员。通过由省级清洁生产中心组织的清洁生产相关培训及考核，可以获得省级清洁生产审核师资格。

清洁生产审核师培训一般由国家和省级清洁生产中心的专家授课，详细讲解清洁生产审核方法，同时结合实例介绍、讲授部分重点行业清洁生产的全过程及其技巧，为期 5 天。

通过清洁生产审核师培训是获得清洁生产审核师资格的必要条件。凡全程参加培训班并考试合格者，国家或省级清洁生产中心颁发培训合格证书。

清洁生产审核师是我国清洁生产审核及相关工作的组织人员保障，也是清洁生产咨询服务机构及个人从事清洁生产审核的人员资质前提。审核师的素质直接关系到清洁生产审核工作的发展进程与最终导向。因此，清洁生产审核师素质的提升也应与时俱进，以推动清洁生产工作不断向前发展。

清洁生产工作跨学科、综合性强，需要高素质的专业人员。我国开展清洁生产工作以来，国家十分重视人员培训工作，通过培训使其了解并掌握清洁生产内涵、清洁生产审核程序、方法与操作实践技巧以及典型行业清洁生产关键技术等。清洁生产审核师已成为我国清洁生产领域的骨干力量，为促进行业和地方清洁生产工作发挥了不可或缺的作用。

此外，各省市还通过清洁生产知识普及型培训、讲座或者企业内审员培训班等多种途径开展清洁生产能力建设。这些工作大大增强了我国清洁生产技术力量，为开展清洁生产工作创造了基础条件。

2. 清洁生产审核师的工作内容

清洁生产审核师在审核工作中主要发挥正确的导向作用，除了要求具备审核知识并熟练掌握审核程序和方法外，还需要有一定的专业技术、实际工作经验和现代管理知识。帮助企业分辨出清洁生产机会、找准症结、提出措施、论证方案，进而让企业领导接受方案，最后实施方案。

清洁生产审核师在清洁生产审核中的工作有以下几点。

1) 准确分析审核各阶段间关系

清洁生产审核共七个阶段。七个阶段是有机结合的科学运作体系，从整体到局部，从宏观到微观，从一般到重点，从定性到定量。审核师在审核过程中结合企业的实际情况剖析这七个阶段的内容，将整个清洁生产审核归结为三个主要过程，一是调查和调研企业全貌，即评价生产过程；二是在认识和了解生产状况的同时，提出清洁生产设想；三是通过科学分析论证，将清洁生产设想变成可行方案，并予以实施。

方案的实施过程中，对于一些技术含量较高的无低费方案，审核师需分析论证，说服企业领导予以实施；中高费方案的落实需在审核师的帮助下，在预评估阶段就做好技术分析论证准备，一旦确定了审核重点，就及时向企业领导汇报，以获得领导支持并批准实施。因为中高费方案只有实施早，见效快，才能为审核下段及后期持续清洁生产工作奠定稳固基础。

清洁生产方案的实施是受多种因素制约影响的比较困难的过程。欲打破此格局，除从国家政策、企业领导和国外清洁生产经验等多方面来探寻合适的措施外，尚需专业审核师在审核中要发挥正确导向作用，这种导向作用是促进清洁生产方案落实的催化剂。

2) 利用清洁生产机会产生方案

清洁生产审核师可通过了解和认识全厂生产过程，发现更多清洁生产的机会。但这里的"机会"一般并不等于清洁生产的措施和方案，它只是解决问题的途径、思路和设想。结合原材料、能源输入、技术工艺设备、运行管理、产品和废物产出五个方面因素的具体分析，发现企业存在的清洁生产机会。

3) 通过科学论证获得企业领导支持

审核师在审核评估阶段，便需对该方案进行技术可行性分析和经济评估。以科学论证的方式展示方案实施的成果，使产生的中高费方案得到领导支持并迅速实施。

7.7　企　　业

企业是实施清洁生产的主体。清洁生产对企业的基本要求是"从我做起、从现在做起"，每个企业都存在着许多清洁生产机会。从企业层次来说，实行清洁生产有以下的工作要做。

1. 制定长期的企业清洁生产战略规划

清洁生产的目的是节能、降耗、减污、增效，这也是企业经营活动的主要内容。对于企业来说，清洁生产工作不应该是一项政府要求的节外生枝的运动式的工作，而应该是一项与生产经营紧密结合在一起的日常工作。企业在制定发展规划时，应该充分考虑清洁生产的要求，只有这样，企业的水平才能得到高质量的提升，企业的发展才是可持续的，才可能实现企业和社会的双赢。

2. 采用环境友好的产品设计

在产品设计时，充分考虑资源的有效利用和环境保护，生产的产品不危害人体健康，不对环境造成危害，易于回收。

环境友好的产品设计是企业实现清洁生产的基础条件。产品除了功能和外观要迎合市场需求外，还必须具备全生命周期的绿色性。也就是要求在产品设计阶段就考虑到今后在生产、使用过程中的资源、能源消耗及报废后的回收处理方法等。要求在设计产品时以环境资源为核心，在生产过程中能够采用清洁技术、无污染技术，降低资源消耗，减少环境污染。即在产品及其整个生命周期中，优先考虑在制造、销售、使用及报废后的回收、再利用及处理对资源和环境的影响，使设计结果在整个生命周期内资源利用率最高、能量消耗和环境污染最小，并将其作为设计的目标。在此前提下，再考虑产品的功能质量成本等因素。其最终目标就是要达到最佳的"生态经济效益"。

　　企业需要调整产品结构，使产品合理化、系列化，具体产品结构简单化。对零部件标准化、模块化、通用化设计，提高产品的可拆卸性，从而提高产品或其零部件的回收利用价值。为此，企业必须建立产品设计的数据库、知识库，把设计工具与环境信息、成本信息集成，为绿色设计、绿色材料选择和回收处理方案设计提供数据和知识支撑。

　　总体上，产品设计要求以产品销地市场和产地市场的最新环境标志制度和最新国际标志制度为依据，争取新产品能获得绿色标志。

3. 采用生态包装

　　生态包装是指对生态环境和人类健康无害，能重复使用和再生，符合可持续发展战略的包装。从技术角度讲，生态包装是指以天然植物和有关矿物质为原料制成对生态环境、人体健康无害，有利于回收利用、易于降解的一种环保型包装，即包装物从原材料的选择、制造，到使用和废弃的整个生命周期，均应符合生态环境保护的要求。

　　生态包装是在绿色浪潮冲击下对包装实施的一种革命性的变革，它不仅要求对现有包装不乱丢乱弃，而且要求回收处理现有包装，更要求采用符合环保条件的新包装和新技术。

　　生态包装一般应具有五个方面的内涵：

　　(1) 减量化：自然资源是包装工业赖以进行的物质基础，从人类可持续发展的高度来看，包装在满足保护、方便、销售等功能的条件下，应尽量减少原材料的使用，以造福后人；

　　(2) 易于重复利用和回收再生：通过生产再生制品、焚烧利用热能、堆肥化改善土壤等措施，达到再利用的目的；

　　(3) 废弃包装可降解：最终不形成永久垃圾，甚至可以达到改良土壤的目的；

　　(4) 包装材料对人体和生物无毒无害：包装材料中不应含有毒性的元素，病菌、重金属的含有量应控制在有关标准以下；

　　(5) 包装与环境保护和生态平衡密切相关：包装制品从原材料采集、加工、制造、使用、废弃回收再生直到其最终处理的全过程均不应对生物及环境造成公害。

4. 使用清洁的原辅材料和能源

制造与生态环境相协调的产品，选择在原料采取、产品制造、使用或再循环以及废料处理等环节中对地球负荷为最小和有利于人类健康的原材料是一个必要条件。

原材料供应是整条产品生命链条的源头，必须严格控制源头的污染，审视产品的整个生命周期过程需要大量的能量，同时产生许多环境污染，这就要求生产者在每一个环节中，充分利用能源和节约资源，减少环境污染。

在这一过程中，供应商的选择尤为重要，企业应尽可能要求供应商所供应的材料在质量、价格、运输、交货期等各方面最大限度地满足企业的需要，而且具有高度的社会责任感，主动对生产过程中的环境问题、有毒废物污染、产品的包装材料等进行管理。

选择供应商需要考虑的主要因素有：是否通过 ISO14000 环境管理体系、清洁生产、废物最小化、危险气体排放、有毒废物污染、产品包装中的材料、资源可回收利用等。

企业选择原材料应满足以下要求：

(1) 材料未受污染，在产品的生产、运输、存储、使用及废弃处理过程中，材料对环境无毒、污染小，由于材料而引起的资源、能源消耗少；

(2) 材料易回收，可重复使用，可降解；

(3) 减少对稀有材料的使用，并尽量减少材料使用总量；

(4) 使尽量多的零件采用相同材料，减少多样化材料的采购成本。

企业应大力开发绿色材料，使其应用可减少后续加工工序(如彩色棉可省略印染工序)、使产品节能降耗、轻质化等。应建立严格的材料采购指南，排除有害物质、节省资源。在进行采购之前，供应商必须先通过绿色供应商与绿色原材料的调查与评估程序。

5. 采用资源能源利用率高、污染物排放量少的清洁生产工艺和技术

当产品和工艺设计无法避免环境问题的出现时，则应在生产过程中加以控制，可优化工艺结构，强化整个管理过程，从而减少资源的消耗以及污染物的排放。

由于环境法规和标准的提高而增加的成本，必须要通过工艺改进来弥补和抵消，否则企业优势将难以为继，在竞争中被淘汰。在利润最大化目标推动下，企业必然采取先进的工艺来降低能耗，减少排放成本。

清洁生产工艺是以传统的工艺技术为基础，并结合材料科学、表面技术、控制技术等新技术，使制造过程物料和能源消耗最小化、废弃物最小化、环境污染最小化的加工工艺。清洁生产技术指能在生产过程中减少废气污染物、降低工业

活动对环境污染的技术和减少排放的末端治理技术。

清洁生产工艺要求各种工艺应简捷化，缩短工艺流程，节能降耗，以降低工艺成本。加工工艺应不使产品产生毒性变化，无"三废"排放。如生产过程将产生污染，则要设计好加工过程中的污染处理工艺，使污染的产生和处理同在生产过程中实现。企业应坚决淘汰能耗、物耗高，对环境污染严重的各种工艺。

6. 进行设备创新，采用节能、节水和其他有利于保护环境的设备

设备是企业进行生产的主要物质技术基础，企业的生产率、产品质量、生产成本都与设备的技术水平直接相关。企业应使用节能降耗，生产率高，密封性好，噪声小，振动小的绿色设备。绿色设备是指在实际运行过程中、能源消耗及污染较少，零部件具有较好的通用性，维修或保养时间合理，费用适宜，维修人员劳动强度不太大的生产设备。

企业制造过程中生产设备的绿色化是改善生产过程绿色性的有效途径之一。改造生产流程中的关键性设备，降低废料产出率是生产设备绿色化的关键所在。所以，企业应加大投入，组织技术人员大力开发具有结构、功能集成性的设备，使工艺流程缩短，减少设备使用台数，提高厂房和人力资源的利用率。如高速数码喷印设备，改变了人力、物力、财力消耗大、环境污染严重的传统印染设备，免去一次次的冲洗工艺，印花过程速度快、无污染、无浪费。

7. 加强对生产过程中产生的废物、废水和余热等进行综合利用或者循环利用

加强材料的综合利用和循环利用，既可以减少对天然资源的开发使用，也能够有效缓解和降低固体废物造成的环境污染和安全隐患，提高企业的经济效益。

资源综合利用是解决废物不当处置与堆存所带来的环境污染的首要方式。企业应尽量采用先进或者适用的回收技术、工艺和设备，对生产过程中产生的废物进行综合利用。

合理选择和利用原材料和其他资源，减少废物产生量，降低废物的危害性；根据经济、技术条件对产生的废物加以利用。

企业应当在经济技术可行的条件下对生产和服务过程中产生的废物、余热等自行回收利用或者转让给有条件的其他企业和个人利用。

8. 强化废弃物的管理和处理

企业要强化废弃物管理和处理的主体责任意识，采用能够达到国家或者地方规定的污染物排放标准和污染物排放总量控制指标的污染防治技术，积极防止废弃物污染环境。要按照"谁产生、谁负责、谁处理"的原则，建立、健全废弃物的管理和处理责任制度，将废弃物管理处置纳入日常环境管理，同时主动向主管

部门申报有关信息。按照环保有关规定建设储存设施、场所，安全分类存放，或者采取无害化处置措施。对于应交由物资回收部门综合利用的废弃物，要主动与相关单位签订物资回收协议；对于环评文件及环评批复要求交由环卫部门清运处理的废弃物，要主动与环卫部门签订服务协议，采取分类堆存、减少体积等预处理措施，并落实必要的清运处置费用。对暂时不利用或者不能利用的，必须按要求妥善处理。坚决杜绝不规范堆存，甚至擅自倾倒、堆放、丢弃、遗撒、露天焚烧废弃物等环境违法行为。

9. 开展产品回收处理

产品生命周期结束后，若不对产品进行回收处理，将造成资源浪费并导致环境污染。企业要从保护环境出发，承担相应的社会责任，开展使用寿命终结产品的回收处理。

主要包括以下几方面的内容：一是企业要及时回收有技术缺陷的产品；二是企业要对消费者不满意的产品和旧产品负责回收处理；三是企业要回收自己产品的包装物。

产品的回收处理需要加强逆向物流。所谓逆向物流是指在企业物流过程中，由于某些物质失去了明显的使用价值（如加工过程中的边角料、被消费后的产品包装材料），将被当作废弃物抛弃。但在这些物资中还存在潜在使用价值可以再利用，企业应为这部分物资设计一个回流系统，使具有再用价值的物品回归到正规的企业物流中来。因此，企业应设立回收网点进行回收处理，并在产品说明书上给消费者以提示。回收网点应根据成本分析和环境评价对报废产品进行分类、拆卸和处理处置。要求处理过程能耗、物耗小，具有环境安全性。

10. 实施清洁生产审核

企业应当对生产和服务过程中的资源消耗以及废物的产生情况进行监测，并根据需要对生产和服务实施清洁生产审核。这是企业清洁生产工作的关键和核心，本书在后面的章节中将详细介绍。

第 8 章　企业与清洁生产相关的工作

清洁生产并非仅仅涉及生产，它的关注点既包含企业的生产加工和制造过程，还包括提供服务的过程，以及整个产品生命周期中对环境所造成的一切负面影响。

清洁生产与企业的环保手续办理和生产经营活动是紧密联系在一起的。本章主要介绍与清洁生产相关的一些企业活动，做好这些工作可以更好地促进清洁生产活动的开展。

8.1　环境影响评价

企业的建设和生产行为若对环境有影响，则在实施行为前应依法进行环境影响评价，否则该建设和生产行为属于违法行为，履行环境影响评价手续是开展清洁生产审核的前置条件。企业是否开展环境影响评价，属于清洁生产评估验收重点考核指标之一，即"一票否决"选项。若企业未依法开展环境影响评价，则评估验收不通过。

8.1.1　概念

环境影响评价简称环评，英文缩写 EIA，是指对规划和建设项目实施后可能造成的环境影响进行分析、预测和评估，提出预防或者减轻不良环境影响的对策和措施，进行跟踪监测的方法与制度。通俗说就是分析项目建成投产后可能对环境产生的影响，并提出污染防治对策和措施。

8.1.2　主要法律法规

(1)《中华人民共和国环境保护法》(2014 年 4 月 24 日修订，2015 年 1 月 1 日起施行)；

(2)《中华人民共和国环境影响评价法》(2018 年 12 月 29 日修订通过并施行)；

(3)《中华人民共和国大气污染防治法》(2018 年 10 月 26 日修订通过并施行)；

(4)《中华人民共和国水污染防治法》(2017 年 6 月 27 日修正，2018 年 1 月 1 日施行)；

(5)《中华人民共和国环境噪声污染防治法》(2018 年 12 月 29 日修订通过并施行)；

(6)《中华人民共和国固体废物污染环境防治法》(2016 年 11 月 7 日修订通过并施行)；

(7)《国务院关于修改〈建设项目环境保护管理条例〉的决定》(国务院令第 682 号〔2017〕)(2016 年 6 月 21 日通过，2017 年 10 月 1 日施行)；

(8)《关于修改〈建设项目环境影响评价分类管理名录〉部分内容的决定》(生态环境部令第 1 号〔2018〕)(2018 年 4 月 28 日通过并施行)。

8.1.3　必要性

《中华人民共和国环境影响评价法》第三条规定：在中华人民共和国领域和中华人民共和国管辖的其他海域内建设对环境有影响的项目，应当依照本法进行环境影响评价。第二十五条规定：建设项目的环境影响评价文件未依法经审批部门审查或者审查后未予批准的，建设单位不得开工建设。第三十一条规定：建设单位未依法报批建设项目环境影响报告书、报告表，或者未依照本法第二十四条的规定重新报批或者报请重新审核环境影响报告书、报告表，擅自开工建设的，由县级以上生态环境主管部门责令停止建设，根据违法情节和危害后果，处建设项目总投资额百分之一以上百分之五以下的罚款，并可以责令恢复原状；对建设单位直接负责的主管人员和其他直接责任人员，依法给予行政处分。

办理环评也可以为企业梳理预测生产过程中的污染物排放情况，使企业生产时可以做到有的放矢，做好污染物排放控制。同时环评手续也是企业通过建设项目竣工环境保护验收、办理排污许可证的前置条件。

8.1.4　工作程序

建设项目根据行业和规模对照《建设项目环境影响评价分类管理名录》(2018 年)确定所属环评类别，按要求分别办理环评手续。

(1) 环评类别为登记表的，在当地建设项目环境影响登记表备案系统进行备案；

(2) 环评类别为报告书和报告表的，建设单位可以委托技术服务单位编制相应的环境影响报告书(表)，建设单位具备环境影响评价技术能力的，可以自行编制相应的环境影响报告书(表)，生态环境主管部门对环境影响报告书(表)进行审批。

同时，建设项目的类型及其选址、布局、规模要符合环境保护法律法规和相关法定规划；建设项目拟采取的措施能满足区域环境质量改善目标管理要求；建设项目采取的污染防治措施可以确保污染物排放达到国家和地方排放标准，且采取必要措施预防和控制生态破坏；改建、扩建和技术改造项目，要针对项目原有环境污染和生态破坏提出有效防治措施；建设项目环境影响报告书(表)中的基础资料属实，内容不存在重大缺陷和遗漏，环境影响评价结论明确、合理。

生态环境主管部门受理审批流程如图 8.1 所示。

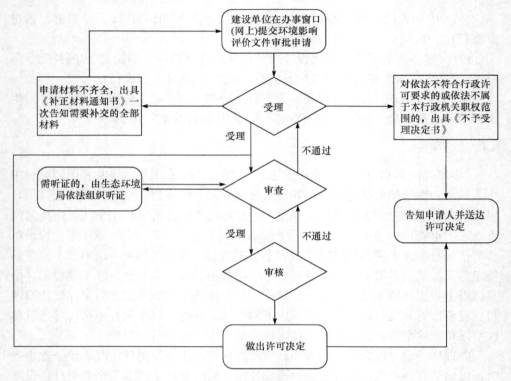

图 8.1　生态环境主管部门受理审批流程

8.2　建设项目竣工环境保护验收

　　企业正式投产前应依法进行建设项目环境保护验收，确保配套建设的环境保护设施合格后方可投入生产。企业是否通过竣工环境保护验收，也属于清洁生产评估验收重点考核指标之一("一票否决"选项)。企业未依法完成竣工环境保护验收即投入生产，属于违法生产行为，无法通过清洁生产评估验收。

8.2.1　必要性

　　国家环境保护部在《建设项目竣工环境保护验收暂行办法》(2017 年 11 月 22日发布并施行)中明确指出：建设单位应按照规定的程序和标准，对配套建设的环境保护设施进行验收，即对防治环境污染和生态破坏以及开展环境监测所需的装置、设备和工程设施等进行验收。

　　验收过程需编制验收监测(调查)报告，不具备编制验收监测(调查)报告能力的，可以委托有能力的技术机构编制。建设单位与受委托的技术机构之间的权利义务关系，以及受委托的技术机构应当承担的责任，可以通过合同形式约定。

验收监测(调查)报告编制完成后，建设单位应当根据验收监测(调查)报告结论，逐一检查是否存在《建设项目竣工环境保护验收暂行办法》第八条所列验收不合格的情形，提出验收意见。存在问题的，建设单位应当进行整改，整改完成后方可提出验收意见。

建设项目配套建设的环境保护设施经验收合格后，其主体工程方可投入生产或者使用；未经验收或者验收不合格的，不得投入生产或者使用。

8.2.2　主要法律法规

(1)《中华人民共和国环境保护法》(2014 年 4 月 24 日修订，2015 年 1 月 1 日起施行)；

(2)《中华人民共和国环境影响评价法》(2018 年 12 月 29 日修订通过并施行)；

(3)《中华人民共和国大气污染防治法》(2018 年 10 月 26 日修订通过并施行)；

(4)《中华人民共和国水污染防治法》(2017 年 6 月 27 日修正，2018 年 1 月 1 日施行)；

(5)《中华人民共和国环境噪声污染防治法》(2018 年 12 月 29 日修订通过并施行)；

(6)《中华人民共和国固体废物污染环境防治法》(2016 年 11 月 7 日修订通过并施行)；

(7)《关于公开征求〈关于规范建设单位自主开展建设项目竣工环境保护验收的通知(征求意见稿)〉意见的通知》(环办环评函〔2017〕1235 号)；

(8)《建设项目竣工环境保护验收暂行办法》(国环规环评〔2017〕4 号)；

(9)《建设项目竣工环境保护验收技术规范　生态影响类》(HJ/T 394—2007)；

(10)《关于公开征求〈建设项目竣工环境保护验收技术指南　污染影响类(征求意见稿)〉意见的通知》(环办环评函〔2017〕1529 号)。

8.2.3　工作程序

环境保护验收工作主要包括验收自查、编制验收监测方案、实施监测与检查、编制验收监测报告四个阶段。

1. 验收自查

1) 环保手续履行情况

主要包括环境影响报告书（表）及其审批部门审批决定，初步设计（环保篇）等文件，国家与地方生态环境部门对项目的督查、整改要求的落实情况，建设过程中的重大变动及相应手续履行情况，是否按排污许可相关管理规定申领了排污许可证，是否按辐射安全许可管理办法申领了辐射安全许可证等。

2）项目建成情况

对照环境影响报告书（表）及其审批部门审批决定等文件，自查项目建设性质、规模、地点，主要生产工艺、产品及产量、原辅材料消耗，项目主体工程、辅助工程、公用工程、储运工程和依托工程内容及规模等情况。

3）环境保护设施建设情况

（1）建设过程。施工合同中是否涵盖环境保护设施的建设内容和要求，是否有环境保护设施建设进度和资金使用内容，项目实际环保投资总额占项目实际总投资额的百分比。

（2）污染物治理/处置设施。按照废气、废水、噪声、固体废物的顺序，逐项自查环境影响报告书（表）及其审批部门审批决定中的污染物治理/处置设施建成情况，如废水处理设施类别、规模、工艺及主要技术参数，排放口数量及位置；废气处理设施类别、处理能力、工艺及主要技术参数，排气筒数量、位置及高度；主要噪声源的防噪降噪设施；辐射防护设施类别及防护能力；固体废物的储运场所及处置设施等。

（3）其他环境保护设施。按照环境风险防范、在线监测和其他设施的顺序，逐项自查环境影响报告书（表）及其审批部门审批决定中的其他环境保护设施建成情况，如装置区围堰、防渗工程、事故池；规范化排污口及监测设施、在线监测装置；"以新带老"改造工程、关停或拆除现有工程(旧机组或装置)、淘汰落后生产装置；生态恢复工程、绿化工程、边坡防护工程等。

4）重大变动情况

自查发现项目性质、规模、地点、采用的生产工艺或者防治污染、防止生态破坏的措施发生重大变动，且未重新报批环境影响报告书（表）或环境影响报告书（表）未经批准的，建设单位应及时依法依规履行相关手续。

2. 编制验收监测方案

编制验收监测方案是根据验收自查结果，明确工程实际建设情况和环境保护设施落实情况，在此基础上确定验收工作范围、验收评价标准，明确监测期间工况记录方法，确定验收监测点位、监测因子、监测方法、监测频次等，确定其他环境保护设施验收检查内容，制定验收监测质量保证和质量控制工作方案。

验收监测方案作为实施验收监测与检查的依据，有助于验收监测与检查工作开展得更加规范、全面和高效。石化、化工、冶炼、印染、造纸、钢铁等重点行业编制环境影响报告书的项目推荐编制验收监测方案。建设单位也可根据建设项目的具体情况，自行决定是否编制验收监测方案。

验收监测方案需要确定监测因子和监测频次，监测数据要反映环保设施调试运行效果，污染物排放情况和环境质量影响情况。

3. 实施监测与检查

确定验收监测方案后按照方案确定的监测因子、监测频次进行监测。

验收监测采样方法、监测分析方法、监测质量保证和质量控制要求均按照《排污单位自行监测技术指南总则》(HJ 819)执行。

4. 编制验收监测报告

编制验收监测报告是在实施验收监测与检查后，对监测数据和检查结果进行分析、评价得出结论。结论应明确环境保护设施调试、运行效果，包括污染物排放达标情况、环境保护设施处理效率达到设计指标情况、主要污染物排放总量核算结果与总量指标符合情况、建设项目对周边环境质量的影响情况，其他环保设施落实情况等。

1) 报告编制基本要求

验收监测报告编制应规范、全面，必须如实、客观、准确地反映建设项目对环境影响报告书（表）及审批部门审批决定要求的落实情况，以及对环境质量的影响情况，其他环保设施落实情况等。

2) 验收监测报告内容

验收监测报告内容应包括但不限于以下内容：建设项目概况、验收依据、项目建设情况、环境保护设施、环境影响报告书（表）主要结论与建议及审批部门审批决定、验收执行标准、验收监测内容、质量保证和质量控制、验收监测结果、验收监测结论、建设项目环境保护"三同时"竣工验收登记表等。

编制环境影响报告书的建设项目应编制建设项目竣工环境保护验收监测报告，编制环境影响报告表的建设项目可视情况自行决定编制建设项目竣工环境保护验收监测报告书或表。

8.2.4　验收手续

企业可自行编制验收监测报告，不具备编制验收监测(调查)报告能力的，可以委托有能力的技术机构编制。其中进行验收监测需委托有相应项目检测资质的公司进行开展，若企业自身具备相关资质亦可自行开展监测。

在验收监测报告完成后，组织成立验收工作组。验收工作组可由建设单位、设计单位、施工单位、环境影响报告书(表)编制机构、验收监测报告编制机构等单位代表及专业技术专家等组成，代表范围和专家人数自定。

验收工作组严格依照国家有关法律法规、建设项目竣工环境保护验收技术规范、建设项目环境影响报告书(表)和环评批复文件等要求，审查验收监测报告内容、进行现场检查，形成验收工作组意见，主要内容包括：工程建设基本情况、工程变动情况、环境保护设施落实情况、环境保护设施调试效果、工程建设对环境的影响、验收结论和后续要求等内容，验收结论应明确该建设项目环境保护设施是否验收合格。验收工作组意见需由验收工作组全体成员签名确认。

　　根据验收工作组意见整改完善，合格后出具验收意见，最终形成验收报告，并按照规定通过网站或者其他便于公众知悉的方式，向社会主动公开信息，同时书面向政府环境保护部门报送公示信息，接受监督检查。

　　图 8.2 为广州市建设项目环境保护设施验收流程图，可供参考。

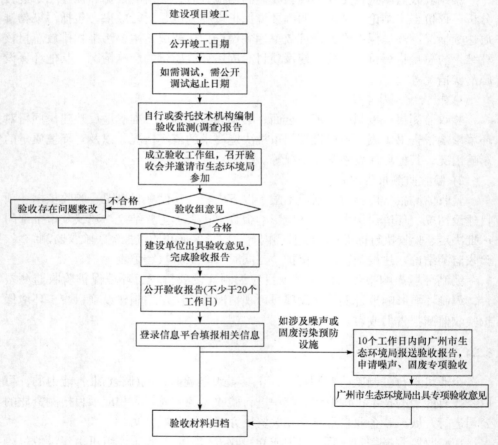

图 8.2　广州市建设项目环境保护设施验收流程图

8.3　排污许可证办理

　　企业通过建设项目竣工环境保护验收后，应依法申领排污许可证，明确主要污染物浓度和总量控制指标。在清洁生产审核工作中，这是核定污染物总量是否达到总量控制指标要求的依据，是重点考核指标之一("一票否决"选项)。若污染物总量排放超过总量控制指标要求，则无法通过清洁生产评估验收。

8.3.1　必要性

《排污许可管理办法(试行)》规定：环境保护部依法制定并公布固定污染源排污许可分类管理名录，明确纳入排污许可管理的范围和申领时限。纳入固定污染源排污许可分类管理名录的企业事业单位和其他生产经营者应当按照规定的时限申请并取得排污许可证；未纳入固定污染源排污许可分类管理名录的排污单位，暂不需申请排污许可证。

排污单位应当依法持有排污许可证，并按照排污许可证的规定排放污染物。应当取得排污许可证而未取得的，不得排放污染物。

8.3.2　主要法律法规

(1)《中华人民共和国环境保护法》(2014 年 4 月 24 日修订，2015 年 1 月 1 日起施行)；

(2)《中华人民共和国大气污染防治法》(2018 年 10 月 26 日修订通过并施行)；

(3)《中华人民共和国水污染防治法》(2017 年 6 月 27 日修正，2018 年 1 月 1 日施行)；

(4)《控制污染物排放许可制实施方案》(国办发〔2016〕81 号)；

(5)《排污许可管理办法(试行)》(环境保护部令第 48 号)。

8.3.3　办理程序

排污许可证的申请、受理、审核、发放、变更、延续、注销、撤销、遗失补办应当在全国排污许可证管理信息平台上进行。排污单位自行监测、执行报告及环境保护主管部门监管执法信息应当在全国排污许可证管理信息平台上记载，并按照《排污许可管理办法(试行)》规定在全国排污许可证管理信息平台上公开。

1. 排污许可证申请

排污单位应当在全国排污许可证管理信息平台上填报并提交排污许可证申请，同时向核发环境保护部门提交通过全国排污许可证管理信息平台印制的书面申请材料。

申请材料应当包括：

(1) 排污许可证申请表，主要内容包括：排污单位基本信息，主要生产设施、主要产品及产能、主要原辅材料，废气、废水等产排污环节和污染防治设施，申请的排放口位置和数量、排放方式、排放去向，按照排放口和生产设施或者车间申请的排放污染物种类、排放浓度和排放量，执行的排放标准；

(2) 自行监测方案；

(3) 由排污单位法定代表人或者主要负责人签字或者盖章的承诺书；

(4) 排污单位有关排污口规范化的情况说明；

(5) 建设项目环境影响评价文件审批文号，或者按照有关国家规定经地方人民政府依法处理、整顿规范并符合要求的相关证明材料；

(6) 排污许可证申请前信息公开情况说明表；

(7) 污水集中处理设施的经营管理单位还应当提供纳污范围、纳污排污单位名单、管网布置、最终排放去向等材料；

(8)《排污许可管理办法(试行)》实施后的新建、改建、扩建项目排污单位存在通过污染物排放等量或者减量替代削减获得重点污染物排放总量控制指标情况的，且出让重点污染物排放总量控制指标的排污单位已经取得排污许可证的，应当提供出让重点污染物排放总量控制指标的排污单位的排污许可证完成变更的相关材料；

(9) 法律法规规章规定的其他材料。

主要生产设施、主要产品产能等登记事项中涉及商业秘密的，排污单位应当进行标注。

2. 排污许可证核发

对存在下列情形之一的，核发环境保护部门不予核发排污许可证：

(1) 位于法律法规规定禁止建设区域内的；

(2) 属于国务院经济综合宏观调控部门会同国务院有关部门发布的产业政策目录中明令淘汰或者立即淘汰的落后生产工艺装备、落后产品的；

(3) 法律法规规定不予许可的其他情形。

核发环境保护部门应当对排污单位的申请材料进行审核，对满足下列条件的排污单位核发排污许可证：

(1) 依法取得建设项目环境影响评价文件审批意见，或者按照有关规定经地方人民政府依法处理、整顿规范并符合要求的相关证明材料；

(2) 采用的污染防治设施或者措施有能力达到许可排放浓度要求；

(3) 排放浓度符合《排污许可管理办法(试行)》第十六条规定，排放量符合《排污许可管理办法(试行)》第十七条规定；

(4) 自行监测方案符合相关技术规范；

(5)《排污许可管理办法(试行)》实施后的新建、改建、扩建项目排污单位存在通过污染物排放等量或者减量替代削减获得重点污染物排放总量控制指标情况的，出让重点污染物排放总量控制指标的排污单位已完成排污许可证变更。

8.4　企业内部环境管理

随着国家污染防治要求的不断提高，企业环保压力日益增大，企业内部环境管理工作的价值愈加凸显。目前大部分企业末端治理的潜力已经非常有限，环境管理工作应顺应形势要求，围绕清洁生产来开展，从而实现企业环保工作从被动应付问题到主动选择策略的转变。

企业内部环境管理和清洁生产工作是相互促进的，完善的日常管理工作是一个便利的基础性平台。清洁生产可以对企业的现状进行一次全方位的诊断，摸清企业的环境污染和资源利用情况，进而找出企业存在的问题，寻找解决问题的方案。清洁生产也可以对本行业的各种技术进行一次全方位的搜索和论证，进行相应的技术方案的储备，为企业的发展和技术升级指明方向。在依靠改进工艺技术的同时实施精细管理，使企业内部环境管理的水平提高到一个新的层次。

企业内部环境管理应该做好以下几个方面的工作。

1. 健全企业环保管理体系，细化环保管理制度

企业要适应新形势下的环保压力，必须要建立完善的企业环保管理体系及相关环保管理制度。应建立由厂长(总经理)总负责，生产副厂长(副总经理)具体负责，企业的环境管理部门为职能机构的企业环保管理体系。企业的环境管理部门的主要职责可以概括为规划、管理、组织协调、监督、考核、统计。要设置监测机构，负责生产装置的排放监测和厂区的环境监测。企业分厂的厂长兼管环保，车间设有专职或兼职环保员。要加强企业环保管理制度的建设，如企业排污的管理、企业污染物防治设施的管理、企业危险废物的管理，企业职工的环保职责以及企业环保责任追究考核等。企业还需要结合当地政府环保机构和企业自身特点制定企业近期或长期环保管理目标与计划，由企业专门的监督检查机构监管。通过企业完善的环保管理体系及管理制度，加强企业职工对环保的重视程度，增强职工的环保素质，规范企业的环保行为，最大限度降低生产经营活动给环境造成的负面影响。

2. 加强企业环境风险管理

突发环境污染事故不同于一般的污染事故，它总是突然发生，影响范围广，持续时间长，处置难度大。突发环境污染事故不仅给地区环境带来严重危害，而且也给企业造成经济与信誉的巨大损失，因此企业加强环境风险管理显得尤为重要。

加强企业环境风险管理，首先要确保对突发环境事故的正确处理。企业首先

要按照突发环境事件应急预案编制标准制定有效的应急预案，并纳入当地政府的应急管理体系。应急预案中要明确应急组织机构、报告方式、联系组织方式等。其次，企业应急物资要储备充足，有专人负责。对于应急物资的使用、应急处置、人员疏散要做好培训，并定期组织演练。对突发环境应急事故要科学处置，在污染区域要设置警示标志，对在事故处置过程中产生的"三废"要严格控制，并要加强对污染区域的监控，防止发生二次污染。另外，企业还要与当地环境保护部门加强信息的互通，及时披露相关情况。总之，企业要全面地考虑到由环保方面带给企业发展的种种不确定性，并提出相应的预防和处理对策，以较少的环境成本获得更全面的安全保障。

3. 加强同当地环境保护部门的联系

地方政府环境保护部门是环保法规、方针政策的具体执行机构，它对企业的环保工作行使监督、检查、指导和支持职能，地方政府环境保护部门对企业的例行监测数据能够有针对性地解决生产过程中存在的环境风险隐患。企业同地方政府环境保护部门加强联系可以及时了解当地省、市、地区环保法规的最新动态，有利于企业较好地开展环保工作。加强同地方政府环境保护部门的联系，在其指导下进行政策扶持的环保工程项目建设，可申请环保项目专项补助资金，减轻企业的资金压力。

8.5　环境风险评估

通过环境风险评估，可明确企业涉及环境风险物质的种类和数量以及环境风险事故发生的可能性，通过制定环境风险防控与应急措施尽量避免环境风险事故的发生。因此，企业环境风险评估工作可与清洁生产工作结合，通过原材料替代或生产工艺的改进，从源头降低环境风险事故发生的可能性。

8.5.1　适用的企业

有下列情形之一的，企业应当及时划定或重新划定本企业环境风险等级，编制或修订本企业的环境风险评估报告：

(1) 未划定环境风险等级或划定环境风险等级已满三年的；

(2) 涉及环境风险物质的种类或数量、生产工艺过程与环境风险防范措施或周边可能受影响的环境风险受体发生变化，导致企业环境风险等级变化的；

(3) 发生突发环境事件并造成环境污染的；

(4) 有关企业环境风险评估标准或规范性文件发生变化的。

8.5.2　主要法律法规

(1)《中华人民共和国环境保护法》(2014 年 4 月 24 日修订，2015 年 1 月 1 日起施行)；

(2)《中华人民共和国突发事件应对法》(主席令第六十九号)；

(3)《国家突发公共事件总体应急预案》(2006 年 1 月 8 日发布并实施)；

(4)《国家突发环境事件应急预案(2015 年修订版)》(国办函〔2014〕119 号)；

(5)《突发事件应急预案管理办法》(国办发〔2013〕101 号)；

(6)《企业事业单位突发环境事件应急预案备案管理办法(试行)》(环发〔2015〕4 号)；

(7)《关于印发〈企业突发环境事件风险评估指南(试行)〉的通知》(环办〔2014〕34 号)；

(8)《企业突发环境事件风险分级方法》(HJ 941—2018)。

8.5.3　评估程序及内容

企业环境风险评估，按照资料准备与环境风险识别、可能发生的突发环境事件及其后果情景分析、现有环境风险防控和环境应急管理差距分析、制定完善环境风险防控和应急措施的实施计划、划定突发环境事件风险等级五个步骤实施。

1. 资料准备与环境风险识别

(1) 企业基本信息；
(2) 现有应急资源情况。

2. 可能发生的突发环境事件及其后果情景分析

(1) 收集国内外同类企业突发环境事件资料；
(2) 提出所有可能发生突发环境事件情景；
(3) 每种情景源强分析；
(4) 每种情景环境风险物质释放途径、涉及环境风险防控与应急措施、应急资源情况分析；
(5) 每种情景可能产生的直接、次生和衍生后果分析。

3. 现有环境风险防控和环境应急管理差距分析

(1) 环境风险管理制度；
(2) 环境风险防控与应急措施；
(3) 环境应急资源；

(4) 历史经验教训总结；

(5) 需要整改的短期、中期和长期项目内容。

4. 制定完善环境风险防控和应急措施的实施计划

针对需要整改的短期、中期和长期项目，分别制定完善环境风险防控和应急措施的实施计划。实施计划应明确环境风险管理制度、环境风险防控措施、环境应急能力建设等内容，逐项制定加强环境风险防控措施和应急管理的目标、责任人及完成时限。每完成一次实施计划，都应将计划完成情况登记建档备查。

对于因外部因素致使企业不能排除或完善的情况，如环境风险受体的距离和防护等问题，应及时向所在地县级以上人民政府及其有关部门报告，并配合采取措施消除隐患。

5. 划定突发环境事件风险等级

完成短期、中期或长期的实施计划后，应及时修订突发环境事件应急预案，并按照《企业突发环境事件风险评估指南》的《附录 A：企业突发环境事件风险等级划分方法》划定或重新划定企业环境风险等级，并记录等级划定过程，包括：

(1) 计算所涉及环境风险物质数量与其临界量比值；

(2) 逐项计算工艺过程与环境风险控制水平值，确定工艺过程与环境风险控制水平；

(3) 判断企业周边环境风险受体是否符合环评及批复文件的卫生或大气防护距离要求，确定环境风险受体类型；

(4) 确定企业环境风险等级，按要求表征级别。

8.6　编制突发环境事件应急预案

确定环境风险等级后，为了建立企业对突发环境事件的应急处置机制，使企业能够有效预防突发环境事件，在应对各类环境事件时能够在第一时间做到有据可依，最大程度减少损失，需制定突发环境事件应急预案。

8.6.1　编制要求

1. 预案编制整体符合要求

(1) 预案材料基本要素完整，内容格式规范。基本要素包括总则、周边环境风险受体分析、环境风险单元的识别、应急组织体系与职责、预防和预警机制、应急处置、后期处置、应急保障、监督管理、附件资料等。

(2) 符合国家法律、法规、规章、标准和编制指南规定。

(3) 符合本地区、本企业突发环境事件应急工作实际。

(4) 与地方政府相关应急预案衔接，说明与企业内部其他相关预案的关系。

(5) 环境事件分级合理，根据企业突发环境事件及其后果分析，按照可能发生的突发环境事件的影响范围及严重程度，对环境事件进行合理分级。

2. 项目基本情况清晰

(1) 项目概况包括主要产品情况、原辅材料种类及最大储存量、主要生产工艺流程和生产设施等明确，废气、废水、固体废物等污染物的产生、处理处置和排放去向情况描述清晰，雨水管网的收集与去向，雨/污水排放口数量、位置明确。

(2) 项目周边可影响范围内的环境风险受体明确、全面。

3. 环境风险单元的识别准确

(1) 主要环境风险与潜在环境风险单元的识别准确，可以从以下几个方面进行考虑：①生产原料、燃料、产品、中间产品、副产品、催化剂、辅助生产原料的种类、数量以及储存情况；②废气、废水、固体废物等污染物的收集、处置情况；③重大危险源辨识结果。

(2) 收集并总结了国内外同类企业突发环境事件资料及经验教训。

(3) 提出的可能发生突发环境事件情景全面。

(4) 可能发生的突发环境事件源强分析、突发环境事件危害后果分析等描述全面、具体。

4. 现有环境应急能力的差距分析与整改计划完备

(1) 涵盖了环境风险管理制度、环境风险防控与应急措施、环境应急资源等差距分析。尤其是环境风险单元应急设施(如围堰、应急沟渠、收集池等)、事故废水收集设施(应急池体及相关配套设施，雨水排放口应急闸门等)、应急物资的配置等满足应急需求。

(2) 企业需要整改的短期、中期和长期项目内容明确。

(3) 已制定完善环境风险防控和应急措施的实施计划，并明确了环境风险管理制度、环境风险防控措施、环境应急能力建设等内容。

(4) 企业突发环境事件环境风险等级的判定合理、准确。

5. 应急组织机构健全、职责明确

(1) 依据项目的规模大小和可能发生的突发环境事件的危害程度，设置分级应急救援组织机构，并以组织机构图的形式将参与突发环境事件处置的部门或队伍列出来。

(2) 成立应急救援指挥部，指挥机制合理，具体职责明确。

(3) 依据自身条件和可能发生的突发环境事件的类型建立应急救援专业队伍。应急救援专业队伍的具体职责与人员配置情况明确、合理。

6. 预防与预警机制合理

(1) 根据突发环境事件严重性、紧急程度和可能波及的范围，对突发环境事件进行预警分级。分级科学合理、明确具体，并与环境事件分级相衔接。

(2) 预警信息的发布、解除等流程以及内容明确。应包括以下内容：①企业内部报告程序；②外部报告时限要求及程序；③事件报告内容(含报告部门、报告时间、可能发生的突发环境事件的类别、起始时间、可能影响范围、预警级别、警示事项、事态发展、相关措施、咨询电话等)。

(3) 预防预警设施满足应急需求，措施明确具体、可操作性强。

7. 应急处置及时可行

(1) 分级应急响应准确，与环境事件分级相衔接。预案针对突发环境事件危害程度、影响范围、内部控制事态的能力以及需要调动的应急资源，将突发环境事件应急行动分为不同的等级，并根据事件发生的级别不同，确定不同级别的现场负责人，指挥调度应急救援工作和开展事件处置措施。

(2) 突发环境事件现场应急措施有效。根据污染物的性质及事件类型，事件可控性、严重程度和影响范围，需确定：①应急过程中使用的应急物资以及可获得性说明；②工艺生产过程中所采用应急方案及操作程序，工艺流程中可能出现问题的解决方案，应急时紧急停车停产的基本程序，基本控险、排险、堵漏、转运等的基本方法。

(3) 抢险、救援及控制措施有效。需明确以下内容：①抢险、救援方式、方法及人员的防护、监护措施；②应急救援队伍的调度；③事件可能扩大后的应急措施。

(4) 应急设施的启用合理。特别是为防止污染物扩散而建立的应急设施的启用合理、及时。

(5) 应急监测计划完善。突发环境事件发生时，需明确：①污染物现场应急监测和实验室监测的方法、标准，以及所采用的仪器、药剂等；②可能受影响区域的监测布点和频次；③内部、外部应急监测分工说明。

(6) 人员撤离和疏散方案合理。预案需明确：①事件现场人员撤离的方式、方法，以及人员的清点；②事件影响区域，如周边工厂企业、社区和村落等人员的紧急疏散方式、方法。

(7) 信息报告和发布及时、准确。信息报告和发布的相关内容应包括：①事件发生的时间、地点、类型和排放污染物的种类、数量、已采取的应急措施,已污染的范围,潜在的危害程度,转化方式趋向,可能受影响区域及采取的措施建议;②通报可能受影响的区域说明;③24 小时有效的内部、外部通信联络手段。

8. 后期处置可行

(1) 善后处理、现场清洁净化和环境恢复措施,以及可能产生的二次污染的处理措施可行。

(2) 事件调查与后期评审机制健全。

9. 监督管理措施完善

(1) 制订了应急保障措施及培训方案、计划,并规定了演练内容。

(2) 规定了预案评审、发布和更新的要求。

(3) 现场在环境风险单元处张贴突发环境事件处置流程图、人员疏散路线图等标识。

10. 附件材料齐备

主要附件应包括:①项目环境影响评价批复文件及竣工环保验收文件;②周边环境风险受体名单及联系方式;③危险废物与主要工业废物处理处置合同;④应急救援组织机构名单(应包含应急组织机构所有成员名单及联系电话);⑤外部救援单位及政府有关部门联系电话;⑥应急设施及应急物资清单及图片(应包含物资管理人联系方式、物资存放位置)。

主要附图应包括:①厂区地理位置及周边水系图;②周边环境风险受体分布图;③厂区四邻关系图;④厂区平面布置图(含环境风险单元、应急物资位置分布);⑤雨水、污水和各类事故废水的流向图(应包含应急池体、雨水排放口位置);⑥紧急疏散路线图。

8.6.2　主要法律法规

(1)《中华人民共和国环境保护法》(2014 年 4 月 24 日修订,2015 年 1 月 1 日起施行);

(2)《中华人民共和国突发事件应对法》(主席令第六十九号);

(3)《国家突发公共事件总体应急预案》(2006 年 1 月 8 日发布并实施);

(4)《国家突发环境事件应急预案(2015 年修订版)》(国办函〔2014〕119 号);

(5)《突发事件应急预案管理办法》(国办发〔2013〕101 号);

(6)《企业事业单位突发环境事件应急预案备案管理办法(试行)》(环发〔2015〕4 号);

(7)《关于印发〈企业事业单位突发环境事件应急预案评审工作指南〉(试行)的通知》(环办应急〔2018〕8 号)。

8.6.3　评审程序

企业可按照图 8.3 所示流程开展预案的评审工作。

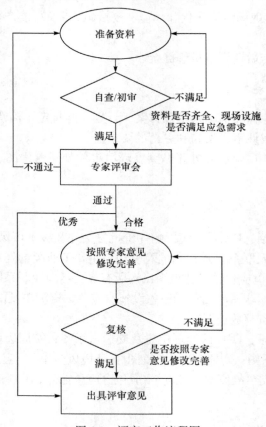

图 8.3　评审工作流程图

1. 评审准备

企业应成立预案编制组,在开展环境风险评估和应急资源调查基础上,编制突发环境事件应急预案。

企业完成以下预案相关评审材料,可组织召开或委托开展评审:①环境应急预案及编制说明;②环境风险评估报告;③环境应急资源调查报告。

2. 自查或初审

应按照国家和地方对预案的相关要求,对预案相关材料进行自查,或委托第三方评审组织单位对预案相关材料进行初审。

自查或初审的要点为：①预案基本要素是否齐全，整体形式是否规范，尤其是环境风险单元的识别、应急设施与措施、应急组织机构及职责、信息报告等重点内容是否全面、明晰。②项目现场环境预防预警措施和应急设施是否满足自身应急需求，有全面专业的应急能力分析。

3. 专家评审会

1) 评审小组的组成

预案评审小组人员应当包括：①评审专家。评审专家应熟悉环境应急管理工作有关法律、法规、规章和政策、标准，具有相关行业或相关专业技术经验。重大环境风险等级的企业事业单位的评审专家数量一般为 5 名或以上，其他环境风险等级的评审专家数量一般为 3 名。建议较大及以上环境风险等级企业事业单位的评审在县级或以上环境应急专家库中至少抽取 1 名专家。②相关政府管理部门人员。③周边环境风险受体代表。④相邻重点风险源单位代表。

选取评审小组成员时，应注意回避与本单位存在利益关系、可能影响公正性的人员。业主单位与提供本次预案技术咨询服务单位的人员不得作为评审小组成员。

2) 评审会议流程

应提前三个工作日将评审材料的纸质或电子文档送至评审小组成员。会议议程应包含预案介绍、现场踏勘、专家质询、形成评审意见等环节。

评审会议议程可参照表 8.1。

表 8.1 环境应急预案评审会议议程

主持人		议程内容
评审组织单位	1	评审小组成员及与会人员签到
	2	介绍与会专家及代表
	3	推选专家组组长
专家组组长	4	企业事业单位负责人介绍本单位情况
	5	编制小组介绍预案
	6	评审小组现场踏勘评审
	7	评审小组提问及企业事业单位、编制小组答疑
	8	评审小组就预案和现场存在的问题提出建议
	9	评审小组讨论形成评审意见(非评审组成员回避)
	10	评审小组组长代表评审小组与企业事业单位、编制小组沟通，确认评审意见
评审组织单位	11	总结

3) 评审意见

评审意见包括专家组共同填写的评审意见表和由专家分别填写的预案评审表。评审意见结论除给出"通过"或"不通过"的基本结论外,还应包括评审小组对预案及相关材料、现场应急设施、环境应急管理等的评价与建议等内容。

预案评审总分为专家组内各专家评分的平均值,总分小于 60 分为不及格,建议在对预案进行重大修改或对现场应急设施进行整改后,重新组织专家评审;总分大于等于 60 分小于 90 分为合格,建议对预案进行修改后,由专家组长或第三方评审组织单位进行复核;总分大于等于 90 分为优秀,建议直接通过评审,不需专家组长或第三方评审组织单位复核。评审小组认为预案及相关材料有弄虚作假行为或存在重大缺陷,应急措施不能满足突发环境事件的应急需求等情形的,可给出"不通过"的评审结论,并提出明确的整改意见。

企业或第三方编制单位应按照评审意见,对预案进行全面分析,及时修改完善。评审不通过的企业,应根据评审会议要求完善整改,并按程序重新评审。

4) 复核

根据评审意见将预案相关材料修改完善后,列明修改清单,交由专家组长或第三方评审组织单位进行书面或现场复核。

专家组长或第三方评审组织单位认为修改后的预案及相关材料满足备案要求,应在评审意见表复核意见处签署复核意见并签名或盖章确认。

5) 备案

复核通过后,应提交以下文件至当地生态环境局进行备案,生态环境局受理后出具应急预案备案编号。

(1) 突发环境事件应急预案备案表和申请表(盖章后纸质文件及扫描件电子版);

(2) 环境应急预案及编制说明的纸质文件和电子文档,环境应急预案包括:环境应急预案的签署发布文件、环境应急预案文本,编制说明包括:编制过程概述、重点内容说明、征求意见及采纳情况说明、评审情况说明;

(3) 环境风险评估报告的纸质文件和电子文档;

(4) 环境应急资源调查报告的纸质文件和电子文档;

(5) 环境应急预案评审意见、根据评审意见出具的整改报告(纸质文件和电子文档);

(6) 工商营业执照、机构代码证等单位证明文件(复印件及扫描件电子版);

(7) 非法人代表签发的应急预案,还要附上法人代表授权签发应急预案的委托书(盖章后纸质文件及扫描件电子版);

(8) 企业事业单位环境风险关键信息表(盖章后纸质文件及扫描件电子版)。

8.7 职业安全卫生

职业安全卫生，是安全生产、劳动保护和职业卫生的统称，通常指影响作业场所内所有人员安全与健康的条件和因素。它以保障劳动者在劳动过程中的安全和健康为目的，包含法律法规、技术、设备与设施、组织制度、管理机制、宣传教育等方面的所有措施、活动和事物。

虽然职业安全卫生工作不属于推行清洁生产的硬性条件，但是清洁生产的管理制度以及原料、工艺、设备的提升，可以降低作业环境风险、提高劳动过程中劳动者的安全和健康保障。因此，宜将职业安全卫生工作结合清洁生产共同推进。

企业必须按照《安全生产法》的要求，构建安全管理体系，设置安全机构，配备安全管理人员。建立健全安全生产责任制。

(1) 设立安全管理体系及安全机构。

(2) 安全管理及制度。企业应结合实际情况建立健全和不断完善包括行车安全、人身安全、设备安全、消防安全、交通安全等各类安全工作的规章制度、安全责任制、安全操作规程，在各项工作中认真贯彻执行并实施、检查和考核。

(3) 要求。企业必须按国家及各行业的安全管理规定和安全技术措施要求，保证对安全设施和安全防护用品等的资源投入，为作业人员及时提供安全防护用品，设置安全防护装置，并督促、教育作业人员按使用规则规范佩戴和使用。

(4) 坚持安全教育培训和持证上岗制度。

(5) 危险源辨识和风险控制。企业必须对生产经营活动中的重大危险源进行登记和建档，并定期进行检测、评价和监控；必须制定安全应急预案，并对全员进行相关防范知识的培训，进行应急演练，使其能熟知在紧急情况下应采取的应急措施。

对存在有较大危险因素的生产经营场所和设备、设施上，设置明显、规范的安全警示标志。

(6) 特种设备和安全防护设备的安全管理。

(7) 职业病防治的管理。企业要保障从业者的健康及其相关权益，防止职业病的发生。职业病防治工作应遵守《中华人民共和国职业病防治法》《职业病危害事故调查处理办法》《职业病危害项目申报管理办法》等法律法规。企业要按规定对职业危害进行辨识，及时进行检测和治理，向卫生监督机构进行职业病及危害项目的申报。按规定组织有关人员进行岗前、上岗期间、离岗前的健康检查，对从业者因接触粉尘、放射性有毒有害物质等因素而引起的疾病，应积极组织治疗。

(8) 化学危险品、民用爆炸物品管理。搬运、储存、使用易燃易爆、化学危险品，必须严格执行国家和行业标准，建立专项安全管理制度，采取可靠的安全措施，并做好标识、隔离等措施，确保安全使用。

(9) 消防工作的管理。

(10) 做好劳动保护工作。要认真做好劳动保护工作，制定和执行"劳保用品管理办法"，按规定设置安全防护设施，及时发放劳动保护用品，保障劳动者的权益。

(11) 安全检查。

(12) 事故管理。

(13) 安全例会制度。安全工作应及时召开各种会议，会议分为定期例会和不定期例会。

(14) 建立安全生产奖惩制度。企业要建立安全奖罚机制，制定"安全生产奖惩规定"；安全奖罚坚持依法执行的原则，坚持精神鼓励与物质奖励相结合，以教育为主、处罚为辅的原则。对在生产安全工作中有成绩的单位、个人给予奖励，对违法违章违纪以致发生各类隐患、险情、事故的责任人给予经济处罚和行政处分。

8.8　绿　色　制　造

绿色制造也称为环境意识制造、面向环境的制造等，是一个综合考虑环境影响和资源效益的现代化制造模式。其目标是使产品从设计、制造、包装、运输、使用到报废处理的整个产品生命周期中，对环境的影响(副作用)最小，资源利用率最高，并使企业经济效益和社会效益协调优化。

绿色制造模式是一个闭环系统，也是一种低熵的生产制造模式，即原料—工业生产—产品使用—报废—二次原料资源，从设计、制造、使用一直到产品报废回收整个寿命周期对环境影响最小，资源效率最高，也就是说要在产品整个生命周期内，以系统集成的观点考虑产品环境属性，改变原来末端治理的环境保护办法，对环境保护从源头抓起，并考虑产品的基本属性，使产品在满足环境目标要求的同时，保证产品应有的基本性能、使用寿命、质量等。

当前，世界上掀起一股"绿色浪潮"，环境问题已经成为世界各国关注的热点，并列入世界议事日程。制造业将改变传统制造模式，推行绿色制造技术，发展相关的绿色材料、绿色能源和绿色设计数据库、知识库等基础技术，生产出保护环境、提高资源效率的绿色产品，如绿色汽车、绿色冰箱等，并用法律、法规规范企业行为。随着人们环保意识的增强，那些不推行绿色制造技术和不生产绿色产品的企业，将会在市场竞争中被淘汰，使发展绿色制造技术势在必行。

　　而清洁生产通过优化设计，利用清洁的原料和燃料，避免和淘汰有毒、有害的原材料；不断改进工艺和设备水平，提升过程管理能力，提高原料和燃料的利用效率，最大可能地减少废物的产生，降低废物毒性；废物的最优回收利用，最大限度地减少排放到环境中的量；同时，产品的销售、使用过程也进行优化，全方位地减少工业生产制造对人类和环境产生的影响，实现环境友好的绿色制造。

　　由此可以看出，清洁生产与绿色制造这两者的核心理念均是从产品生产的全生命周期进行考虑，减少这一过程中的污染物产生与排放，减轻生产制造过程中对环境的不良影响，不断提高资源的利用率，两者遵循的是同一基本原理。因此，推进和践行清洁生产，将清洁生产工作融入绿色制造体系是实现工业生产绿色化改造的重要途径手段。

8.9　绿 色 工 厂

　　绿色制造是解决国家资源和环境问题的重要手段，是实现产业转型升级的重要任务，是行业实现绿色发展的有效途径，同时也是企业主动承担社会责任的必然选择。工厂是绿色制造的主体，对绿色工厂进行评价，有助于在行业内树立标杆，引导和规范工厂实施绿色制造。

　　绿色工厂应在保证产品功能、质量以及生产过程中人的职业健康安全的前提下，引入生命周期思想，优先选用绿色原料、工艺、技术和设备，满足基础设施、管理体系、能源与资源投入、产品、环境排放、绩效的综合评价要求，并进行持续改进。绿色工厂评价指标框架如图 8.4 所示。

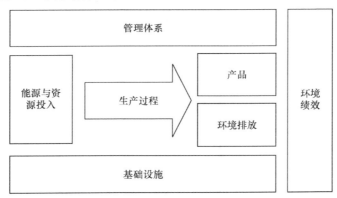

图 8.4　绿色工厂评价指标框架

8.9.1　评价指标

　　绿色工厂评价指标分为一级指标和二级指标，具体要求包括基本要求和预期性要求。基本要求是纳入绿色工厂试点示范项目的必选评价要求,预期性要求是绿色工厂创建的参考目标。

8.9.2　建设内容

本节给出绿色工厂创建的一般性内容,包括但不限于以下措施。

1. 基础设施

1) 建筑

(1) 一般要求:充分利用自然通风,采用围护结构保温、隔热、遮阳等措施,宜采用钢结构建筑和金属建材、生物质建材、节能门窗、新型墙体和节能保温材料等绿色建材,在满足生产需要的前提下优化围护结构热工性能、外窗气密性等参数,降低厂房内部能耗。

(2) 新建、改建和扩建:根据规模生产的特点多采用一次规划、分期实施,厂房分期建设、设备分期采购、产品分期投入的方式以满足生产和企业发展的要求,总体工艺设计应充分考虑分期衔接,实现投资的技术经济合理性,资源、能源的高效利用,预留太阳能等可再生能源应用场地和设计负荷,考虑与所在园区产业耦合度高,充分利用园区的配套设施。

2) 计量设备

(1) 建立计量体系,计量仪器符合《用能单位能源计量器具配备和管理通则》(GB 17167)要求,并定期进行校准;

(2) 计量器具覆盖主要的能源、资源消耗设施;

(3) 具有废气、废水、粉尘、固体废弃物、噪声等重点环境排放测量设施,现有计量设施无法满足实际需求的,需与具有相关资质的第三方机构签订协议,定期对工厂相关的环境排放进行监测;

(4) 对所有计量结果需建立完善的记录,并进行定期分析,制定和实施改造计划;

(5) 有条件的企业,可采用信息化手段对能源、资源的消耗以及环境排放进行动态监测。

3) 照明

充分利用自然采光,优化窗墙面积比、屋顶透明部分面积比,不同场所的照明应进行分级设计,公共场所的照明应采取分区、分组与定时自动调光等措施。

2. 管理体系

1) 管理体系基本要求

工厂应建立为实现质量目标所必需的、系统的质量管理模式,涵盖顾客需求确定、设计研制、生产、检验、销售、交付的全过程策划、实施、监控、纠正与改进活动的要求，以文件化的方式，成为工厂内部质量管理工作的要求。工厂应建立职业健康安全管理体系，用于指定和实施组织的职业健康安全方针，并管理职业健康安全风险。

2) 环境管理体系

工厂应建立环境方针、目标和指标等管理方面的内容，为制定、实施、实现、评审和保持环境方针提供所需的组织机构、规划活动、机构职责、惯例、程序、过程和资源。

3) 能源管理体系

工厂应建立能源方针、能源目标、过程和程序以及实现能源绩效目标，为制定、实施、实现、评审和保持能源方针提供所需的组织机构、规划活动、机构职责、惯例、程序、过程和资源。

4) 社会责任报告

工厂或工厂所属的组织按照 GB/T 36000—2015、ISO 26000 或 SA 8000 的要求，编制社会责任报告，发布在网站或通过印刷形式向利益相关方传达。

3. 能源与资源投入

1) 能源投入

(1) 工厂宜做好能源选取的规划，优先采用可再生能源、清洁能源，充分利用供能系统余热提高能源使用效率，可以优化生产工艺、多能源互补供能等方式，降低非清洁能源的使用率，重视自主创新，推进制造装备的节能改造；

(2) 工厂宜建设光伏、光热、地源热泵和智能微电网，适用时可采用风能、生物质能等，提高生产过程中可再生能源使用比例；

(3) 采用国家鼓励的生产工艺、设备及产能，包括《节能机电设备(产品)推荐目录》《"能效之星"产品目录》《通信行业节能技术指导目录》《国家重点推广的电机节能先进技术目录》等文件中推荐的生产工艺、设备及产能；

(4) 对国家明令淘汰的生产工艺、设备及产能进行识别并避免采购，包括《高耗能落后机电设备(产品)淘汰目录》《部分工业行业淘汰落后生产工艺装备和产品指导目录(2010 年本)》《高耗能老旧电信设备淘汰目录》等文件中明令淘汰的生产工艺、设备及产能，对于正在使用的国家明令淘汰的生产工艺、设备及产能，但尚未达到淘汰时间的，应制定明确的淘汰计划；

(5) 采用物联网、云计算等，提升工厂生产效率，开展智能制造，以降低单位产品能源资源消耗；

(6) 对工厂的生产设施做好规划，分步进行建设，使已投产设施的使用率保持在较高水平或实现满产，提高设备的开动率，降低设备空载时间；

(7) 生产设备应根据生产工艺流程、物料搬运、信息控制、结构系统等因素确定其在厂房内部的布置设计方式,避免设备及照明用的电力线路和工业水(包含供回水、水质检测监测系统等)管道的迂回交错铺设;

(8) 生产工艺宜考虑采用以下方面的节能措施,提高能源利用率:高低温分区的温湿度独立控制、排风热回收、供配电系统节能、动力站房节能、动力节能、集中供油系统等。

2) 资源投入

(1) 工厂宜使用回收料、可回收材料替代新材料、不可回收材料;

(2) 工厂宜替代或减少全球增温潜势较高温室气体的使用;

(3) 工厂宜向供方提供的采购信息应包含有害物质使用、可回收材料使用、能效等环保要求;

(4) 工厂宜建立供应链管理体系,对供应链各个环节进行有效策划、组织和控制,改善供应链系统;

(5) 工厂宜将生产者责任延伸理念融入业务流程,综合考虑经济效益与资源节约、环境保护、人体健康安全要求的协调统一。

4. 产品评价指标

1) 生态设计

(1) 尽量减少所使用材料的种类,以便于产品废弃回收;

(2) 减轻所用材料的重量,提高原材料的实用率;

(3) 生产过程中减少消耗品的种类和消耗量;

(4) 提高回收材料或可再生材料所占比例;

(5) 采用易拆解和再循环的设计、减少零部件上的涂层或覆膜、避免使用难分离材料等,便于产品在废弃过程中的回收、处理和再利用;

(6) 采用通用性标准化模块化设计、采用可升级可维修设计和服务;

(7) 对较大的零部件、材料及包装进行材料的标识等;

(8) 宜采用使用新能源(例如燃料电池)或可再生能源的设计,例如产品使用太阳能电池作为能源。

2) 产品节能

(1) 由工厂或工厂所属的组织对产品符合相关要求的情况进行自我声明;

(2) 第三方认证机构颁发的产品符合相关要求的认证证书。

3) 碳足迹

(1) 企业可参考 ISO 14067:2013《温室气体　产品碳足迹　关于量化和通报的要求和指南》和 PAS 2050:2011《商品和服务在生命周期内的温室气体排放评价规范》等国际和国外标准,开展产品碳足迹量化与核查工作,以产品设计、生产、消费等过程为核心，减少产品生命周期内的温室气体排放；

(2) 可在产品包装上或产品说明书中标示产品碳足迹，以向社会传递产品的碳属性；

(3) 可将碳足迹的改善纳入环境目标，并制定相关的提升计划。

4) 有害物质限制使用

工厂应按照《电器电子产品有害物质限制使用管理办法》要求，依据《电子电气产品中限用物质的限量要求》(GB/T 26572)、《电子电气产品六种限用物质(铅、汞、镉、六价铬、多溴联苯和多溴二苯醚)的测定》(GB/T 26125)、《电子电气产品限用物质管理体系要求》(GB/T 31274)和《电子电气产品有害物质限制使用标识要求》(SJ/T 11364) 等国家和行业标准，开展有害物质限制使用相关的检测、标识和管理等工作，尽量减少产品中铅、汞、镉、六价铬、多溴联苯和多溴二苯醚等有害物质的含量。

5) 可回收利用率

(1) 在不影响产品性能、安全的前提下，提高可再生材料的使用率；

(2) 将可回收利用率的改善纳入环境目标，并制定相关的提升计划。

5. 环境排放

1) 一般要求

(1) 若工厂对环境的直接排放无法满足国家、行业、地方相关法律法规、标准需要时，需建设废气、废水、粉尘、固体废弃物、噪声等处理设施，优先采购《国家鼓励发展的重大环保技术装备目录》《大气污染防治重点工业行业清洁生产技术推行方案》中的技术装备；

(2) 工厂可配备 PM2.5 便携式监测仪、挥发性有机物(VOCs)在线分析仪等环境监测仪器；

(3) 工厂可采用高浓度氨氮废水处理、超临界水氧化处理、动态膜过滤、污泥高速流体喷射破碎干化等回收处理技术；

(4) 工厂也可将污染物处理外包给园区公共基础设施(如园区的污水处理设施)、有资质的污染物处理企业，以实现达标排放。

2) 固体废弃物

企业应按照《中华人民共和国固体废物污染环境防治法》的要求，管理工业固体废物和危险废物。

(1) 依据《一般工业固体废物贮存、处置场污染控制标准》(GB 18599)等国家和行业标准，管理一般工业固体废物；

(2) 依据《危险废物贮存污染控制标准》(GB 18597)、《危险废物填埋污染控制标准》(GB 18598)和《危险废物焚烧污染控制标准》(GB 18484)等有关标准和规定处置危险废物；

(3) 制定固体废弃物回收处理要求，落实责任，防止固体废弃物的非正规处理；

(4) 需要委托外部回收处理的企业，与符合《再生资源回收管理办法》《危险废物经营许可证管理办法》且具有相关资质的单位签署回收处理协议。

3) 温室气体

(1) 温室气体核查可依据 ISO 14064 标准；

(2) 已开展碳排放权交易的地区，可依据当地发布的碳排放核查要求；

(3) 工厂可推动使用再生能源和植树造林等方式来实现碳中和，降低温室效应。

6. 环境绩效

工厂可综合参照基础设施、管理体系、能源与资源投入、产品、环境排放等部分建设内容，实现工厂用地集约化、生产洁净化、废物资源化、能源低碳化的绿色工厂建设目标。在容积率、单位用地面积产值、单位产品主要污染物产生量、单位产品废气产生量、单位产品废水产生量、单位产品主要原材料消耗量、工业固体废物综合利用率、废水处理回用率、单位产品综合能耗、单位产品碳排放量等环境绩效指标上，取得长足的进步。

8.10　ISO 14001

ISO 14001 认证全称是 ISO 14001 环境管理体系认证，是指依据 ISO 14001 标准由第三方认证机构实施的合格评定活动。ISO 14001 是由国际标准化组织发布的一份标准，是 ISO 14000 族标准中的一份标准，该标准于 1996 年进行首次发布，2004 年分别由 ISO 国际标准化组织对该标准进行修订，目前最新版本为 ISO 14001—2015。

ISO 14001 认证适用于任何组织，包括企业、事业及相关政府单位，通过认证后可证明该组织在环境管理方面达到了国际水平，能够确保对企业各过程、产品及活动中的各类污染物控制达到相关要求，有助于企业树立良好的社会形象。

ISO 14001 与 ISO 9001 从体系上具有一定的相似之处，环境审核的方法与质量认证的方法也较为相似，实施并通过 ISO 9000 认证的组织在建立其环境管理体系的过程中，从形式上容易接受 ISO 14001 标准的要求。另外，我国于 20 世纪 80 年代推行了环境标志与清洁生产审计，这对 ISO 14001 的推广实施也有一定的促进作用。

8.10.1　建立环境管理体系

按照以下内容建立环境管理体系。

1. 最高管理者决定

环境管理体系的建立和实施需要组织人、财、物等资源，因此必须首先得到最高管理者(层)的明确承诺和支持，同时由最高管理者任命环境管理者代表，授权其负责建立和维护体系，保证此项工作的领导作用。

2. 建立完整的组织机构

组建一个推进环境管理体系建立和维护的领导班和工作组，企业应在原有组织机构的基础上，组建一个由各有关职能和生产部门负责人组成的领导班对此项工作进行协调和管理，此外由某个部门(如负责环保工作的部门)为主体，其他有关部门的有关人员参加，组成一个工作组，承担具体工作。明确各个部门的职责，形成一个完整的组织机构，保证该工作的顺利开展。

3. 人员培训

对企业有关人员进行培训，包括环境意识、标准、内审员和与建立体系有关的如初始环境评审和文件编写方法和要求等多方面的培训，使企业人员了解和有能力从事环境管理体系的建立实施与维护工作。

4. 初始环境评审

初始环境评审是对组织环境现状的初始调查，包括正确识别企业活动、产品、服务中产生的环境因素，并判别出具有和可能具有重大影响的重要环境因素；识别组织应遵守的法律和其他要求；评审组织的现行管理体系和制度，如环境管理、质量管理、行政管理等，以及如何与 ISO 14001 标准相结合。

5. 体系策划

在初始环境评审的基础上，对环境管理体系的建立进行策划，以确保环境管理体系的建立有明确要求。

6. 文件编写

同 ISO 9000 一样，ISO 14001 环境管理体系要求文件化，可分为手册、程序文件、作业指导书等层次。企业应根据 ISO 14001 标准的要求，结合自身的特点和基础编制出一套适合的体系文件，满足体系有效运行的要求。

7. 体系试运行

体系文件完稿并正式颁布，该体系按文件的要求开始试运行。其目的是通过体系实际运行，发现文件和实际实施中存在的问题，并加以整改，使体系逐步达到适用性、有效性和充分性。

8. 企业内部审核

根据 ISO 14001 标准的要求，企业应对体系的运行情况进行审核。由经过培训的内审员通过企业的活动、服务和产品对标准各要素的执行情况进行审核，发现问题，及时纠正。

9. 管理评审

根据标准的要求，在内审的基础上，由最高管理者组织有关人员对环境管理体系从宏观上进行评审，以把握体系的持续适用性、有效性和充分性。

8.10.2　ISO 14001 认证

进行 ISO 14001 认证包含以下阶段：

第一阶段，建立并实施 ISO 14001 环境管理体系阶段。

第一，这一阶段，组织应建立并实施 ISO 14001 环境管理体系，从形式上符合 ISO 14001 标准的要求。

第二，要做好初始环境评审。这项工作是对组织的环境管理情况进行评价，总结经验，找出存在的主要环境问题并分析其风险，以确定控制方法和将来的改进方向。一般来说，要做初始环境评审，应先组建由从事环保、生产、技术、设备等各方面人员组成的工作组。工作组要完成法律法规的识别和评价，环境因素的识别和评价，现有环境管理制度和 ISO 14001 标准差距的评价，并形成初始环境评审报告。

第三，要完成环境管理体系策划工作。所谓的环境管理体系策划，就是根据初始环境评审的结果和组织的经济技术实力，制定环境方针；确定环境管理体系构架；确定组织机构与职责；制定目标、指标、环境管理方案；确定哪些环境活动需要制定运行控制程序。

第四，编制体系文件。ISO 14001 环境管理体系是一个文件化的环境管理体系，需编制环境管理手册、程序文件、作业指导书等。

第五，运行环境管理体系。环境管理体系文件编制完成，正式颁布，就标志着环境管理体系已经建立并投入运行。

第二阶段，认证取证阶段。

经过内审和管理评审，组织如果确认其环境管理体系基本符合 ISO 14001 标准要求，对组织适用性较好，且运行充分、有效，可向已获得中国环境管理体系认证机构认可委员会(简称环认委)认可有认证资格的认证机构(查询可登录环认委网站)提出认证申请并签订认证合同，进入 ISO 14001 环境管理体系认证审核阶段。

ISO 14001 是环境管理体系认证的代号。ISO 14000 系列标准是由国际标准化组织制订的环境管理体系标准,是针对全球性的环境污染和生态破坏越来越严重,臭氧层破坏、全球气候变暖、生物多样性的消失等重大环境问题威胁着人类未来生存和发展,顺应国际环境保护的需求,依据国际经济贸易发展的需要而制定的。

8.11　能　源　审　计

能源审计,是依据国家有关节能法规标准,对企业和其他用能单位能源利用的物理过程和财务过程进行的检验、核查和分析评价,是编制节能规划的基础,实现可持续发展的战略要求。

由此可见,能源审计可作为清洁生产的方法之一,通过能源审计对企业用能情况作出评价,并针对用能量较大或用能不合理环节,提出整改建议,实现企业节能目标。

8.11.1　主要法律法规及技术标准

(1)《中华人民共和国节约能源法》;

(2)《重点用能单位节能管理办法》;

(3)《企业能源审计技术通则》(GB/T 17166—1997);

(4)《节能监测技术通则》(GB/T 15316—2009);

(5)《综合能耗计算通则》(GB/T 2589—2008);

(6)《用能设备能量测试导则》(GB/T 6422—2009);

(7)《企业节能量计算方法》(GB/T 13234—2009);

(8)《工业企业能源管理导则》(GB/T 15587—2008);

(9)《用能单位能源计量器具配备与管理通则》(GB/T 17167—2006);

(10)《评价企业合理用热技术导则》(GB/T 3486—1993);

(11)《评价企业合理用电技术导则》(GB/T 3485—1998);

(12)《节水型企业评价导则》(GB/T 7119—2016)(2019-04-01 作废,由 GB/T 7119—2018 代替);

(13)《企业能量平衡表编制方法》(GB/T 28751—2012);

(14)《企业能源网络图绘制方法》(GB/T 16616—1996)。

8.11.2　审计内容

1. 调查了解企业概况

(1) 企业名称、地址、隶属关系、性质、经济规模与构成,企业生产活动的历史、发展和现状，在地区或/和行业中的地位；

(2) 企业主要生产线、生产能力、主要产品及其产量；

(3) 企业能源供应及消耗概况，能否满足当前生产和发展的要求；

(4) 企业近年来实施了哪些节能措施项目、节约效果与经济效益如何；

(5) 能源管理机构及人员状况，节能负责人与联系方式；

(6) 企业能源管理制度、能源使用规定、耗能设备运行检修管理制度、能源使用考核制度、对节能措施的检查制度，各种岗位责任制度及执行情况；

(7) 企业主要生产工艺(或工序、生产线)简介。

2. 企业能源计量与统计情况

(1) 企业用能系统及用能设备的能源计量仪表器具的配备情况、仪表的合格率、受检率等；

(2) 企业购入能源计量情况，购入、外销、库存能源财务数据与计量数据的核查，确定企业在购入、外销、库存环节的损失，填写能源平衡表；

(3) 根据企业能源转换环节的能源平衡计算能源转换单耗，确定企业的终端能源消费，构建企业能源转换的投入产出平衡表，并计算投入产出系数；

(4) 企业能源分配使用计量情况，输送与分配过程的能源计量情况；按车间或基层单位计算出能源计量率，自上而下终端消费数据与自下而上终端消费数据核对，确定企业内部输送与分配过程的能源损失及公共部门的能源消耗；

(5) 构建综合能源平衡表，评价企业能源计量管理，计算相应指标；

(6) 填报国家统计部门要求的报表和能源审计要求报表，根据以上报表构建时数据的完善或缺失程度，评价企业能源统计制度与管理水平，在部分数据不完善的情况下要以估计和间接取数的方式进行评价，此时必须作出专门的说明。

3. 主要用能设备运行效率监测分析

(1) 本行业专家进行现场勘察，确定需要重点监测的环节与设备，作出专家经验判断；

(2) 已有国家节能监测标准的用能设备的节能监测状况(节能监测国家标准规划目录：通则、供能质量、工业锅炉、煤气发生炉、火焰加热炉、火焰热处理炉、工业电热设备、工业热处理电炉、泵类机组及液体输送系统、空压机组与压风系统、热力输送系统、供配电系统、制冷与空调系统、空气分离设备、内燃机拖动设备、电动加工与电动工艺设备、电解电镀生产设备、电焊设备、用汽设备、活塞式单级制冷机组及其功能系统、风机机组与管网系统、蒸汽加热设备)；

(3) 已经有地方节能监测标准的用能设备的监测状况(地方中心与企业负责收集资料)；

(4) 节能检测标准化规划中的行业专用耗能设备与耗能工艺，按照相应的安装、运行、检修、出厂试验获得的能源利用效率状况；

(5) 与相应标准、规范、定额的差距分析。

4. 企业能耗指标计算

(1) 企业能源供销状况。

(2) 企业能源消耗情况：①企业能源购销及库存变化数据；②企业净能源消费量；③各种能源折算系数；④企业内部能源转换的投入产出数据；⑤产品生产系统能源消耗及产出数据；⑥辅助生产系统能源消耗数据；⑦各种能源损耗数据。

5. 重点工艺能耗指标计算与单位产品能耗指标计算分析

(1) 企业审计期内生产的主要产品名称、单位、产量，辅助生产用能及能源损耗分摊到产品能耗中的分摊办法。

(2) 企业产品种类划分。

(3) 不同产品种类划分情况下产品能耗量的划分办法。

(4) 根据企业产品种类划分情况，将多种产品折为单一产品或者车间代表产品计量值的方法、折算系数以及折算依据，多种产品折成标准产品产量的方法、折算系数及折算依据。

6. 产值能耗指标与能源成本指标计算分析

(1) 企业审计期内各种购入能源的价值、能源总费用及其构成。

(2) 产品的单位能源成本，企业全部产品的能源总费用。

(3) 企业审计期内的总产值、增加值、利润，单位总产值综合能耗与单位工业增加值能耗。

(4) 产品构成变化对产品能源成本的影响。

7. 节能效果与考核指标计算分析

(1) 企业能源审计期内或能源审计期上一年度实施的节能措施介绍。

(2) 上述节能措施包括：①改进能源管理，改进生产组织，调整生产能力运行方式等；②调整产品结构，增加产品附加价值，承揽工业性加工；③改进生产过程原料、燃料、材料品质，能源结构。

8. 影响能源消耗变化的因素分析

生产能力变化的影响；产品结构变化；环境标准变化；能源供应形势与价格的变化；气候因素的影响(采暖与空调用能变化)。

9. 节能技术改进项目的经济效益评价

企业能源审计期内或能源审计期上一年度实施的需要进行固定资产投资或技术改造投资的节能项目描述，节能措施介绍，节能资金利用情况及其经济效益。

10. 对企业合理用能的意见与建议

(1) 从合理调整能源结构方面的建议；
(2) 合理调整产品结构；
(3) 合理调整生产工艺流程，工艺技术装备；
(4) 热能的合理利用与预热预冷的回收利用；
(5) 合理利用电能，充分利用国家峰谷电价差政策；
(6) 外购能源和耗能工质的合理性评估，与自产的效果比较。

企业能源审计的基本方法是调查研究和分析比较，主要是运用现场检查、数据审核、案例调查以及盘存查账等手段，并进行必要的测试，而且审计单位与被审计方需要保持密切的交流与沟通。能源审计的依据如下：

(1) 对企业能源管理的审计按照 GB/T 15587 的有关规定进行。
(2) 对企业用能概况及能源流程的审计按照 GB/T 16616 的有关规定进行。
(3) 对企业能源计量及统计状况的审计按照 GB/T 6422、GB/T 16614 和 GB/T 17167 的有关规定进行。
(4) 对用能设备运行次序的计算分析按照 GB/T 2588 的有关规定进行。
(5) 对企业能源消费指标的计算分析按照 GB/T 16615 的有关规定进行。
(6) 对产品综合能源消耗和产值指标的计算分析按照 GB/T 2589 的有关规定进行。
(7) 对能源成本指标的计算分析按相关规定进行。

8.11.3 审计程序

1. 前期准备

成立审计领导小组和工作小组，明确人员分工，明确能源审计工作的目标与具体内容，编制审计任务建议书。审计工作小组人员由参与审计单位和企业共同组成，并实施小组人员具体分工负责。

2. 现场初步调查

通过集团管理机构相关部门的介绍，初步了解企业能源管理系统、能源计量系统、能源购销系统、能源转换输送和利用系统、主要生产系统的基本情况。

3. 编制审计技术方案

根据考察的情况，编写审计技术方案，方案包括划分系统确定调查数据的种类，制定设备和装置的测试方案。

4. 收集有关数据和资料

对审计企业相关人员进行集中培训，分配数据收集工作，主要收集能源管理资料、能源统计表、各分系统和主要耗能设备的数据资料、生产数据资料、技改项目等有关数据资料。

5. 现场调查分析

通过对集团具有代表性的企业的检查、盘点、查账等方法、手段核算分析收集的各种数据，必要时与企业共同重新核对。

6. 现场测试

根据需要选择必要的企业及相关设备和装置进行现场测试。

7. 系统分析评价

依据调查核实后的数据资料，经过整理计算得出各种能耗性能指标，并对照有关标准和规定进行分析评价，并指出企业能源利用水平与先进水平的差距和造成的原因，提出可行的改造措施。

8. 编写能源审计报告

依据调查核实后的数据资料，经过整理计算得出各种能耗性能指标，并对照有关标准和规定进行分析评价，指出企业能源利用水平与先进水平的差距和造成的原因，得出能源审计结论，提出可行的改进措施和建议。

8.12　创建"节水型企业"

节水型企业是指采用先进适用的管理措施和节水技术，经评价用水效率达到国内同行业先进水平的企业。

创建节水型企业工作，与清洁生产审核中用水情况统计分析遵循同一思路，通过对用水情况的统计分析，不断提高企业的用水效率，减少污水的排放。

8.12.1　评价指标体系

节水型企业评价指标体系包括基本要求、管理考核指标和技术考核指标。

1. 基本要求

节水型企业必须满足以下基本要求：

(1) 企业在新建、改建和扩建时应实施节水的"三同时、四到位"制度，"三同时"即工业节水设施必须与工业主体工程同时设计、同时施工、同时投入运行；"四到位"即工业企业要做到用水计划到位、节水目标到位、管水制度到位、节水措施到位；

(2) 严格执行国家相关取水许可制度，开采城市地下水应符合相关规定；

(3) 生活用水和生产用水分开计量，生活用水没有包费制；

(4) 蒸汽冷凝水进行回用，间接冷却水和直接冷却水应重复使用；

(5) 具有完善的水平衡测试系统，水计量装备完善；

(6) 企业排水实行清污分流，排水符合 GB 8978 的规定，不对含有重金属和生物难以降解的有机工业废水进行稀释排放；

(7) 没有使用国家明令淘汰的用水设备和器具。

2. 管理考核指标

主要考核企业的用水管理和计量管理，包括管理制度、管理人员、供水管网和用水设备管理、水计量管理和计量设备等。节水型企业管理考核指标见表 8.2，表中各项指标均为必考指标。

表 8.2　节水型企业的管理考核指标及要求

考核内容	考核指标及要求
管理制度	有节约用水的具体管理制度 管理制度系统、科学、适用、有效 计量统计制度健全、有效
管理人员	有负责用水、节水管理的人员，岗位职责明确
管网(设备)管理	有近期完整的管网图，定期对用水管道、设备进行检修
水计量管理	具备依据 GB/T 12452 要求进行水平衡测试的能力或定期开展水平衡测试；原始记录和统计台账完整，按照规范完成统计报表
计量设备	企业总取水，以及非常规水资源的水表计量率为 100% 企业内主要单元的水表计量率>90% 重点设备或者各重复利用用水系统的水表计量率>85% 水表的精确度不低于±2.5%

3. 技术考核指标

主要考核企业取水、用水、排水以及利用常规水资源等 4 个方面。依据不同行业取水、用水、节水的特点，选择不同的考核内容和技术指标，节水型企业的技术考核指标见表 8.3。

表 8.3　节水型企业的技术考核指标

考核内容	技术指标	考核要求
用水量	单位产品取水量	单位产品取水量应达到本行业先进水平，并达到 GB/T 18916 所有部分的要求
	万元增加值取水量	
重复利用	重复利用率	达到本行业先进水平
	直接冷却水循环率	
	间接冷却水循环率	
	冷凝水回用率	
	废水回用率	
用水漏损	用水综合漏失率	达到本行业先进水平
排水	达标排放率	达到本行业先进水平
非常规水资源利用	非常规水资源替代率	根据行业先进水平和不同地区水资源的禀赋差异具体确定

注：行业先进水平，应根据行业内用水效率和节水潜力等具体确定。

8.12.2　评价程序

节水型企业的评价程序如下：

(1) 建立专家评审小组，负责开展节水型企业的评价工作；

(2) 工业企业按行业进行节水型评价工作，对工业企业的行业分类依据 GB/T 4754；

(3) 根据各行业不同特点，依据《节水型企业评价导则》，确定各行业的技术考核指标及其要求；

(4) 查看报告文件、统计报表、原始记录，根据实际情况，开展对相关人员的座谈、实地调查、抽样调查等工作，确保数据完整和准确；

(5) 对资料进行分析，考核企业是否满足节水型企业评价指标体系中的基本要求、管理考核指标和技术考核指标的要求；

(6) 对企业是否满足考核指标要求应进行综合评审，如企业满足所有考核要求，企业可被认定为节水型企业。

8.13　企业温室气体排放总量核算(碳核查)

温室气体是指大气层中自然存在的和由于人类活动产生的能够吸收和散发由地球表面、大气层和云层所产生的、波长在红外光谱内辐射的气体成分。温室气体包含二氧化碳(CO_2)、甲烷(CH_4)、氧化亚氮(N_2O)、氢氟碳化物(HFCs)、全氟碳化物(PFCs)、六氟化硫(SF_6)和三氟化氮(NF_3)。

温室气体排放总量的核算是为了实现碳减排,清洁生产也致力于减少能源消耗和物料的损耗,因此清洁生产工作与企业温室气体排放总量核算以及碳减排是殊途同归的。

在决定进行温室气体排放核算与报告之前,工业企业首先需要明确温室气体排放核算和报告的意义,这直接关系到后续进行核算与报告工作的方式、程度与结果。

工业企业进行温室气体排放核算的意义包括但不限于:①加强对工业企业温室气体排放状况的了解与管理,发现潜在的减排机会。掌握工业企业的温室气体排放现状;发现工业企业减少温室气体排放的关键环节;设定工业企业未来的温室气体排放目标等。②满足强制性温室气体控制的需求,满足国家级、地方级的温室气体排放控制要求与碳排放权交易需求。③参与资源性温室气体行动。这些行动包括:向工业企业产业链上的其他企业提供本企业温室气体排放情况;向自愿性减排机构提供温室气体排放报告;参与温室气体排放相关的认证、标识等自愿性行动;参与自愿性碳减排交易等。

8.13.1　核算和报告的工作流程

如图 8.5 所示,工业企业开展温室气体排放核算和报告的工作流程分为四大步骤。

(1) 根据开展核算和报告工作的目的,确定温室气体排放核算边界。

(2) 进行温室气体排放核算,具体包括:①识别温室气体源与温室气体种类;②选择核算方法;③选择与收集温室气体活动数据;④选择或测算排放因子;⑤计算与汇总温室气体排放量。

(3) 核算工作质量保证。

(4) 撰写温室气体排放报告。

8.13.2　核算边界

根据开展温室气体排放核算和报告的目的,报告主体应确定温室气体排放核算边界与涉及的时间范围,明确工作对象。

报告主体应以企业法人或视同法人的独立核算单位为边界,核算和报告其生产系统产生的温室气体排放。生产系统包括主要生产系统、辅助生产系统及直接为生产服务的附属生产系统,其中辅助生产系统包括动力、供电、供水、化验、机修、库房、运输等,附属生产系统包括生产指挥系统(厂部)和厂区内为生产服务的部门和单位(如职工食堂、车间浴室、保健站等)。

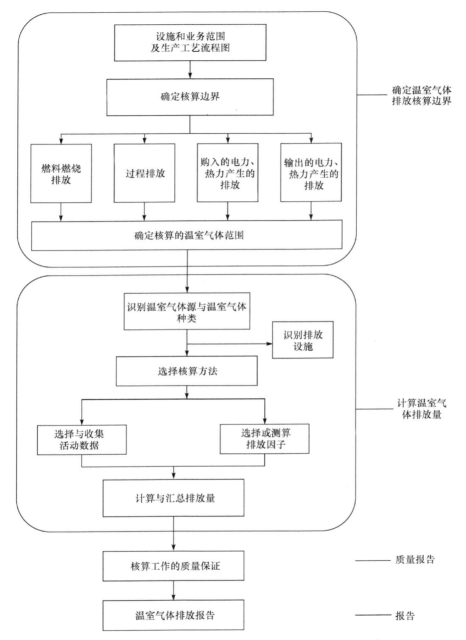

图 8.5　工业企业温室气体排放核算和报告的工作流程图

核算边界的确定宜参考设施和业务范围及生产工艺流程图。核算边界应包括：燃料燃烧排放，过程排放，购入的电力、热力产生的排放，输出的电力、热力产生的排放等。其中，生物质燃料燃烧产生的温室气体排放，应单独核算并在报告中给予说明，但不计入温室气体排放总量。

核算的温室气体范围宜包括：二氧化碳(CO_2)、甲烷(CH_4)、氧化亚氮(N_2O)、氢氟碳化物(HFCs)、全氟碳化物(PFCs)、六氟化硫(SF_6)和三氟化氮(NF_3)。报告主体应根据行业实际排放情况确定温室气体种类。

8.13.3　核算步骤与方法

1. 识别温室气体源与温室气体种类

在所确定的核算边界范围内，按照《工业企业温室气体排放核算和报告通则》对各类温室气体源进行识别。

2. 选择核算方法

应选择能得出准确、一致、可再现结果的核算方法。报告主体应参照行业确定的核算方法进行核算；如果行业无确定的核算方法，则应在报告中对所采用的核算方法加以说明。如果核算方法有变化，报告主体应在报告中对变化进行说明，并解释变化原因。

核算方法包括两种类型：①计算：排放因子法与物料平衡法。②实测。

3. 选择与收集温室气体活动数据

报告主体应根据所选定的核算方法的要求来选择和收集温室气体活动数据。数据的类型按照优先级，如表 8.4 所示。报告主体应按照优先级由高到低的次序选择和收集数据。

表 8.4　温室气体活动数据收集优先级

数据类型	描述	优先级
原始数据	直接计算、监测获得的数据	高
二次数据	通过原始数据折算获得的数据，如根据年度购买量或库存量的变化确定的数据；根据财务数据折算的数据等	中
替代数据	来自相似过程或活动的数据，如计算冷媒逸散量时可采用相似制冷设备的冷媒填充量等	低

4. 选择或测定温室气体排放因子

在获取温室气体排放因子时，应考虑如下因素：①来源明确，有公信力；②适用性；③时效性。

温室气体排放因子获取优先级如表 8.5 所示。

表 8.5　温室气体排放因子获取优先级

数据类型	描述	优先级
排放因子实测值或测算值	通过工业企业内的直接测量、能量平衡或物料平衡等方法得到的排放因子或相关参数值	高
排放因子参考值	用相关指南或文件中提供的排放因子	低

报告主体应对温室气体排放因子的来源作出说明。

5. 计算与汇总温室气体排放量

报告主体应根据所选定的核算方法对温室气体排放量进行计算。所有温室气体的排放量均应折算为二氧化碳当量。

温室气体排放总量计算如下，单位为吨二氧化碳当量(t CO_2e)：

$$E = E_{燃烧} + E_{过程} + E_{购入电} - E_{输出电} + E_{购入热} - E_{输出热} - E_{回收利用}$$

式中，E 为温室气体排放总量；$E_{燃烧}$ 为燃料燃烧产生的温室气体排放量总和；$E_{过程}$ 为过程温室气体排放量总和；$E_{购入电}$ 为购入的电力所产生的二氧化碳排放；$E_{输出电}$ 为输出的电力所产生的二氧化碳排放；$E_{购入热}$ 为购入的热力所产生的二氧化碳排放；$E_{输出热}$ 为输出的热力所产生的二氧化碳排放；$E_{回收利用}$ 为燃料燃烧、工艺过程产生的温室气体经回收作为生产原料自用或作为产品外供所对应的温室气体排放量。

6. 核算工作的质量保证

报告主体应加强温室气体数据质量管理工作，包括但不限于：

(1) 建立企业温室气体排放核算和报告的规章制度，包括负责机构和人员、工作流程和内容、工作周期和时间节点等；指定专职人员负责企业温室气体排放核算和报告工作；

(2) 根据各种类型的温室气体排放源的重要程度对其进行等级划分，并建立企业温室气体排放源一览表，对于不同等级的排放源的活动数据和排放因子数据的获取提出相应的要求；

(3) 依照 GB 17167 对现有监测条件进行评估，不断提高自身监测能力，并制定相应的监测计划，包括对活动数据的监测和对燃料低位发热量等参数的监测；定期对计量器具、检测设备和在线监测仪表进行维护管理，并记录存档；

(4) 建立健全温室气体数据记录管理体系，包括数据来源、数据获取时间及相关责任人等信息的记录管理；

(5) 建立企业温室气体排放报告内部审核制度，定期对温室气体排放数据进行交叉校验，对可能产生的数据误差风险进行识别，并提出相应的解决方案。

8.13.4　排放报告内容

根据进行温室气体排放核算和报告的目的与要求，确定温室气体报告的具体内容。至少应包括以下四点的内容。

1. 报告主体基本信息

报告主体基本信息应包括企业名称、单位性质、报告年度、所属行业、统一社会信用代码、法定代表人、填报负责人和联系人信息等。

2. 温室气体排放

报告主体应报告在核算和报告期内温室气体排放总量，并分别报告燃料燃烧排放量、过程排放量、购入的电力和热力产生的排放量。此外，还应报告其他重点说明的问题，如生物质燃料燃烧产生的二氧化碳排放，固碳产品隐含碳对应的排放等。

3. 活动数据及来源

报告主体应报告企业生产所使用的不同品种燃料的消耗量和相应的低位发热量，过程排放的相关数据，购入的电力量、热力量等。

4. 排放因子数据及来源

报告主体应报告消耗的各种燃料的单位热值含碳量和碳氧化率，过程排放的相关排放因子，购入使用电力/热力的生产排放因子，并说明来源。

第9章 清洁生产审核概述

清洁生产是一种污染预防的环境策略，是一种生产模式，清洁生产审核(cleaner production audit)是推进清洁生产最主要的途径和手段。

清洁生产审核是对企业现在的和计划进行的生产经营活动进行分析和评估，实施预防污染策略，它侧重于生产过程及其运行管理的改进，是企业实行清洁生产的一种主要技术方法。

企业应当对生产和服务过程中的资源消耗以及废物的产生情况进行监测，并根据需要对生产和服务实施清洁生产审核，不断提高清洁生产的水平。

需要特别说明的是：清洁生产审核只是企业一个推进清洁生产工作的流程方法，它并非企业清洁生产工作的全部，一轮审核也无法解决企业所有的环保问题，但可以降低企业末端治理的压力。

9.1 概 念

清洁生产审核也称为清洁生产审计，还有污染预防评估、废物最小化评价等称谓。《清洁生产审核办法》所称的清洁生产审核，是指按照一定程序，对生产和服务过程进行调查和诊断，找出能耗高、物耗高、污染重的原因，提出降低能耗、物耗、废物产生以及减少有毒有害物料的使用、产生和废弃物资源化利用的方案，进而选定并实施技术经济及环境可行的清洁生产方案的过程。

清洁生产审核的本质是围绕着资源利用效率、能源利用效率这两条主线进行和展开的。全面分析从原料的提取和选择、产品设计、工艺、技术和设备的选择、废弃物综合利用、生产过程的组织管理等各个环节，提出解决问题的方案并付诸实施，以实现污染预防、提高资源利用效率的目标。

具体来说，清洁生产审核是借助物质流分析和能量流分析等技术手段，通过建立物料平衡、水平衡、能量平衡或污染因子分析，摸清物质流、能量流、废弃物流等流动方向、方式和数量。对正在运行的生产过程从原辅材料和能源、技术工艺、过程控制、设备、产品、管理、废弃物、员工八个构成要素进行系统的分析，探寻物料损耗、能量损失、废弃物产生的原因。对照清洁生产评价指标体系、清洁生产标准等技术准则，结合国内外先进水平，系统、全面又突出重点评价企业的清洁生产水平。同时，在实行预防污染分析和评估的过程中，找出存在的差距和问题，制定并实施减少能源、水和原材料消耗，消除或减少产品和生产过程中有毒物质的使用，减少各种废弃物排放及其毒性的清洁生产方案。经过对方案的技术经济及环境可行性分析，选定并实施方案，总结方案成效的过程。

《清洁生产审核办法》所指的清洁生产审核，是对生产和服务过程进行源头削减、过程控制的污染预防模式。其实，在产品的整个生命周期过程中都存在对环境产生负面影响的因素，因此环境问题不是仅存在于生产环节的终端，而是贯穿于与产品有关的各个阶段。因此，清洁生产审核作为推动清洁生产的工具，也需要覆盖产品生命周期的各个阶段，既包括对生产和服务过程的审核(在后面将详细论述)，也包括对产品的审核。

清洁的产品，包括节约原材料和能源、少用昂贵和稀缺原料的产品；利用二次资源作原料的产品；使用过程中和使用后不含危害人体健康和环境的产品；易于回收、利用和再生的产品；易处置和降解的产品。产品审核的内容包括：检查企业产品的设计情况，选择最佳的设计方案；产品在生产过程中是否高效地利用资源；产品在使用过程中是否对用户及其用户的环境有不利的影响；产品在废弃后是否会使接纳它的环境受害；企业是否注意回收与利用技术的开发，变有害无用为有益有用；产品的包装物是否对环境有不利的影响及其包装物的回收利用。

清洁生产审核，目前主要还是针对单一企业，并侧重于以生产过程及其运行管理的改进为特征的污染预防活动。若将基于产品生命周期的环境影响融入清洁生产审核过程中，将会极大地促进清洁生产审核向着深层次发展。

另外需要说明的是：清洁生产审核的对象是组织，其方法适用于第一、二、三产业以及所有类型的组织。本书以制造加工生产型工业企业为应用对象。

9.2　作用和目的

企业对生产、服务或产品整个生命周期持续运用整体预防污染的环境管理思想，开展清洁生产审核工作，可减少生产或服务过程中废物产生量，减轻"末端治理"负担，降低为治理污染投入的人力、物力、财力资源，降低环境污染事故风险；提高资源、能源利用效率和生产服务效率，增加企业经济效益，提高管理水平，树立良好社会责任，促进自身健康发展，提高企业综合竞争力。

有效的清洁生产审核，可以在以下几个方面对企业有所帮助：

(1) 全面评价企业生产过程，以及各个单元操作的运行管理现状，掌握原材料、产品、用水、能源和废弃物的动态；

(2) 提高企业对由削减废弃物获得效益的认识和知识；

(3) 分析识别影响资源能源有效利用、造成废物产生的原因，判定企业效率低下的瓶颈部位和管理不善的地方；

(4) 确定废弃物的来源、数量以及类型，明确废弃物削减的目标，产生企业从产品、原材料、技术工艺、生产运行管理以及废弃物循环利用等多途径进行综合污染预防的方案，制定经济有效的削减废弃物产生的对策；

(5) 提高企业管理者与广大职工清洁生产的意识和参与程度、提高企业经济效益和产品质量。

清洁生产审核是一种对污染来源、废物产生原因及其整体解决方案的系统化的分析和实施过程，其目的旨在通过实行预防污染分析和评估，寻找尽可能高效率利用资源(如原辅材料、能源、水等)，减少或消除废物产生和排放的方法。

清洁生产审核的目的是节能、降耗、减污、增效。即在生产过程中节约使用能源，提高能源利用效率，减少原辅材料的消耗，减少或避免污染物的产生，降低生产成本，提高企业的环境效益和经济效益。

9.3 思　路

从清洁生产审核的概念可以很明显地看出，清洁生产审核要解决的问题就是能耗高、物耗高、污染重的问题。

清洁生产审核遵循的是"发现问题、分析问题、解决问题"的逻辑思路。即发现问题产生的部位、分析问题产生的原因、提出并实施方案解决问题。图 9.1表示清洁生产审核的思路。

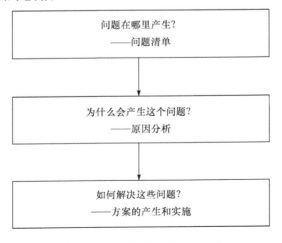

图 9.1　清洁生产审核思路框图

1. 问题在哪里产生

怎么去发现问题呢？我们可以通过现场调查找出产生问题的部位，通过物质流分析、能量流分析，建立物料平衡、水平衡、污染因子平衡、能量平衡等途径，确定废弃物的产生量和能源的消耗量。如某企业有一种污染物排放，我们可以从这种污染物的带入量、生产过程的产生量等，通过建立污染因子的平衡，了解污染物的排出量情况。

2. 为什么会产生这个问题

这就要在生产过程中去找原因了。一个生产过程一般可以用图 9.2 简单地表示出来。

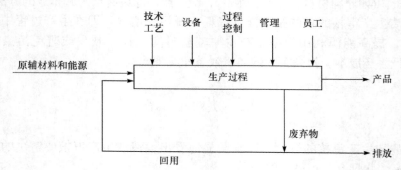

图 9.2　生产过程框图

从图 9.2 可以看出，对问题产生的原因分析要从八方面进行。即①原辅材料和能源、②技术工艺、③设备、④过程控制、⑤产品、⑥废弃物、⑦管理、⑧员工。

1) 原辅材料和能源

原辅材料毒性大小对产品的毒性、降解性等，在一定程度上决定了产品及其生产过程对环境的危害程度，另外原辅材料耗用的数量与废物排放数量呈正比关系，因而选择对环境无害的原辅材料是清洁生产所要考虑的重要方面。同样，能源的使用也是每个企业所必需的，有些能源(如煤、油等的燃烧过程本身)在使用过程中直接产生废弃物，而有些则间接产生废弃物(如一般电的使用本身不产生废弃物，但火电、水电和核电的生产过程均会产生一定的废弃物)，因而节约能源、使用二次能源和清洁能源也将有利于减少污染物的产生。

2) 技术工艺

企业生产过程中的技术工艺水平对生产过程产生废弃物和污染物的状况有重大影响。它基本上决定了能源消耗量、物料使用量、水的消耗及废弃物的产生量和状态，先进而有效的技术可以提高原材料的利用效率，从而减少能源和水的消耗、物料的使用及废弃物的产生，企业采用先进技术，加强生产工艺技术改造，设计合理的工艺流程，不仅可以减少废弃物的排放，而且可以将减污任务分配到生产过程的各个环节，减少对环境的污染，降低减污成本。

3) 设备

作为技术工艺的具体体现，设备在生产过程中也具有重要作用，设备的适用性及其维护、保养等情况均会影响到能源和水的消耗、物料的使用及废弃物的产生。

4) 过程控制

过程控制对许多生产过程是极为重要的，例如化工、炼油及其他类似的生产过程，反应参数是否处于受控状态并达到优化水平(或工艺要求)，对产品的得率和优质品的得率具有直接的影响，因而也就影响到能源和水的消耗、物料的使用及废弃物的产生。

5) 产品

产品的要求决定了生产过程，产品性能、种类和结构等的变化往往要求生产过程作出相应的改变和调整，因而也会影响到能源和水的消耗、物料的使用及废弃物的产生，另外产品的包装、体积等也会对生产过程及其废弃物的产生造成影响。

6) 废弃物

废弃物本身所具有的特性和所处的状态直接关系到它是否可现场再用和循环使用。"废弃物"只有当其离开生产过程时才称其为废弃物，否则仍为生产过程中的有用材料和物质。

7) 管理

加强管理是企业发展的永恒主题，任何管理上的缺陷均会严重影响到能源和水的消耗、物料的使用及废弃物的产生。

8) 员工

任何生产过程，无论自动化程度多高，从广义上讲均需要人的参与，而员工素质的提高及积极性的激励也是有效控制生产过程，以及能源和水的消耗、物料的使用和废弃物产生的重要因素。

当然，以上八个方面的划分并不是绝对的，虽然各有侧重点，但在许多情况下存在着相互交叉和渗透的情况，例如一套大型设备可能就决定了技术工艺水平；过程控制不仅与仪器、仪表有关系，还与管理及员工有很大的联系等。唯一的目的就是为了不漏过任何一个清洁生产机会。对于每一个问题产生源都要从以上八个方面进行原因分析，这并不是说每个问题产生源都存在八个方面的原因，可能是其中的一个或几个。

3. 如何解决这些问题

针对每一个能耗高、物耗高、污染重问题的产生原因，设计相应的清洁生产方案，包括无低费方案和中高费方案，方案可以是一个、几个、十几个甚至更多，通过实施这些清洁生产方案来解决这些问题，从而达到节能、降耗、减污、增效的目的。

9.4　分　　类

清洁生产审核分为自愿性审核和强制性审核两类。归属强制性审核的企业也称为清洁生产审核重点企业。

9.4.1　强制性审核

有下列情形之一的企业，应当实施强制性清洁生产审核：

(1) 污染物排放超过国家或者地方规定的排放标准，或者虽未超过国家或者地方规定的排放标准，但超过重点污染物排放总量控制指标的；

(2) 超过单位产品能源消耗限额标准构成高耗能的；

(3) 使用有毒有害原料进行生产或者在生产中排放有毒有害物质的。

可以将上述三条概括为"双超"、"双有"和"高能耗"。

"双超"一是指浓度超标，如废水、废气或噪声监测中任何一项指标超出了国家或地方标准，都可认定为超标，一般以监测报告为依据；二是指总量超标，一旦企业某年的某种污染物的排放量超出了排污许可证上规定的排放污染物总量，则可认定为总量超标。对于还没有拿到排污许可证的企业，可以通过与环评上规定的排污总量进行比对来确定。另外，如果企业当年的排水量超出了排水许可证上规定的排水量也可以认定为总量超标。

"双有"一是指生产过程中使用的原材料包括有毒有害物质，二是指生产过程中产生有毒有害物质。有毒有害原料或物质包括以下几类：

第一类，危险废物。包括列入《国家危险废物名录》的危险废物，以及根据国家规定的危险废物鉴别标准和鉴别方法认定的具有危险特性的废物。

第二类，剧毒化学品、列入《重点环境管理危险化学品目录》的化学品，以及含有上述化学品的物质。

第三类，含有铅、汞、镉、铬等重金属和类金属砷的物质。

第四类，《关于持久性有机污染物的斯德哥尔摩公约》附件所列物质。

第五类，其他具有毒性、可能污染环境的物质。

由于"双有"只是定性的说明，没有规定使用了多少量的有毒有害原料，或者产生了多少量的有毒有害物质才是"双有"企业，因此不难看出，"双有"的范围很广，可以说几乎所有生产制造型的企业均可列为"双有"企业。原材料中不包含有毒有害物质的企业很多，但生产过程中不产生有毒有害物质的企业则少之又少。例如，只要不是纯手工生产的企业，其使用的机械设备一般都要用到润滑油，使用后的废润滑油和擦拭的棉纱即是危险废物。

　　"高能耗"的定义是指超过单位产品能源消耗限额标准的，国家颁布了很多产品的单位产品能源消耗限额，如果企业生产的产品有对应的标准且实际值超过了该限额值，即可将企业归为"高能耗"企业。"高能耗"是在 2016 年颁布的《清洁生产审核办法》中新加入的，在 2004 年颁布的《清洁生产审核暂行办法》中并没有这一条。不难看出，"双超"、"双有"的企业主要由政府环境保护部门管控，而"高能耗"则主要由经信部门管控。这一条强化了经信部门对于强制性清洁生产审核企业的权限，之前只有环境保护部门才可以将企业列入强制性清洁生产企业名单，现在经信部门也有依据可将企业列入该名单。

　　目前，相对于"双超"和"双有"企业，由于"高能耗"被列入强制性清洁生产企业的还很少。另外，除了"双超"、"双有"、"高能耗"企业外，政府部门每年也会根据当年环保管理的重点把一些企业列入强制性名单，例如广东省曾将重金属污染防治重点防控行业、产能过剩行业，《大气污染防治行动计划》《水污染防治行动计划》以及国家或省环境保护规划规定开展清洁生产的重点行业，如钢铁、水泥、化工、石化、焦化、原料药制造、有色金属、造纸、氮肥、印染、制革、电镀、农副食品加工、平板玻璃、农药、煤化工、多晶硅、电解铝、造船等，按有关规定纳入开展清洁生产审核名单。随着"蓝天保卫战"、"清废行动 2018"、《土壤污染防治行动计划》等一系列环保法律、法规和措施的执行，应该会有越来越多的企业被列入强制性清洁生产审核企业名单。

9.4.2　自愿性审核

　　规定应当实施强制性清洁生产审核以外的企业，可以自愿组织实施清洁生产审核。国家鼓励企业自愿开展清洁生产审核。

9.5　形　　式

　　企业开展审核工作可采用清洁生产审核、清洁生产实地评估两种形式。

9.5.1　清洁生产审核

　　这里指全面的清洁生产审核。这种方式的清洁生产审核有两种流程：一是清洁生产审核流程，也称规范清洁生产审核流程、全流程清洁生产审核或者一般流程清洁生产审核。二是快速清洁生产审核流程，或者称为简易流程清洁生产审核。

9.5.2　清洁生产实地评估

清洁生产实地评估是指对企业的生产和服务提出改进方案并加以实施的过程，达到转型升级、节约能源和资源、提高工作效率、减少使用有毒有害物料及削减污染物排放的目的。包括：①技术工艺和设备设施改造；②过程控制优化；③原辅材料和能源替代；④产品(设计)升级；⑤资源综合利用和污染物防治；⑥生产管理改善。

清洁生产实地评估是对于暂时不具备条件进行全面审核的企业，组织行业协会、咨询服务机构和专家帮助企业开展清洁生产工作，推进企业实施单项清洁生产改造项目。企业完成改造项目后，经评估通过的，可按有关规定申报节能专项等政府财政资金补助。

企业通过实地评估验收一定时间后，持续开展清洁生产并取得新绩效的，可提出自愿清洁生产审核验收申请，政府鼓励企业通过验收后持续开展清洁生产工作。

9.6　流　　程

一个完整的清洁生产审核流程包括审核准备、预审核、审核、方案的产生和筛选、方案的确定、方案的实施、持续清洁生产等全部审核程序。因此，清洁生产审核流程也称为规范清洁生产审核流程、全流程清洁生产审核或者一般流程清洁生产审核。

快速清洁生产审核，或者称为简易流程清洁生产审核，原则上包括审核准备、现状调研及问题分析、方案的确定与实施、绩效分析与汇总，是对完整的清洁生产审核流程在程序上的简化，在时间上的缩短。其最突出特点是其较强的时效性，即依靠企业内部技术力量，借助外部专家成熟快速的审核方法和程序，在最短的时间周期内以尽可能少的投入对企业的生产现状和污染源状况及原因进行诊断，从而产生最佳的解决方案，使企业能快速简易地取得较明显的清洁生产效益。

9.6.1　清洁生产审核流程

(1) 有下列情形之一的企业，实施清洁生产审核流程。①国家、省或市考核的规划、行动计划中明确指出需要开展清洁生产审核工作的企业；②国家级、省级或市级能耗、环保重点监控名单的企业；③申请各级清洁生产、节能减排等财政资金的企业；④其他能耗较高或环境影响较大的企业，如超过单位产品能源消耗限额标准，污染物排放超过国家或地方排放标准，或超过重点污染物排放总量控制指标的企业。

(2)《清洁生产审核办法》明确指出：清洁生产审核程序原则上包括审核准备、预审核、审核、方案的产生和筛选、方案的确定、方案的实施、持续清洁生产等。

一个完整的清洁生产审核程序应包含具有可操作性的上述七个阶段，每一个阶段又包含若干个步骤，共 35 个步骤。这七个阶段、35 个步骤如下所述。

阶段一：筹划和组织/审核准备

4 个步骤：取得领导支持和参与、组建审核小组、制定审核工作计划、开展宣传教育与培训。

筹划和组织是实施企业清洁生产审核的准备阶段，这一阶段关系到清洁生产审核工作的实施效果。这个阶段的主要任务是开展宣传教育，使企业全部人员了解清洁生产审核工作的意义，排除清洁生产审核的障碍。组织学习清洁生产知识，调动全厂职工开展清洁生产的积极性。组建清洁生产审核小组，明确审核任务，制定审核工作计划，包括工作目标、工作内容、进度安排、预期效果等。

阶段二：预审核

6 个步骤：进行现状调研、进行现场考察、分析评价企业清洁生产潜力并明确审核方向、确定审核重点、设置清洁生产目标、提出备选方案并实施显而易行的方案。

预审核是清洁生产审核的初始阶段，是发现问题和解决问题的起点。主要任务是调查工艺中最明显的物料流失点、耗能和耗水最多的环节和数量，准确掌握成品率、损失率等重要数据，发现能耗高、物耗高、污染重的环节和部位。在此基础上确定审核重点，制定清洁生产目标，同时对容易处理的问题及时加以解决。

阶段三：审核

6个步骤：准备审核重点资料、实测输入输出物流(能量流)、建立物料(能量)平衡关系、进行物质流(能量流)分析、分析问题产生原因、提出备选方案并实施显而易行的方案。

该阶段的主要任务是对已确定的审核重点进行物料、能量、废物等的输入、输出的定量测算，对从原材料投入到产品产出的生产全过程进行评估。寻找原材料、产品、生产工艺、生产设备及其运行与维护管理等方面存在的问题，分析物料、能源损失和污染排放的原因，同时对审核重点容易处理的问题及时加以解决。

阶段四：方案的产生和筛选

5 个步骤：产生方案、汇总方案、筛选方案、继续实施显而易行的方案、清洁生产审核阶段性总结。

本阶段的任务是根据评估阶段的结果，对产生的各种方案进行筛选归类，推荐多个可实施的中高费方案，对前阶段审核工作进行阶段性的总结，并继续实施简单易行的方案。

阶段五：可行性分析/方案的确定

6 个步骤：研制方案、确定方案基本内容、进行技术评估、进行环境评估、进行财务评估、确定最佳可行方案。

本阶段主要对推荐的中高费方案进行进一步研判分析，对筛选出来的备选方案进行技术、环境、财务评估，并分析对比各方案的可行性，确定可供实施的方案。

需要指出的是，不管处在审核的哪一个阶段，对于那些容易实施的方案，都应立即付诸实施。一般情况下，管理类、包装类方案较易得到实施，对于投资大、回收期长的方案则应作详细的可行性分析。

阶段六：方案的实施

4 个步骤：组织方案实施、跟踪统计并汇总已实施方案效益、评价已实施中高费方案的效果、分析总结清洁生产审核的影响。

本阶段的主要任务是筹措资金，安排方案实施的时间，明确各实施阶段中企业内的主管部门及其责任。对已实施方案进行技术评价、环境评价、经济评价和综合评价，汇总方案实施的成果，分析方案是否收到了预期效果，对比各项指标，总结清洁生产审核对企业的影响，宣传清洁生产审核的成效。

阶段七：持续清洁生产

4 个步骤：建立和完善清洁生产组织、加强和完善清洁生产管理、制定持续清洁生产计划、编制清洁生产审核报告。

本阶段的任务是明确今后清洁生产审核任务、落实工作归属、确定专人负责。把审核成果纳入企业的日常管理、建立和完善清洁生产激励机制、保证稳定的清洁生产资金来源。制定持续清洁生产方案的实施计划、审核的工作计划、新技术的研究和开发计划、职工的培训计划等。编制清洁生产审核报告，将本轮清洁生产审核的整个过程、结果、展望等做一个全面的总结。

从这七个阶段、35 个步骤可以看出，企业在决定开展清洁生产审核之后，首先要对企业进行全面的摸底调查，通过资料收集、现场查看、人员问询等方式，审核人员要熟悉企业的生产工艺、能源资源消耗、物料消耗、产排污等基本情况。在对企业进行摸底调查的过程中诊断出企业现阶段哪个环节能耗高、哪个环节物耗高、哪个环节污染重。在找出问题以后就要对症开出药方，提出解决问题的无低费方案和中高费方案，这些方案一定要有效且符合实际，即经济、技术和环境可行，再通过这些方案的实施达到改善或者根治的效果。清洁生产审核不是单纯地发现问题，而是一定要在发现问题后通过实施方案解决问题，还要验证方案的效果，如果无法解决问题，那审核就没有任何意义。最后，我们再把在审核过程中如何对企业进行的调查和诊断，调查和诊断了企业的哪些方面，发现了企业在能耗、物耗和污染物方面的哪些问题，以及实施了哪些方案解决了上述问题，得到了什么效果写成一份清洁生产审核报告，这就是清洁生产审核地整个过程。

需要说明的是，清洁生产审核只是实施清洁生产的一种主要技术方法，而不是唯一的方法。这种方法能够为企业提供技术上的便利，但对于一些生产过程相对简单的企业，系统的清洁生产审核程序就显得过于繁琐，因此企业应当根据自己的实际情况，依据国家和地方政府的规定要求来开展清洁生产审核工作。

9.6.2　快速清洁生产审核方法及流程

快速清洁生产审核是相对于全流程清洁生产审核所需时间而言的，全流程的审核需严格按照审核准备、预审核、审核、方案的产生和筛选、方案的确定、方案的实施、持续清洁生产七个阶段实施，需要六个月至一年的时间，完成一轮快速审核一般只需一到三个月的时间。快速清洁生产审核，在强调简化审核程序时也称为简易流程清洁生产审核。

可以实施快速清洁生产审核的企业包括已实施过一轮清洁生产审核的企业；一些技术简单，工艺流程短的中小型企业，管理层结构简单，企业员工人数少；具有良好清洁生产基础的企业；目标单一的企业。引导其对产品、原辅材料、生产工艺(服务)过程、设备设施、能源利用、水资源利用、污染防治和废弃物综合利用、人员和管理等现状进行快速调查和诊断，评估现阶段存在的问题，并依托内、外部技术力量提出和实施有针对性的改善方案，达到节约资源能源、减少污染物排放、降低成本、提升效率等目的。

1. 快速清洁生产审核的方法

常用的快速审核方法有扫描法、指标法、蓝图法、稽核法、改进研究法。

1) 扫描法

扫描法是在行业专家的指导下，对企业进行快速现场考察，从而产生清洁生产方案的审核方法。采用清单方式评估和实施方案，易于识别环境"瓶颈"因素，产生方案的类型主要集中于加强现场管理、替换可行的原辅材料和简单的设备改造等方面。该方法的实施周期通常在 1 个月左右，其中专家与企业员工沟通和指导的时间为 2～5 个工作日，审核时要求企业提供充分全面的生产工艺和环境方面的有关信息。该法是最简单的快速清洁生产审核方法之一，操作程序相对简便。实施过程中，专家和企业组成的审核小组需要对扫描结果进行细致分析，以产生相应的清洁生产方案，并最终确定清洁生产方案是否可行，然后加以实施。专家的主要作用是提供技术或程序上的指导。

2) 指标法

指标法是利用一些行业特有的管理、技术指标，对企业的清洁生产潜力进行评估。该方法通过定性和定量两种途径进行评估。审核首先要明确本企业所在行业的平均生产效率指标，分析进行清洁生产所能获得的最小和最大的污染预防效果，然后将企业日常的工艺参数和这些指标进行对比分析，确定企业提高生产效率改进生产的潜力。指标法使用的评估工具是工艺参数和方案清单，目的是评估预测各种清洁生产机会的重要程度，并对之进行重要性排序。该方法是在前一阶段清洁生产项目、技术评估和确定基准的基础上，对潜在的工作机会进行预测和评估，可以在企业潜在的效益预测图上比较。这种方法程序简单，只对清洁生产机会进行外部评估，提高了生产过程中原辅材料和能源的利用率。

3) 蓝图法

蓝图法是在工艺蓝图(技术路线图)的基础上，将生产过程中的每一道工序所涉及的适用清洁生产技术、工艺改进措施和管理创新方法逐一列出，从而选择出最佳的清洁生产方案。该方法运用工艺流程图和物料平衡图，采用推荐的清洁生产技术、工艺基准参数和技术评估产生可行的清洁生产方案。方法的重点在于工艺路线的改善、设备和技术的更新、原辅材料的替代和优化，可广泛应用于行业或企业环境发展战略制定和项目革新研究等领域。

4) 稽核法

稽核法是将传统的清洁生产审核程序中的"预审核"部分作为重点，并加以细化，从而形成的一种快速审核方法。方法要求企业在对生产工艺流程进行全面现场考察的基础上，绘制流程图，诊断废物流、物料流，从而产生解决方案，实现清洁生产。该方法通常需要 2～4 个月的时间完成，同时需要外部专家进行现场指导，专家指导侧重于运作程序上的支持。

5) 改进研究法

改进研究法是指利用工艺物质尤其是物料和能源平衡来启动清洁生产项目。它通过完整的工艺流程图和物料平衡图，对企业现状进行量化评估。该方法的重点在于工艺改造、设备维护更新、输入原辅材料替代等。方法的实施周期为 20～50 个工作日，要求企业员工参与数据收集以及方案的产生、评估和实施等过程。

2. 快速清洁生产审核流程

1) 审核准备

组织内建立快速清洁生产审核小组，制定审核计划，开展宣传培训等。

2) 现状调研及问题分析

审核小组依托内部力量或在外部技术力量(专家、技术服务机构)的指导下，从产品、原辅材料、生产工艺(服务)过程、设备设施、能源利用、水资源利用、污染防治和废弃物综合利用、人员和管理等 8 个方面进行现状调研。

结合现状调研的结果和实际，有侧重地选择 8 个方面中的一到两个方面作进一步考察、分析，找出存在的浪费、不符合法规之处或其他问题，提出本轮快速清洁生产审核拟解决的一到两个主要问题，并提出相应改善建议，至少可实现"节能、降耗、减污、增效"中的一个目标。

可参考以下调查清单，从 8 个方面进行现状摸查(表 9.1～表 9.8)，结合实际情况在相应的空格打"√"。根据现状调查结果，选择"否"比例较高的一到两个方面进行重点分析，提出和实施解决方案。

表 9.1　产品现状调研

序号	调查项目	组织现状		
		有/是	无/不是	不适合
1	定期分析产品合格率情况			
2	经常进行产品不合格情况分析(包括不合格品产生原因、去向等)			
3	产品包装经济环保			
4	对不同的产品进行过生产能耗的分析			
5	对不同的产品进行过使用过程的能耗分析			
6	产品能耗水平已达行业先进			
7	在产品设计时考虑过产品使用后的处理处置			
8	主要产品在使用过程中对人体无不良影响			
9	主要产品在使用过程中对环境无不良影响			
10	制定了产品仓库管理制度			
11	产品运输采用耗能少、距离短的运输路线			
12	产品装运采用自动化、效率高的装运方式			
13	产品装卸过程中无损耗			
14	对装卸损耗的产品采取了合理的回收方式			
15	有指导使用者高效应用的说明书或其他材料			

表 9.2　原辅材料现状调研

序号	调查项目	组织现状		
		有/是	无/不是	不适合
1	对原材料的有毒有害性进行了分析			
2	已采取措施减少或替代有毒有害原辅材料的使用			
3	采购的原辅材料已无法替代			
4	原辅材料的堆放已经分类			
5	原辅材料堆放处都标明了相应的 MSDS			
6	制定了原辅材料仓库管理制度			
7	危险化学品仓库符合法规要求			
8	制定和执行原料领取制度			
9	原辅材料输送是集中控制			
10	部分原辅材料称量是自动称量			
11	制定和执行原辅材料的质量检验制度			
12	原辅材料输运采用能耗最少的运输路线			
13	原辅材料装运采用自动化装运方式			
14	原辅材料装卸过程极少损耗			
15	对装卸损耗的原辅材料采取了合理的控制和回收方式			
16	原辅材料使用过程中不存在浪费环节			
17	针对存在原辅材料浪费的工序采取了相应的措施			
18	原辅材料投量配比合理			

表 9.3　生产工艺(服务)过程现状调研

序号	调查项目	组织现状		
		有/是	无/不是	不适合
1	建立了工艺研发、升级改造机制			
2	主要生产工艺都有操作说明或规定			
3	工艺导入时考虑了污染物的产生和控制			
4	工艺导入时考虑了节能降耗			
5	工艺导入时考虑了废水综合利用			
6	制定工艺时考虑了资源循环利用的情况			
7	主要生产工艺都有归类入档			

续表

序号	调查项目	组织现状		
		有/是	无/不是	不适合
8	生产工艺的改善有专人负责			
9	各个工序的过程参数(如温度、压力、流速、浓度、停留时间等)处在最优状态			
10	各个工序的过程参数有及时有效的监控机制			
11	主要工序都有效率指标要求(如运转率、合格率等)			
12	生产布局合理			
13	劳动分工方式合理			
14	生产过程中不存在跑冒滴漏现象			

注：重点考察易引起生产波动及组织内能耗、物耗、水耗相对较高的环节，评估改善生产布局(如缩短无效传输线路或冗余工序等)、引进先进技术工艺、实施生产工艺改进(如减少工艺步骤、改变工艺方式等)、提升生产效率(服务质量)、完善现场管控等方面的潜力。

表 9.4　设备设施现状调研

序号	调查项目	组织现状		
		有/是	无/不是	不适合
1	定期检查和维护设备设施			
2	没有国家各法规政策明令淘汰的工艺设备			
3	主要设备有定期检修和维护计划			
4	主要生产设备为行业较为先进高效的设备(能耗与物耗)			
5	大部分电机为一级或二级能效等级			
6	生产设备设有专人负责维护			
7	设备设施没有跑冒滴漏的情况			
8	有定期更新升级设备设施计划			

注：一是从智能化、信息化、节能等角度评估设备升级改造的潜力。二是对照能效标准评价设备的能效等级、《产业结构调整指导目录》《高能耗落后机电设备(产品)淘汰目录》《节能机电设备(产品)推荐目录》《国家鼓励的工业节水工艺、技术和装备目录》及同行业先进水平，评估淘汰落后设备、提升电机能效、使用推荐名录中的工艺设备(产品)等方面的潜力。

表 9.5　能源利用现状调研

序号	调查项目	组织现状		
		有/是	无/不是	不适合
1	全部使用清洁能源			
2	制定并执行能源计量检测制度			
3	照明全部使用节能灯具			
4	锅炉烟气余热已回收利用			
5	空压机尾气余热已回收利用			
6	冷热管道(热水、蒸汽、热油、冷冻水)与管件(法兰接口、阀门、疏水阀、容器)做到有效保温与相应的维护			
7	对温度高于 100℃的其他废气余热进行回收			
8	余热回用设施正常运行			
9	具有完整二级计量体系(电、汽、气)			
10	大功率(装机功率≥100kW)耗电设备设有计量仪表			
11	制定并执行了计量管理制度(电、汽、气)			
12	各耗能部位能源消耗统计记录完善			
13	定期对能源消耗数据进行分析和考核			
14	能耗处于行业先进水平			
15	制定了定期检查管道泄漏的制度			
16	开展了节能工艺的研究			
17	制定了年度节能计划、目标和措施			
18	落实年度节能项目实施计划和措施			

注：与行业标准或消耗限额等进行对比分析，评估清洁能源替代、可再生能源使用、供/用能系统能源消耗合理性等方面的潜力。

表 9.6　水资源利用现状调研

序号	调查项目	组织现状		
		有/是	无/不是	不适合
1	具有完整二级水资源计量体系			
2	大耗水量(用水量≥1t/h)设备设有计量仪表			
3	制定并执行了水资源计量管理制度			
4	各用水点水耗统计记录完善			

续表

序号	调查项目	组织现状		
		有/是	无/不是	不适合
5	定期对水耗数据进行分析和考核			
6	水耗处于行业先进水平			
7	蒸汽冷凝水已回收利用			
8	设备冷却水已循环利用			
9	生产中没有其他可重复利用水			
10	水重复利用设施正常运行			
11	已设定生活用水限额			
12	生活用水符合限额标准			
13	使用了节水型器具			
14	建立了定期检查管道泄漏制度			
15	定期进行水平衡测试			
16	定期实施可行的节水项目和措施			
17	落实开展节水措施			

注：通过水平衡或与行业水资源消耗(限额)指标对照，分析生产、生活用水的合理性，评估降低水资源消耗、提高水重复利用率、实施雨水利用、合理用水等方面的潜力。

表 9.7　污染防治和废弃物综合利用现状调研

序号	调查项目	组织现状		
		有/是	无/不是	不适合
1	危险废物已委托有资质的单位处理处置			
2	危险废物储存场所达到规范要求			
3	固体废弃物已分类储存			
4	一般固体废弃物有进行厂内回收利用			
5	中水有重复利用			
6	废弃物(固废、废水)综合利用设施正常运行			
7	各主要环节或车间废水产生量有计量和统计			
8	按照法规要求设置了污染物排放口			
9	污染物排放口按照法规要求配备在线监测和计量设备			
10	配置了污染物处理设施并运行良好			

序号	调查项目	组织现状		
		有/是	无/不是	不适合
11	污染物处理设施运行达到优化状态			
12	污染物排放浓度与总量达标			
13	厂区实现雨污分流			
14	制定了有效的突发环境事件应急预案			
15	周围居民对企业没有环境投诉			

注：根据废水、废气、噪声的监测结果，核算排污总量、单位产品排污等指标，与同行业相关排放标准(指标)进行比较分析，评估从源头和生产过程减排污染物的潜力与方法。

表 9.8 人员和管理现状调研

序号	调查项目	组织现状		
		有/是	无/不是	不适合
1	生产过程有详细记录，具有可回溯性			
2	采用了先进的网络化资源和生产管理程序或平台			
3	定期对班组长以上员工进行业务及节能环保培训			
4	对一线的员工进行过业务及节能环保培训			
5	定期对全体员工进行节能环保培训			
6	每个员工上岗都有业务及节能环保培训			
7	对各个岗位均有绩效考核制度			
8	大部分车间有管理看板			
9	车间地面设置明确的分区划线			
10	员工的工资是以计件工资为主			
11	对员工提出的改进意见，采纳后给予奖励			
12	制定了员工晋升的路线和机制			
13	制定了确保员工稳定性的政策与措施			
14	员工均了解环保状况			
15	员工均了解安全生产要求			

3) 方案确定与实施

根据审核小组的考察、评估结果，确定本轮清洁生产审核拟解决的一到两

个主要问题，提出初步可行的方案，同时发动全体员工提出合理化建议。审核
小组汇总所有提出的方案，从技术、环境和经济三个方面评估方案的可实施
性，筛选最佳可实施的清洁生产方案，并组织方案实施。

4) 绩效分析与汇总

对清洁生产方案实施效果进行分析，统计生产效率提高、资源能源节约、
废物减排与综合利用等方面的效益；参照国家或地方发布的行业清洁生产评价
指标体系或标准，对比评价审核前后各项指标的改善情况及审核后所处的清洁
生产水平。

9.7　特点和工作要领

1. 特点

清洁生产审核是推行清洁生产的一项重要措施，它针对一个企业的生产全
过程，通过一套完整的程序找出高物耗、高能耗、高污染的原因，然后有的放
矢地提出对策、制定方案，减少和防止污染物的产生，具有如下特点。

1) 具备鲜明的目的性

清洁生产审核特别强调节能(节约能源消耗、提高能源利用效率)、降耗(降低
原料消耗、减量或替代有毒有害原料)、减污(减少污染物产生、降低对人体健康
的危害)、增效(环境效益和经济效益双赢)，并与现代企业的管理要求相一致，具
有鲜明的目的性。

2) 具有系统性

清洁生产审核以生产过程为主体，考虑对其产生影响的各个方面，从原材
料投入到产品改进，从技术革新到加强管理等，设计了一套发现问题、解决问
题、持续实施的系统而完整的方法学。

3) 突出预防性

清洁生产审核的目标就是减少废弃物的产生，从源头削减污染，从而达到
预防污染的目的，这个思想贯穿在整个审核过程的始终。

4) 符合经济性

污染物一经产生需要花费很高的代价去收集、处理和处置，使其无害化，
这也就是末端治理费用往往许多企业难以承担的原因，而清洁生产审核倡导在
污染物产生之前就予以削减，不仅可减轻末端治理的责任，同时污染物在其成
为污染物之前就是有用的原材料，减少了产生就相当于增加了产品的产量和生
产效率。事实上，国内外许多经过清洁生产审核的企业都证明了清洁生产审核
可以给企业带来经济效益。

5) 强调持续性

清洁生产审核十分强调持续性，无论是审核重点的选择还是方案的滚动实施均体现了从点到面、逐步改善的持续性原则。

6) 注重可操作性

清洁生产审核的每一个步骤均能与企业的实际情况相结合，在审核程序上是规范的，即不漏过任何一个清洁生产机会，而在方案实施上则是灵活的，即当企业的经济条件有限时，可先实施一些无低费方案，以积累资金，逐步实施中高费方案。

2. 工作要领

企业清洁生产审核是一项系统而细致的工作，在整个审核过程中应严格按审核程序办事、牢记以下操作要点，以取得更好的审核成效。

(1) 注重调动全体员工的积极性。充分发动群众献计献策，在日常工作中体现清洁生产思想，参与清洁生产行动。

(2) 企业采取什么样的生产方式，就必定存在什么样的能源和环境问题和不足，审核时要准确把握最主要的问题、明确特征污染物。

(3) 整个审核程序，尤其是审核重点的确定、清洁生产目标的设置、方案的提出实施三者之间存在一定的逻辑关系，应正确严谨地遵循这个关系开展审核工作。

(4) 贯彻边审核、边实施、边见效的方针。在审核的每个阶段都应注意实施投资费用较少或无投资费用、收效明显、容易实施的方案，成熟一个实施一个。它们的实施不仅有利于使企业迅速受益，更重要的是有利于提高企业推行清洁生产的信心。对投资较大，投资期较长，涉及面较广的方案，如改变原料、工艺，更新关键设备、提高产品档次、关键车间或工段的搬迁等方案的实施，既要稳妥，也要积极。

(5) 一个阶段的工作完成后，要及时梳理总结，从而发现问题、找出差距，以便在后期工作中进行改进。

(6) 审核过程的每一项工作，都应留存工作记录、证明文件、数据来源及支撑材料。

(7) 对方案实施前企业存在的问题要进行充分的原因分析，对方案实施后取得的成效要有足够的依据。注重因果关系，原因和依据通常不是单一的，应从构成生产过程的八个方面系统地挖掘。

(8) 对方案效果的计算要尽量使用实测的数据，依据要充分，结论要合理。

(9) 对已实施的方案要进行核查和评估，并纳入企业的环境管理体系，以巩固审核成果。

第10章　清洁生产审核的政府管理和企业筹划

各地级以上市经济和信息化部门、环境保护部门根据本地区清洁生产推进工作方案，结合当地节能环保工作实际，确定并发布年度清洁生产审核企业名单，以及企业应采取的审核方式和验收时限。各地级以上市经济和信息化部门、环境保护部门根据《中华人民共和国清洁生产促进法》《清洁生产审核办法》及国家和地方相关规划、行动计划的规定，通过评估和验收两种主要方式，对企业的清洁生产审核工作的质量进行监督和检查，鼓励先进，鞭策后进。

企业是清洁生产审核的主体，政府推行清洁生产的举措最终都需要落实到企业的具体行动上。企业应顺势而为，借助政府支持，抓住政府以环保倒逼产业结构转型的难得机会，实现自身完善、提升环保合规与清洁生产水平。

10.1　政府对清洁生产审核的组织和管理

清洁生产审核的政府管理部门为清洁生产综合协调部门会同环境保护主管部门、节能主管部门和其他有关部门。清洁生产审核的政府管理工作包括制定规范性文件和工作方案计划、确定清洁生产审核企业名单、明确清洁生产审核方式、监督企业清洁生产工作进度、组织清洁生产评估和验收，并根据企业的清洁生产实施情况进行奖励和处罚。

10.1.1　制定规范性文件和工作方案计划

在国家层面，国务院清洁生产综合协调部门会同国务院环境保护、工业、科学技术部门和其他有关部门，根据国民经济和社会发展规划及国家节约资源、降低能源消耗、减少重点污染物排放的要求，编制国家清洁生产推行规划，报经国务院批准后及时公布。

国务院有关行业主管部门根据国家清洁生产推行规划确定本行业清洁生产的重点项目，制定行业专项清洁生产推行规划并组织实施。

在地方，县级以上地方人民政府根据国家清洁生产推行规划、有关行业专项清洁生产推行规划，按照本地区节约资源、降低能源消耗、减少重点污染物排放的要求，确定本地区清洁生产的重点项目，制定推行清洁生产的实施规划并组织落实。

县级以上清洁生产综合协调部门会同环境保护主管部门、节能主管部门，应当每年定期向上一级清洁生产综合协调部门和环境保护主管部门、节能主管部门报送辖区内企业开展清洁生产审核情况、评估验收工作情况。

从 2017 年起，广东省推行全省自愿性和强制性清洁生产审核工作统一管理，各级经济和信息化部门、环境保护部门建立统筹协调的清洁生产工作推进机制。省经济和信息化委会同省环境保护厅组织开展全省清洁生产规范性文件的编制修订工作，统一自愿性和强制性清洁生产审核工作流程、验收程序、审核报告编制规范、评价尺度和审核绩效报送要求。地级以上市经济和信息化部门、环境保护部门联合制定本地区清洁生产推进工作方案，确定总体目标、主要任务、分年度推进计划、计划审核名单等，经地级以上市人民政府审定并报送省经济和信息化委、环境保护厅备案后印发实施。各地级以上市经济和信息化部门、环境保护部门根据本地区清洁生产推进工作方案，结合当地节能环保工作实际，每年联合确定并发布本年度清洁生产审核企业名单，以及企业应采取的审核方式和验收时限。

10.1.2　提出审核企业名单和工作进度安排

根据《清洁生产审核评估与验收指南》(环办科技〔2018〕5 号)第六条规定："地市级(县级)环境保护主管部门或节能主管部门按照职责范围提出年度需开展清洁生产审核评估的企业名单及工作进度安排，逐级上报省级环境保护主管部门或节能主管部门确认后书面通知企业。"

清洁生产审核分为自愿性审核和强制性审核。《清洁生产审核办法》规定，属于"双超"和"双有"的企业应实施强制性清洁生产审核的企业名单，由所在地县级以上环境保护主管部门按照管理权限提出，逐级报省级环境保护主管部门核定后确定，根据属地原则书面通知企业，并抄送同级清洁生产综合协调部门和行业管理部门。属于"高能耗"的企业应实施强制性清洁生产审核的企业名单，由所在地县级以上节能主管部门按照管理权限提出，逐级报省级节能主管部门核定后确定，根据属地原则书面通知企业，并抄送同级清洁生产综合协调部门和行业管理部门。

实施自愿性清洁生产审核的企业名单，由所在地县级以上节能主管部门按照管理权限提出，逐级上报省级节能主管部门确认后书面通知企业。

各省级环境保护主管部门、节能主管部门应当按照各自职责，分别汇总提出应当实施强制性清洁生产审核的企业名单，由清洁生产综合协调部门会同环境保护主管部门或节能主管部门，在官方网站或采取其他便于公众知晓的方式分期分批发布。

实施强制性清洁生产审核的企业，应当在名单公布后一个月内，在当地主要媒体、企业官方网站或采取其他便于公众知晓的方式公布企业相关信息。

列入实施强制性清洁生产审核名单的企业应当在名单公布后两个月内开展清洁生产审核。实施强制性清洁生产审核的企业，两次清洁生产审核的间隔时间不得超过五年。

实施强制性清洁生产审核的企业，应当在名单公布之日起一年内，完成本轮清洁生产审核并将清洁生产审核报告报当地县级以上环境保护主管部门和清洁生产综合协调部门。

自愿实施清洁生产审核的企业可参照强制性清洁生产审核的程序开展审核。

广东省经济和信息化委、广东省环境保护厅《关于印发清洁生产审核及验收工作流程的通知》(粤经信规字〔2017〕3 号)中，对清洁生产企业名单的提出做出了规定："各地级以上市经济和信息化部门、环境保护部门根据本地区清洁生产推进工作方案，结合当地节能环保工作实际，每年 1 月底前联合确定并发布本年度清洁生产审核企业名单，以及企业应采取的审核方式和验收时限。各地级以上市经济和信息化部门、环境保护部门应根据《中华人民共和国清洁生产促进法》《清洁生产审核办法》及国家和地方相关规划、行动计划的规定，或依据工作量对等的原则，协商确定名单中企业清洁生产审核管理工作的牵头部门。"

广东省实施清洁生产审核企业应在名单发布之日起一个月内登陆"广东省清洁生产信息化公共服务平台"注册及公布相关信息，并在两个月内启动清洁生产审核，一年内完成清洁生产审核报告。通过评估验收的企业，须在 1 个月内将修改完善后的清洁生产审核报告、修改说明、清洁生产审核绩效表上传至"广东省清洁生产信息化公共服务平台"。经牵头部门审核通过后，企业可登陆"广东省清洁生产信息化公共服务平台"下载评估验收意见。

10.1.3　监督和检查

政府对企业清洁生产审核质量的监督和检查，主要有评估和验收两种方式。通常对强制实施清洁生产审核的企业施行先评估再验收的方式，对自愿实施清洁生产审核的企业只施行验收。

《清洁生产审核办法》规定："县级以上环境保护主管部门或节能主管部门，应当在各自的职责范围内组织清洁生产专家或委托相关单位，对企业实施清洁生产审核的效果进行评估验收。"

(1) 涉及以下情况的实施强制性清洁生产审核企业的评估验收工作由县级以上环境保护主管部门牵头：①国家考核的规划、行动计划中明确指出需要开展强制性清洁生产审核工作的企业；②申请各级清洁生产、节能减排等财政资金的企业；③污染物排放超过国家或者地方规定的排放标准，或者虽未超过国家或者地方规定的排放标准，但超过重点污染物排放总量控制指标的；④使用有毒有害原料进行生产或者在生产中排放有毒有害物质的。

(2) 涉及以下情况的实施强制性清洁生产审核企业的评估验收工作由县级以上节能主管部门牵头：①国家考核的规划、行动计划中明确指出需要开展强制性清洁生产审核工作的企业；②申请各级清洁生产、节能减排等财政资金的企业；③超过单位产品能源消耗限额标准构成高耗能的。

(3) 自愿实施清洁生产审核的企业如需评估验收，可参照强制性清洁生产审核的相关条款执行。

10.1.4　奖励和处罚

1. 奖励

由省级清洁生产综合协调部门和环境保护主管部门、节能主管部门，对自愿实施清洁生产审核，以及清洁生产方案实施后成效显著的企业进行表彰，并在当地主要媒体上公布。

各级清洁生产综合协调部门及其他有关部门在制定实施国家重点投资计划和地方投资计划时，应当将企业清洁生产实施方案中的提高能源资源利用效率、预防污染、综合利用等清洁生产项目列为重点领域，加大投资支持力度。

企业开展清洁生产审核和培训的费用，允许列入企业经营成本或者相关费用科目。

企业可以根据实际情况建立企业内部清洁生产表彰奖励制度，对清洁生产审核工作中成效显著的人员给予奖励。

2. 处罚

县级以上地方人民政府负责清洁生产综合协调的部门、环境保护部门，对公布虚假信息的规定实施强制性清洁生产审核的企业，和不实施强制性清洁生产审核或在审核中弄虚作假的，或者实施强制性清洁生产审核的企业不报告或者不如实报告审核结果的，可以罚款处罚。

企业委托的咨询服务机构不按照规定内容、程序进行清洁生产审核，弄虚作假、提供虚假审核报告的，由省、自治区、直辖市、计划单列市及新疆生产建设兵团清洁生产综合协调部门会同环境保护主管部门或节能主管部门责令其改正，并公布其名单。造成严重后果的，追究其法律责任。

对违反相关规定受到处罚的企业或咨询服务机构，由省级清洁生产综合协调部门和环境保护主管部门、节能主管部门建立信用记录，归集至全国信用信息共享平台，会同其他有关部门和单位实行联合惩戒。

有关部门的工作人员玩忽职守，泄露企业技术和商业秘密，造成企业经济损失的，按照国家相应法律法规予以处罚。

10.2　企 业 筹 划

现阶段，我国有部分企业在生产运营过程中对环境保护不够重视，环保措施不到位，环保制度不健全，尤其是 20 世纪 90 年代之前建厂的老企业与一些民营企业，环境保护工作的欠账较多。随着国家各项环保要求的不断提高，这些企业的环境风险责任在不断增大，同时原辅材料、能源的价格上涨，也使得企业的效益下降。清洁生产审核关注企业从源头减少能源与原辅材料的输入，提高产品得率，降低污染物排放，使企业获得更大的经济效益，同时为生态环境做出贡献。

企业是清洁生产审核的主体，不论是站在社会的角度，还是站在企业自身的角度，企业都应该积极开展清洁生产审核工作。企业应该尽可能在政府强制之前自愿实施清洁生产审核，这样可以获取各级政府在多方面给予的大力支持，如财政资金支持的清洁生产与环保工程的奖励和补贴。若被列入强制性清洁生产审核名单，就应积极配合政府的工作，努力取得实效，而不是敷衍应付。

企业在决定开展清洁生产审核之前，应初步了解清洁生产的政策、技术和方法，应比照清洁生产的要求，对企业的基本情况进行一个初步的判断，对如何着手进行简单的筹划，端正认识、树立信心、坚定决心。这些工作企业可以自主进行，也可以在外部专家或咨询服务机构的协助下进行。

10.2.1　了解外部情况

清洁生产是一项政策性极强的工作，各级政府制定了大量的规章制度，采取不同的鼓励和惩罚措施来推动清洁生产工作，企业一定要对这些政策有所了解，才能变被动为主动，利用企业外部资源提高企业素质，同时规避政府的环保管制。

这些年来，我国在环保基础理论和污染防治技术的研究与实践领域取得了显著的进步。环境保护技术逐渐由单纯的工业"三废"处理技术扩展到综合治理技术，由污染源治理技术扩展到区域性综合防治技术，由末端控制技术扩展到全过程监控技术，继而扩展到可持续发展和清洁生产技术。新能源开发、新型节能技术，节约资源、环境友好的各种生产工艺和技术不断涌现。企业一定要了解行业和相关的环境保护、节约能源技术的前沿动态，了解同行业先进企业的技术装备水平，努力在企业的基本面上不至于掉队，才有可能在激烈竞争的市场中拥有自己的一席之地，才有可能在严苛的环保风暴中不被淘汰。

　　清洁生产审核是一种从对环境以及工业生产过程的影响角度出发，分析识别出资源能源利用效率低、废弃物管理水平差的环节的方法。这一方法是围绕对企业及其生产过程进行全面评估，从而找出可以降低资源能源消耗、有毒有害物质的使用以及废弃物产生的环节和部位。清洁生产审核有一套严格的程序和方法，企业只有了解和掌握审核的方法并严格遵照执行，才能保证审核的质量、收到审核的成果。

　　企业自身应该加强与外界的沟通，通过参加政府主管部门、清洁生产中心、行业协会举办的各类会议、讲座，到已经开展清洁生产审核工作的企业进行调研，参加清洁生产培训等方式，获取相关的信息和知识。也可以与清洁生产咨询服务机构接触，多渠道、多角度了解清洁生产。

10.2.2　判断内部状况

　　主要是从环境保护手续是否齐备、政策和标准的符合性、环境管理水平三方面了解企业清洁生产的基本面，发现企业存在的环保不合规项，判定清洁生产审核工作的难易程度。

1. 环境保护手续

　　因为工业企业在建设和生产的过程中，会对周围环境产生一定的影响，所以在初步设计后需要相关环境影响评价单位对企业拟建项目进行大气、水、固废、噪声、生态等多方面的评价分析，提出有效的处理措施，并针对环境影响严重的方面进行专项分析。形成环评报告书或表以后，企业需拿到本地生态环境主管部门审批。超出本地生态环境主管部门权限范围的，还需提交到更上级的生态环境主管部门。审批通过以后，企业才能展开下一步的建设工作。

　　建设项目的环境保护设施要与主体工程同时设计、同时施工、同时投产(三同时)。环境影响评价批准文件中明确需要进行试生产或者试运行的建设项目，建设单位应当向审批环境影响评价文件的生态环境主管部门提出试生产或者试运行申请。建设项目试生产或者试运行期间，配套建设的环境保护设施应当与主体工程同时投入试运行，排放的污染物应当符合生态环境主管部门依法提出的对试生产或者试运行的要求。

　　建设单位应当在建设项目试生产或者试运行期满前，向原审批环境影响评价文件的生态环境主管部门申请建设项目环境保护设施竣工验收。项目竣工验收后生态环境主管部门核发排污许可证。

　　企业履行环保手续，获取的主要环保文件见表10.1。

表 10.1　企业主要的环保文件

序号	文件名称	说明
1	环境影响报告书(表、备案等)	新建、改建、扩建
2	环境影响报告书的批复	生态环境局发
3	环境保护设施验收批复	生态环境局发
4	近三年例行环境监测报告	废水，废气，噪声
5	排污许可证以及附件	
6	环境突发事件应急预案及备案回执	

在清洁生产审核验收之前，表中的环保文件必须齐备，涉及的环保手续要全部完成。这些环保文件的完成需要履行相应的手续，如外委编制报告、开评审会、验收会、监测、生态环境局审批等，时间和费用也是需要考虑的因素。

2. 政策和标准的符合性

(1) 企业是否存在政策明令淘汰的落后生产工艺、设备及产品，或者产能低于淘汰限值的问题。具有此类问题的企业只有改建、扩建完成后，才有可能通过清洁生产审核的验收。改建、扩建涉及非常多的手续，耗时也非常长，并且可能碰到一些不可预见的问题，这是企业的决策者首先必须心中有数的。

(2) 企业是否存在排放浓度超标、总量超标，清洁生产指标低于行业三级标准，第一类水污染物未分流处理，未淘汰高毒性高污染原辅材料的问题。如果存在这些问题，企业必须进行相应的整改，以符合国家法律法规的要求。整改这些问题需要投入的人力财力有必要提前进行估算。

(3) 企业是否存在环保行政处罚，如红黄牌警告、列入限期治理或某种黑名单中等，这些问题也要全部处理完毕。

(4) 企业是否存在环保投诉。

3. 环境管理

企业环境保护设施运行台账、危险废物和严控废物处理协议、转移联单、危险化学品应急预案、环保管理制度等是否齐全。这类问题需要企业领导重视环保工作、相关部门和人员尽职尽责，强化管理，在日常工作中加以解决。

4. 生产全过程总体评价和清洁生产机会识别

对企业生产全过程进行概括性的现状调查，从整体上完成企业现存重要问题的排序，完成生产全过程的总体评价。初步识别清洁生产机会，提出能够解决能耗高、物耗高、污染重问题的途径和设想。

10.2.3　确定审核模式

在初步了解清洁生产的政策、技术和方法，同时对企业的清洁生产状况有了一个初步的判断结果后，企业的相关人员会加深对清洁生产的认识，更加明确开展此项工作的重要性，对即将开展的审核工作心中有底，也可以消除某些侥幸心理，使审核工作在遇到困难时能够更有信心。

此时，企业还需要对清洁生产审核工作如何开展进行一个简单的筹划，主要是要确定企业清洁生产审核工作的开展模式。

《清洁生产审核办法》规定：清洁生产审核以企业自行组织开展为主。实施强制性清洁生产审核的企业，如果自行独立组织开展清洁生产审核，应具备开展清洁生产审核物料平衡测试、能量和水平衡测试的基本检测分析器具、设备或手段，拥有熟悉相关行业生产工艺、技术规程和节能、节水、污染防治管理要求的技术人员。不具备独立开展清洁生产审核能力的企业，可以聘请外部专家或委托具备相应能力的咨询服务机构协助开展清洁生产审核。

大部分企业，尤其是中小企业的技术人员熟悉企业的实际情况、拥有丰富的实践经验、行业相关的知识水平较高，但他们对清洁生产审核技术并不熟悉，对共性的节能、节水、污染控制的技术了解有限，而这恰恰是清洁生产咨询服务机构擅长的领域。因此，企业与咨询服务机构的结合是开展清洁生产审核工作的最佳方式，只是结合的程度可以依据企业和咨询服务机构的具体情况而定。

需要指出的是，咨询服务机构在企业开展清洁生产审核工作时只是起协助作用，企业作为清洁生产审核的基础性主体地位是不可替代的。只有作为真正主体的企业真切地感受到清洁生产的动力和压力，他们才会对咨询服务机构提出服务能力、技术水平的要求，才能使清洁生产审核工作不会流于形式。

第 11 章　清洁生产审核各阶段的操作方法

清洁生产审核要解决工业企业能耗高、物耗高、污染重的问题，其具体的审核行动要按照一定的程序来进行。这套程序有三个层次(即问题在哪里产生？为什么会产生这些问题？如何解决这些问题？)、八条途径(即原辅材料和能源、技术工艺、设备、过程控制、废物、产品、管理、员工)、七个步骤或阶段(即筹划和组织/审核准备、预审核、审核、方案的产生与筛选、可行性分析/方案的确定、方案的实施、持续清洁生产)，每一个阶段又包含若干个步骤，共 35 个步骤。

这七个阶段、35 个步骤的具体操作方法如下所述。

11.1　筹划和组织

筹划和组织是企业进行清洁生产审核工作的第一个阶段。目的是通过宣传教育使企业的领导和职工对清洁生产有一个初步的比较正确的认识、消除思想上和观念上的障碍；了解企业清洁生产审核的工作内容、要求及其工作程序。本阶段工作的重点是取得企业高层领导的支持和参与，组建清洁生产审核小组，制定审核工作计划和宣传清洁生产思想。

11.1.1　取得领导支持和参与

清洁生产审核是一件综合性很强的工作，涉及企业的各个部门，而且随着审核工作推进到不同的阶段，参与审核工作的部门和人员可能也会不同，因此只有取得企业高层领导的支持和参与，由高层领导动员并协调企业各个部门和全体职工积极参与，审核工作才能顺利进行。高层领导的支持和参与还是审核过程中提出的清洁生产方案顺利实施的关键。

一些企业领导和高层管理人员缺乏明确的清洁生产意识，思想观念落后；许多企业领导没有将清洁生产作为提高企业整体素质和增强企业竞争力的重大举措，未能把污染预防的思想贯彻于生产、生产经营和服务过程中，在企业中缺乏强有力的清洁生产管理机构，没有明确的清洁生产目标、行动规划和相应的制度措施，严重影响企业有效推行清洁生产活动的开展。了解清洁生产审核可能给企业带来的巨大好处，是企业高层领导支持和参与清洁生产审核的动力和重要前提。清洁生产审核可能给企业带来经济效益、环境效益、无形资产的提高和推动技术进步等诸方面的好处，从而增强企业的市场竞争能力。

1. 宣讲清洁生产思想和效益

(1) 经济效益：减少废弃物所产生的综合经济效益；方案实施所产生的经济效益。

(2) 环境效益：对企业实施更严格的环境要求是国际国内大势所趋；提高环境形象是当代企业的重要竞争手段；清洁生产是国内外大势所趋；清洁生产审核尤其是无低费方案可以很快产生明显的环境效益。

(3) 无形资产：无形资产有时可能比有形资产更有价值；清洁生产审核有助于企业由粗放型经营向集约型经营转变；清洁生产审核是对企业领导加强本企业管理的一次有力支持；清洁生产审核是提高劳动者素质的有效途径。

(4) 技术进步：清洁生产审核是一套包括发现和实施无低费方案，以及产生、筛选和逐步实施技改方案在内的完整程序，鼓励采用节能、低耗、高效的清洁生产技术；充分利用国内外最新信息进行清洁生产方案的可行性分析，使企业的技改方案更加切合实际。

2. 宣讲清洁生产政策、法规

企业高层领导必须充分了解国家和地方对于清洁生产的有关法律、法规和政策：

(1) 明确企业是实施清洁生产的主体；开展清洁生产是企业的法律义务和责任。

(2) 明确清洁生产审核是工业企业实施清洁生产的主要手段。

(3) 了解政府推行清洁生产的激励政策和惩罚措施。

(4) 明确企业应承担的社会责任，充分了解清洁生产可解决企业生产与环境之间的不和谐关系，有助于实现企业可持续发展。

3. 阐明投入

清洁生产审核需要企业有一定的投入，包括：管理人员、技术人员和操作工人必要的时间投入；监测设备和监测费用的必要投入；编制审核报告的费用；以及可能的聘请外部专家的费用，但与清洁生产审核可能带来的效益相比，这些投入是必不可少的也是值得的。

11.1.2　组建审核小组

计划开展清洁生产审核的企业，首先要在本企业内组建一个有权威的审核小组，可根据企业规模和管理要求，成立一个审核小组，或者分别成立领导小组和工作小组，这是顺利实施企业清洁生产审核的组织保证。

1. 推选组长

审核小组组长是审核小组的核心，一般情况下，最好由企业高层领导人兼任组长，或由企业高层领导任命一位具有如下条件的人员担任，并授予必要权限。组长的条件是：①具备企业生产、工艺、管理与新技术的知识和经验；②掌握污染防治的原则和技术，并熟悉有关的环保法规；③了解审核工作程序，熟悉审核小组成员情况，具备领导和组织工作的才能并善于和其他部门合作等。

2. 选择成员

审核小组的成员由车间主任或技术骨干组成，涵盖生产、技术、环保、能源等部门。审核小组的成员数目根据企业的实际情况来定，一般情况下全时制成员由 3～5 人组成。小组成员的条件是：①具备企业清洁生产审核的知识或工作经验；②掌握企业的生产、工艺、管理等方面的情况及新技术信息；③熟悉企业的废弃物产生、治理和管理情况以及国家和地区环保法规和政策等；④具有宣传、组织工作的能力和经验。

如有必要，审核小组的成员在确定审核重点的前后应及时调整。审核小组必须有一位成员来自本企业的财务部门，该成员不一定全时制投入审核，但要了解审核的全部过程，不宜中途换人。

3. 明确任务

审核小组的任务包括：①制定工作计划；②开展宣传教育；③确定审核重点和目标；④组织和实施审核工作；⑤编写审核报告；⑥总结经验，并提出持续清洁生产的建议。

来自企业财务部门的审核成员，应该介入审核过程中一切与财务计算有关的活动，准确计算企业清洁生产审核的投入和收益，并将其详细地单独列账。中小型企业和不具备清洁生产审核技能的大型企业，其审核工作要取得外部专家的支持。如果审核工作有外部专家的帮助和指导，本企业的审核小组还应负责与外部专家的联络、研究外部专家的建议并尽量吸收其有价值的意见。

11.1.3　制定审核工作计划

制定一个比较详细的清洁生产审核工作计划，有助于审核工作按一定的程序和步骤进行，组织好人力与物力，各司其职，相互配合，审核工作才会获得满意的效果，企业的清洁生产目标才能逐步实现。

审核小组成立后，要及时制定审核工作计划、编制审核工作计划表。审核工作计划表应包括审核过程的所有主要工作，包括这些工作所处的阶段、步骤、工作内容、进度要求、负责人姓名、参与部门名称、参与人姓名以及各项工作的产出等。

11.1.4　开展宣传教育与培训

广泛开展宣传教育和培训活动，争取企业内各部门和广大职工的支持，尤其是现场操作工人的积极参与，是清洁生产审核工作顺利进行和取得更大成效的必要条件。

在企业实施清洁生产审核工作存在的一个重大障碍就是：企业员工对清洁生产缺乏足够认识，导致企业员工参与清洁生产程度较低，使清洁生产成为少数人的活动。在第一次开展清洁生产审核工作的企业中，经常出现企业职工对清洁生产审核产生抵触思想。应加强宣传力度，使企业职工认识到清洁生产审核是解决问题的，不是带来问题的，不做清洁生产审核，问题同样存在。清洁生产是把环保投入放在对生产过程的控制上，是比产生污染再控制更高明、更经济的企业环境策略。

1. 宣传教育的方式和内容

高层领导的支持固然十分重要，没有中层干部和基层员工的积极参与，清洁生产审核仍很难取得重大成果。只有企业上下都将清洁生产思想自觉地转化为指导本岗位实际操作的行动时，清洁生产审核才能顺利持久地开展下去，也只有这样，清洁生产审核才能给企业带来更大的经济和环境效益、推动企业技术进步、更大程度地实现企业高层领导的管理思想。

宣传可采用下列方式：①利用企业各种例会；②下达开展清洁生产审核的正式文件；③内部广播；④电视、录像；⑤黑板报；⑥组织报告会、研讨班、培训班；⑦开展各种咨询；⑧自动办公系统、软件等。

宣传教育的内容一般有：①环境思想观念的发展、清洁生产以及清洁生产审核的概念；②清洁生产和末端治理的内容及其利与弊；③国内外企业清洁生产审核的成功实例；④清洁生产审核中的障碍及其克服的可能性；⑤清洁生产审核工作的内容与要求；⑥本企业鼓励清洁生产审核的各种措施；⑦本企业各部门已取得的审核效果，它们的具体做法等。

宣传教育的内容要随审核工作阶段的变化而作相应调整。

2. 清洁生产审核培训

在宣传教育的基础上，企业员工还必须掌握清洁生产审核的方法、程序和具体要求，这就是培训要完成的主要任务。培训可以有多种方式，如：①内部培训、外部培训；②一般培训、重点培训；③自己培训、专家培训。请专家授课是主要的培训方式。

3. 克服障碍

企业开展清洁生产审核往往会遇到不少障碍，不克服这些障碍，清洁生产审核工作则很难顺利开展下去。审核小组首先需要广泛调查，摸清各种障碍的具体表现，以便于有针对性地进行工作。各个企业遇到的障碍可能有所不同，但思想观念障碍、技术障碍、资金和物资障碍，以及政策法规障碍是普遍存在的。这四种类型的障碍中思想观念障碍是最常遇到的，也是最主要的障碍，在审核过程中要自始至终地把及时发现不利于清洁生产审核的思想观念障碍并尽早解决这些障碍当作一件大事抓好。表 11.1 列出了企业清洁生产审核中常见的一些障碍及解决办法。

表 11.1　企业清洁生产审核常见障碍及解决办法

障碍类型	障碍表现	解决办法
思想观念	环境保护和清洁生产的意识不强	多形式多层次清洁生产概念知识的宣传培训
	不了解企业清洁生产潜力	用同类企业的清洁生产成效，以及科技进步、管理水平提升带来的效益说明企业的清洁生产潜力
	没有资金、不更新设备，一切都是空谈	用国内外实例讲明无低费方案巨大而现实的经济与环境效益，阐明无低费方案与设备更新方案的关系，强调企业清洁生产审核的核心思想是"从我做起、从现在做起"
	清洁生产审核工作比较复杂，是否会影响生产	讲清审核的工作量和它可能带来的各种效益之间的关系
	企业内各部门独立性强，协调困难	由高层领导直接参与，由各主要部门领导与技术骨干组成审核小组，授予审核小组相应职权
	管理机制上缺乏强有力的清洁生产组织结构；运行机制上缺乏清洁生产行动计划；企业全员参与程度差	建立规范化环境管理体系(组织机构、运行机制)；通过宣传培训提高职工清洁生产意识，促进企业职工普遍参与
技术	缺乏清洁生产审核技能	聘请并充分向外部清洁生产审核专家咨询，参加培训班、学习有关资料等
	不了解清洁生产工艺	聘请并充分向外部清洁生产工艺专家咨询、跟踪国家和部门发布的清洁生产技术
	现有技术落后，技术力量不足	将清洁生产纳入到技术改造中，促进企业的清洁生产
资金物资	没有进行清洁生产审核的资金	企业内部挖潜，与当地环保、工业、经贸等部门协调解决部分资金问题，先筹集审核所需资金，再由审核效益中拨还

续表

障碍类型	障碍表现	解决办法
资金物资	对实施清洁生产所获得的经济效益不清楚	初期无低费方案节约资金；政府的财税、金融等优惠政策
	缺乏物料平衡现场实测的计量设备	积极向企业高层领导汇报、委托专门机构监测
	缺乏资金实施需较大投资的清洁生产工艺	由无低费方案的效益中积累资金(企业财务要为清洁生产的投入和效益专门建账)
政策法规	对清洁生产的政策法规不了解	聘请清洁生产专家讲解相关的政策与法规
		指定专人负责，及时收集国家和地方的清洁生产政策动向与最新要求

11.2 预 审 核

预审核是清洁生产审核的第二个阶段，目的是对企业全貌进行调查分析，摸清能耗高、物耗高的环节和产污重点，准确把握最主要的问题、明确特征污染物，分析和发现清洁生产的潜力和机会，从而确定本轮审核的重点。本阶段工作重点是评价企业的产污排污状况，确定审核重点，并针对审核重点设置清洁生产目标。

11.2.1 进行现状调研

本阶段搜集的资料，是全厂的和宏观的，主要内容如下。

1. 企业概况

(1) 企业发展简史、规模、产值、利税、组织结构、人员状况和发展规划等。
(2) 企业所在地的地理、地质、水文、气象、地形和生态环境等基本情况。

2. 企业的生产状况

(1) 企业主要原辅材料、主要产品、能源及用水情况，要求以表格形式，列出总耗及单耗，并列出主要车间或分厂的情况。
(2) 企业的主要工艺流程。以框图表示主要工艺流程，要求标出主要原辅材料、水、能源及废弃物的流入、流出和去向。
(3) 企业设备水平及维护状况，如完好率、泄漏率等。
(4) 产业政策合规性文件资料。
节能、降耗、减污、增效之间没有主次之分，审核过程中，在关注能耗、水耗、污染物分析评估的同时，应加强对降低原辅材料消耗的工艺先进性的分析论证，全面体现资源利用效率、能源利用效率这两条主线。

3. 企业的环境保护状况

(1) 主要污染源及其排放情况，包括状态、数量、毒性等。

(2) 主要污染源的治理现状，包括处理方法、效果、问题及单位废弃物的年处理费等。

(3) 三废的循环/综合利用情况，包括方法、效果、效益以及存在的问题。

(4) 企业涉及的有关环保法规与要求，如排污许可证、区域总量控制、行业排放标准等。

4. 企业的管理状况

包括从原料采购和库存、生产及操作，直到产品出厂的全面管理水平。

11.2.2　进行现场考察

随着生产的发展，一些工艺流程、装置和管线可能已做过多次调整和更新，这些可能无法在图纸、说明书、设备清单及有关手册上反映出来。此外，实际生产操作和工艺参数控制等往往和原始设计及规程不同。因此，需要进行现场考察，以便对现状调研的结果加以核实和修正，并发现生产中的问题。同时，通过现场考察，在全厂范围内发现明显的无低费清洁生产方案。

1. 现场考察内容

(1) 对整个生产过程进行实际考察，即从原料进厂开始，逐一考察原料库、生产车间、成品库，直到三废处理设施。

(2) 重点考察各产污排污环节，水耗和能耗大的环节，设备事故多发的环节或部位。

(3) 实际生产管理状况，如岗位责任制执行情况，工人技术水平及实际操作状况，车间技术人员及工人的清洁生产意识等。

2. 现场考察方法

(1) 核查分析有关设计资料和图纸，工艺流程图及其说明，物料衡算、能(热)量衡算的情况，设备与管线的选型与布置等。另外，还要查阅岗位记录、生产报表(月平均及年平均统计报表)、原料及成品库存记录、废弃物报表、监测报表等。

(2) 与工人和工程技术人员座谈，了解并核查实际的生产与排污情况，听取意见和建议，发现关键问题和部位，同时征集明显的清洁生产方案。

11.2.3　分析评价清洁生产潜力并明确审核方向

依据本行业清洁生产评价指标体系、清洁生产标准或对比分析国内外同类企业物耗、能耗和产污排污状况，对本企业的清洁生产潜力进行全面分析和评价，明确企业清洁生产审核的方向。

1. 全面了解企业清洁生产现状

通过汇总、分析现状调研和现场考察的资料和数据，从以下六方面全面了解企业清洁生产现状：①生产工艺与装备状况；②资源能源利用状况；③污染物产生和排放状况；④废弃物回收利用状况；⑤产品原辅材料构成和产品质量管理状况；⑥环境管理与能源管理状况。

2. 分析评价企业清洁生产水平

在资料调研、现场考察及专家咨询的基础上，参照清洁生产评价指标体系、清洁生产标准、同类先进企业的生产、消耗、产污排污及管理水平、本企业历史最好水平等，与本企业的各项指标相对照，评价本企业现阶段的清洁生产水平。

企业应优先选择行业清洁生产评价指标体系，其次选择清洁生产标准来进行评价分析。对尚未正式颁布清洁生产评价指标体系和标准的行业，由于缺少足够的依据，企业在审核过程的关键环节、关键问题的处理上不可避免地带有一定的盲目性，此时可作为参照的评价依据有：①国家颁布的有关产业发展政策及法规，包括有关设计规范和排污标准；②生态环境部和有关行业主管部门下达或推荐的清洁生产技术；③有关清洁生产科学技术的研究或实验成果；④同行业中相同或相近生产规模的先进企业的单产水耗、能耗、原材料消耗及排污量指标；⑤企业自身清洁生产标志性指标，如原材料进入产品和副产品转化率、废物回收和资源转化率；⑥国际标准化组织系列标准中有关清洁生产的标准。

从影响生产过程的八个方面出发，对原辅材料使用、产污排污、能源消耗的理论值与实际状况之间的差距进行初步分析，并评价是否合理。

3. 作出清洁生产潜力分析结论

在上述工作的基础上，对本企业的原料、工艺、产品、设备、物耗、能耗和产污排污等方面的清洁生产潜力作出分析结论。

4. 明确审核总体方向及审核主线

根据企业现状评估结果及清洁生产潜力分析，结合国家政策法规要求，企业发展规划，明确审核总体方向及审核主线，提出拟解决的主要问题，围绕问题开展后续工作。

11.2.4　确定审核重点

通过前面三步的工作，已基本探明了企业现存的问题及薄弱环节，可从中确定出本轮审核的重点。审核重点的确定，应结合企业的实际综合考虑。

本节内容主要适用于工艺复杂的大中型企业，对工艺简单、产品单一的中小企业，可不必经过备选审核重点阶段，而依据定性分析，直接确定审核重点。

1. 提出备选审核重点

首先根据所获得的信息，列出企业主要问题，从中选出若干问题或环节作为备选审核重点。

通常，遵照以下原则，选出若干车间、工段或单元操作作为备选审核重点：①污染严重的环节或部位；②资源或能源消耗大的环节或部位；③环境及公众压力大的环节或问题；④有明显的清洁生产机会。

方法上，将所收集的数据，进行整理、汇总和换算，并列表说明，以便为后续步骤"确定审核重点"服务。填写数据时，应注意：①主要消耗及废弃物量应以各备选重点的月或年的发生量统计；②能耗一栏根据企业实际情况调整，可以是标煤、电、油等能源形式。

表 11.2 给出某厂的备选审核重点情况的填表举例。

表 11.2　某厂备选审核重点情况汇总表

序号	备选审核重点名称	废弃物量/(t/a)		主要消耗							环保费用/(万元/a)					
				原料消耗		水耗		能耗			厂内末端治理费	厂外处理处置费	排污费	罚款	其他	小计
		水	渣	总量/(t/a)	费用/(万元/a)	总量/(万t/a)	费用/(万元/a)	标煤总量/(t/a)	费用/(万元/a)	小计/(万元/a)						
1	一车间	1000	6	1000	30	10	20	500	30	80	40	20	60	15	5	140
2	二车间	600	2	2000	50	25	50	1500	90	190	20	0	40	0	0	60
3	三车间	400	0.2	800	40	20	40	750	45	125	5	0	10	0	0	15

注：以工业用水 2 元/吨，标煤 600 元/吨计算。

2. 确定审核重点

采用一定方法，把备选审核重点排序，从中确定本轮审核的重点。同时，也为今后的清洁生产审核提供优选名单。本轮审核重点的数量取决于企业的实际情况，一般一次选择一个审核重点。具体方法如下所述。

(1) 简单比较。根据各备选重点的废弃物排放量和毒性及消耗等情况，进行对比、分析和讨论，通常污染最严重、消耗最大、清洁生产机会最明显的部位定为第一轮审核重点。

(2) 权重总和计分排序法。工艺复杂，产品品种和原材料多样的企业，往往难以通过简单比较确定出重点。此外，简单比较一般只能提供本轮审核的重点，难以为今后的清洁生产提供足够的依据。为提高决策的科学性和客观性，多采用权重总和计分排序法进行分析。

根据我国清洁生产的实践及专家讨论结果，在筛选审核重点时，通常考虑下述几个因素，各因素的重要程度，即权重值(W)，可参照表 11.3 给出的数值。

表 11.3　审核重点各因素权重值

因素	废弃物量	主要消耗	环保费用	废弃物毒性	市场发展潜力	车间积极性
权重值(W)	10	7~9	7~9	7~9	4~6	1~3

注：1.上述权重值仅为一个范围，实际审核时每个因素必须确定一个数值。数值一旦确定，在整个审核过程中不得变动。

2.可根据企业实际情况增加能耗、水耗等因素，并根据其对企业清洁生产水平的影响程度设定权重值。

3.计废弃物量时，应选取企业最主要的污染物形式，而不是把废水、废气、废渣累计起来。

4.可根据实际情况增补如 COD、SO_2 浓度或总量等项目。

审核小组或有关专家，根据收集的信息，结合有关环保要求及企业发展规划，对每个备选重点，就上述各因素，按表 11.2 提供的数据或信息打分，分值(R)从 1 至 10，以最高者为满分(10 分)。将打分与权重值相乘($R×W$)，并求所有乘积之和($\sum R×W$)，即为该备选重点总得分，再按总分排序，最高者即为本次审核重点，余者类推，参见表 11.4 所给的例子。

表 11.4　某厂权重总和计分排序法确定审核重点表

因素	权重值 $W(1~10)$	备选审核重点得分					
		一车间		二车间		三车间	
		$R(1~10)$	$R×W$	$R(1~10)$	$R×W$	$R(1~10)$	$R×W$
废弃物量	10	10	100	6	60	4	40
主要消耗	9	5	45	10	90	8	72
环保费用	8	10	80	4	32	1	8
废弃物毒性	7	4	28	10	70	5	35
市场发展潜力	5	6	30	10	50	8	40
车间积极性	2	5	10	10	20	7	14
总分$\sum R×W$			293		322		209
排序			2		1		3

　　如某厂有三个车间为备选重点(见表 11.2)。厂方认为废水为其最主要污染形式，其数量依次为一车间为 1000t/a，二车间为 600t/a，三车间 400t/a。因此，废弃物量一车间最大，定为满分(10 分)，乘权重值后为 100；二车间废弃物量是一车间的 6/10，得分即为 60，三车间则为 40，其余各项得分依次类推，把得分相加即为该车间的总分。打分时应注意：①严格根据数据打分，以避免随意性和倾向性；②没有定量数据的项目，集体讨论后打分。

　　审核重点选取是非常重要的一个环节，它决定着后续审核工作的方向，以下三种情况经常发生，应特别注意避免。

　　(1) 在庞大复杂的清洁生产审核中，往往由于存在问题过多而导致分析研究不够深入，使得确定的审核重点出现偏差；

　　(2) 在"双超双有"企业审核中，未将减少有毒有害物质使用、排放及潜在环境风险控制作为审核重点，而将节水节电作为重点进行审核；

　　(3) 对于高能耗、高物耗，但产污少且排污达标的企业，忽视能耗物耗的分析，而将污染物减排作为审核重点。

　　原则上，清洁生产目标的设置是针对审核重点。

11.2.5　设置清洁生产目标

　　设置定量化的硬性指标，才能使清洁生产真正落实，并能据此检验与考核，达到清洁生产审核的目的。预审核过程中发现的问题，通过设置合理的目标去努力解决，使企业的整体水平得以提高。

　　1. 原则

　　(1) 清洁生产目标是针对审核重点的。当审核重点的某一指标与全厂有内在对应关系时，可以折算成全厂目标，但在目标设置描述中要有交代。

　　(2) 目标应是定量化、可操作并有激励作用的指标。要求不仅有减污、降耗或节能的绝对量，还要有相对量指标，并与现状对照。

　　(3) 具有时限性，要分近期和远期，近期一般指到本轮审核基本结束并完成审核报告时为止，中远期目标的时限根据行业特点及国家政策要求设置。

　　2. 依据

　　(1) 外部的环境管理要求，如达标排放，限期治理等；
　　(2) 行业清洁生产评价指标体系、清洁生产标准；
　　(3) 本企业历史最好水平；
　　(4) 参照国内外同行业、类似规模、工艺或技术装备的厂家的水平。
　　表 11.5 为某化工厂审核重点设置的清洁生产目标。

表 11.5　某化工厂审核重点清洁生产目标一览表

序号	项目	现状	近期目标		中远期目标	
			绝对量/(t/a)	相对量/%	绝对量/(t/a)	相对量/%
1	多元醇 A 得率	68%	—	增加 1.8	—	3.2
2	废水排放量	150 000t/a	削减 30 000	削减 20	削减 60 000	削减 40
3	COD 排放量	1 200t/a	削减 250	削减 20.8	削减 600	削减 50
4	固体废物排放量	80t/a	削减 20	削减 25	削减 80	削减 100

11.2.6　提出备选方案并实施显而易行的方案

预审核过程中，在全厂范围内各个环节发现的问题，有相当部分可迅速采取措施，即显而易行的方案加以解决。如需要淘汰更新落后设备，虽然费用很高，但属于显而易见且易行的方案，其可行性不需要进一步论证评估，企业就可以直接实施。

清洁生产方案通常按照方案实施费用分为无低费方案和中高费方案。两种方案的划分没有固定的标准，可根据行业和企业的实际情况自行划定。对不需要投资或投资很少、容易在短期(如审核期间)见效的措施，称为无低费方案。

1. 目的

贯彻清洁生产边审核边实施的原则，及时取得成效，滚动式地推进审核工作。

2. 方法

座谈、咨询、现场查看、散发清洁生产建议表，及时改进、及时实施、及时总结，对于涉及重大改变的备选方案，应遵循企业正常的技术管理程序。

3. 常见的备选方案

1) 原辅材料及能源
(1) 采购量与需求量相匹配；
(2) 加强原料质量(如纯度、水分等)的控制；
(3) 根据生产操作调整包装的大小及形式。
2) 技术工艺
(1) 改进备料方法；
(2) 增加捕集装置，减少物料或成品损失；
(3) 改用易于处理处置的清洗剂。

3) 过程控制

(1) 选择在最佳配料比下进行生产；

(2) 增加检测计量仪表；

(3) 校准检测计量仪表；

(4) 改善过程控制及在线监控；

(5) 调整优化反应的参数，如温度、压力等。

4) 设备

(1) 改进并加强设备定期检查和维护，减少跑冒滴漏；

(2) 及时修补完善输热、输汽管线的隔热保温。

5) 产品

(1) 改进包装及其标志或说明；

(2) 加强库存管理。

6) 管理

(1) 清扫地面时改用干扫法或拖地法，以取代水冲洗法；

(2) 减少物料溅落并及时收集；

(3) 严格岗位责任制及操作规程。

7) 废弃物

(1) 冷凝液的循环利用；

(2) 现场分类收集可回收的物料与废弃物；

(3) 余热利用；

(4) 清污分流。

8) 员工

(1) 加强员工技术与环保意识的培训；

(2) 采用各种形式的精神与物质激励措施。

11.3　审　　核

　　审核是企业清洁生产审核工作的第三个阶段。目的是通过审核重点的物料平衡和能量平衡，发现物料流失、能量损失的环节，找出废弃物产生的原因，查找物料储运、生产运行、管理以及废弃物排放等方面存在的问题，寻找与国内外先进水平的差距，为审核重点清洁生产方案的产生提供依据。

　　对于降耗和减污，本阶段工作重点是实测输入输出物流，建立特征污染物、水、能量、毒害物质的物料平衡关系，发现审核重点存在的问题，找出问题形成的原因。

11.3.1　准备审核重点资料

收集审核重点及其相关工序或工段的有关资料，绘制工艺流程图。

1. 收集资料

1) 收集基础资料

(1) 工艺资料：工艺流程图；工艺设计的物料、热量平衡数据；工艺操作手册和说明；设备技术规范和运行维护记录；管道系统布局图；车间内平面布置图。

(2) 原材料和产品及生产管理资料：产品的组成及月、年度产量表；物料消耗统计表；产品和原材料库存记录；原料进厂检验记录；能源费用；车间成本费用报告；生产进度表。

(3) 废弃物资料：年度废弃物排放报告；废弃物(水、气、渣)分析报告；废弃物管理、处理和处置费用；排污费；废弃物处理设施运行和维护费。

(4) 审核重点国内外同行业资料：原辅材料消耗情况；单位产品排污情况；清洁生产评价指标体系；清洁生产标准。

2) 现场调查、补充与验证已有数据

(1) 不同操作周期的取样、化验；

(2) 现场提问；

(3) 现场考察、记录：追踪所有物流；建立产品、原料、添加剂及废弃物等物流的记录。

2. 编制审核重点物料输入输出工艺流程图

为了更充分和较全面地对审核重点进行实测和分析，首先应掌握审核重点的工艺过程和输入、输出物流情况。工艺流程图以图解的方式整理、标示工艺过程及进入和排出系统的物料、能源以及废物流的情况。图 11.1 是某铝材厂审核重点(熔铸车间)工艺流程示意图。

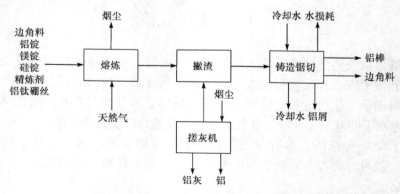

图 11.1　某铝材厂审核重点(熔铸车间)工艺流程示意图

3. 编制单元操作工艺流程图和功能说明表

当审核重点包含较多的单元操作，而一张审核重点流程图难以反映各单元操作的具体情况时，应在审核重点工艺流程图的基础上，分别编制各单元操作的工艺流程图(标明进出单元操作的输入、输出物流)和功能说明表。图 11.2 为对应图 11.1 某铝材厂审核重点(熔铸车间)的单元操作详细工艺流程示意图。表 11.6 为某铝材厂审核重点(熔铸车间)各单元操作功能说明表。

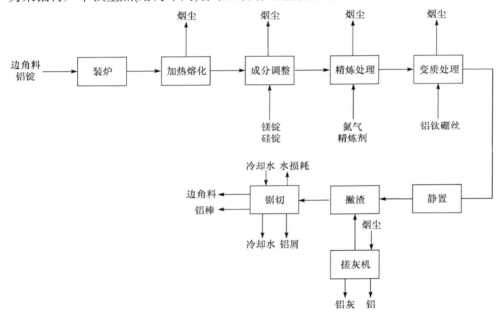

图 11.2　某铝材厂对应审核重点(熔铸车间)的单元操作详细工艺流程示意图

表 11.6　某铝材厂审核重点(熔铸车间)单元操作功能说明表

操作单元名称	功能简介
装炉	用叉车将配好的压余等废料、铝锭投入熔炼炉
加热熔化	加热熔化固体料至工艺要求温度的液态状
成分调整	根据光谱分析按合金要求添加元素成分至合格
精炼处理	用氮气将精炼剂通入熔体中除气
变质处理	加入铝钛硼丝细化晶粒
静置	铝液温度、成分合格后放置一段时间
撇渣	撇渣时把铝液上面的浮渣扒到炉门口，让渣里的铝水流回炉内，然后将渣扒出
锯切	将棒头、棒尾用自动锯去除

4. 编制工艺设备流程图

　　工艺设备流程图主要是为实测和分析服务。与工艺流程图主要强调工艺过程不同，它强调的是设备和进出设备的物流。设备流程图要求按工艺流程，分别标明重点设备输入、输出物流及监测点。图 11.3 为某铝材厂熔铸工艺设备流程图的示例。

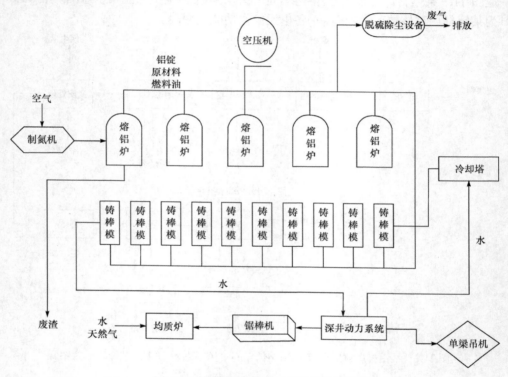

图 11.3　某铝材厂熔铸工艺设备流程图

11.3.2　实测输入输出物流

　　为在评估阶段对审核重点做更深入更细致的物料平衡和废弃物产生原因分析，必须实测审核重点的输入、输出物流。

1. 准备及要求

1) 准备工作
(1) 制定现场实测计划：确定监测项目、监测点；确定实测时间和周期。
(2) 校验监测仪器和计量器具。
2) 要求
(1) 监测项目：应对审核重点全部的输入、输出物流进行实测，包括原料、辅料、水、产品、中间产品及废弃物等。物流中组分的测定根据实际工艺情况而定，有些工艺应测(如电镀液中的 Cu、Cr 等)，有些工艺则不一定都测(如炼油过程中各类烃的具体含量)，原则是监测项目应满足对废弃物流的分析。

(2) 监测点：监测点的设置须满足物料衡算的要求，即主要的物流进出口要监测，但对因工艺条件所限无法监测的某些中间过程，可用理论计算数值代替。

(3) 实测时间和周期：对周期性(间歇)生产的企业，按正常一个生产周期(即一次配料由投入到产品产出为一个生产周期)进行逐个工序的实测，而且至少实测三个周期。对于连续生产的企业，应连续(跟班)监测 72h。

输入、输出物流的实测注意同步性。即在同一生产周期内完成对相应的输入和输出物流的实测。

(4) 实测的条件：正常工况，按正确的检测方法进行实测。

(5) 现场记录：边实测边记录，及时记录原始数据，并标出测定时的工艺条件(温度、压力等)。

(6) 数据单位：数据收集的单位要统一，并注意与生产报表及年、月统计表的可比性。间歇操作的产品，采用单位产品进行统计，如 t/t、t/m 等，连续生产的产品，可用单位时间产量进行统计，如 t/a、t/月、m/d 等。

2. 实测

1) 实测输入物流

输入物流指所有投入生产的输入物，包括进入生产过程的原料、辅料、水、气以及中间产品、循环利用物等。

(1) 数量；

(2) 组分(应有利于废物流分析)；

(3) 实测时的工艺条件。

2) 实测输出物流

输出物流指所有排出单元操作或某台设备、某一管线的排出物，包括产品、中间产品、副产品、循环利用物以及废弃物(废气、废渣、废水等)。

(1) 数量；

(2) 组分(应有利于废物流分析)；

(3) 实测时的工艺条件。

3. 汇总数据

1) 汇总各单元操作数据

将现场实测的数据经过整理、换算并汇总在一张或几张表上，具体可参照表 11.7。

表 11.7　各单元操作数据汇总

单元操作	输入物					输出物					
	名称	数量	成分			名称	数量	成分			去向
			名称	浓度	数量			名称	浓度	数量	
单元操作1											
单元操作2											
单元操作3											

注：1.数量按单位产品的量或单位时间的量填写；

2.成分指输入和输出物中含有的贵重成分或(和)对环境有毒有害成分。

2) 汇总审核重点数据

在单元操作数据的基础上将审核重点的输入和输出数据汇总成表，使其更加清楚明了，表的格式可参照表 11.8。对于输入、输出物料不能简单加和的，可根据组分的特点自行编制类似表格。

表 11.8　审核重点输入输出数据汇总

(单位：　　　　)

输入		输出	
输入物	数量	输出物	数量
原料1			
原料2			
辅料1			
辅料2			
水			
......			
合计			

11.3.3　建立物料平衡

建立物料平衡的目的，旨在准确地判断审核重点的废弃物流，定量地确定废弃物的数量、成分以及去向，从而发现过去无组织排放或未被注意的物料流失，并为产生和研制清洁生产方案提供科学依据。

1. 进行预平衡测算

从理论上讲，物料平衡应满足以下公式：输入＝输出。根据物料平衡原理和实测结果，考察输入、输出物流的总量和主要组分达到的平衡情况。一般来说，如果输入总量与输出总量之间的偏差在 5%以内，则可以用物料平衡的结果进行随后的有关评估与分析，但对于贵重原料、有毒成分等的平衡偏差应更小或应满足行业要求；反之，则须检查造成较大偏差的原因，可能是实测数据不准或存在无组织物料排放等情况，这种情况下应重新实测或补充监测。

2. 编制工艺流程物料平衡图

把各单元操作的输入、输出标在审核重点的工艺流程图上，编制成审核重点的工艺流程物料平衡图。

物料平衡图以单元操作为基本单位，各单元操作用方框图表示，输入画在左边，主要的产品、副产品和中间产品按流程标示，而其他输出则画在右边。图 11.4 为某铝材厂审核重点(熔铸车间)的工艺流程物料平衡图。

3. 编制物料平衡图

物料平衡图是针对审核重点编制的，即用图解的方式将预平衡测算结果标示出来。当审核重点涉及贵重原料和有毒成分时，物料平衡图应标明其成分和数量，或每一成分单独编制物料平衡图。

物料平衡图以审核重点的整体为单位，输入画在左边，主要的产品、副产品和中间产品标在右边，气体排放物标在上边，循环和回用物料标在左下角，其他输出则标在下边。图 11.5 为某铝材厂审核重点(熔铸车间)的物料平衡总图。

从严格意义上说，水平衡是物料平衡的一部分。水若参与反应，则是物料的一部分，但在许多情况下，它并不直接参与反应，而是作为清洗和冷却之用。在这种情况下，并当审核重点的耗水量较大时，为了了解耗水过程，寻找减少水耗的方法，应另外编制水平衡图。

在有些情况下，审核重点的水平衡并不能全面反映问题或水耗在全厂占有重要地位，可考虑就全厂编制一个水平衡图。

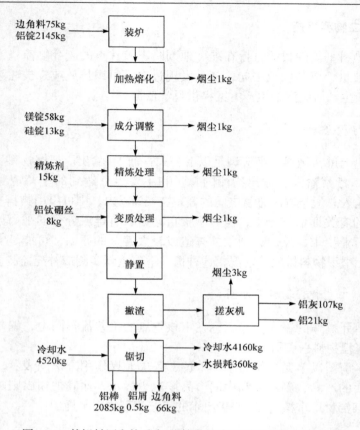

图 11.4 某铝材厂审核重点(熔铸车间)的工艺流程物料平衡图

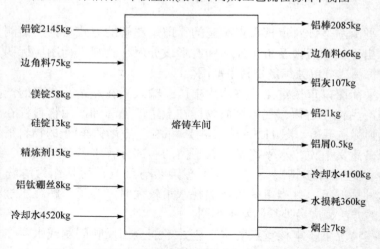

图 11.5 某铝材厂审核重点(熔铸车间)的物料平衡总图

11.3.4　进行物质流分析

在实测输入、输出物流及物料平衡的基础上，根据物料平衡结果，寻找物料流失和废弃物产生部位，对审核重点的生产过程作出评估。主要内容如下：①物料平衡的偏差；②实际原料利用率；③确定物料流失部位(无组织排放)及其他废弃物产生环节和产生部位；④分析废弃物(包括流失的物料)的种类、数量和所占比例以及对生产和环境的影响部位。

审核中的物料平衡是工具，这个工具的使用效果还可以采用如下方式得到提升。

(1) 在绘制精细、准确的物料平衡图的同时，理清各类物料的投入产出节点，合理判别废弃物的分类收集处置方式，尤其是危险废物分类收集处置的合规性，挖掘废弃物的减量化与预处理可能性。

(2) 分析理论型物料平衡与统计型或实测型物料平衡存在的差异，可以有针对性地确定浪费与废弃物过量产生的环节，确定降耗减排的潜力大小，探究导致浪费与废弃物过量产生的关键因素，进而产生针对性的解决方案。也可以对相关的工序制定量化考核指标，对员工进行培训提升，提升精细化管理水平。

(3) 根据物理过程或化学反应的机理，分析投入物料的物理化学性状在实际生产中所发挥的作用，探讨环境友好型物料、工艺、设备设施、过程控制参数替代及废弃物减量化的可行性。

11.3.5　分析问题产生原因

针对每一个物料流失和废弃物产生部位进行分析，找出问题产生的原因。分析可从影响生产过程的八个方面来进行。

1. 原辅材料和能源

原辅材料指生产中主要原料和辅助用料(包括添加剂、催化剂、水等)；能源指维持正常生产所用的动力源(包括电、煤、蒸汽、油等)。因原辅材料及能源而导致产生废弃物主要有以下几个方面的原因：①原辅材料不纯或(和)未净化；②原辅材料储存、发放、运输的流失；③原辅材料的投入量和(或)配比的不合理；④原辅材料及能源的超定额消耗；⑤有毒、有害原辅材料的使用；⑥未利用清洁能源和二次资源。

2. 技术工艺

因技术工艺而导致产生废弃物有以下几个方面的原因：①技术工艺落后，原料转化率低；②设备布置不合理，无效传输线路过长；③反应及转化步骤过长；④连续生产能力差；⑤工艺条件要求过严；⑥生产稳定性差；⑦需使用对环境有害的物料。

3. 设备

因设备而导致产生废弃物有以下几个方面原因：①设备破旧、漏损；②设备自动化控制水平低；③有关设备之间配置不合理；④主体设备和公用设施不匹配；⑤设备缺乏有效维护和保养；⑥设备的功能不能满足工艺要求。

4. 过程控制

因过程控制而导致产生废弃物主要有以下几个方面原因：①计量检测、分析仪表不齐全或监测精度达不到要求；②某些工艺参数(如温度、压力、流量、浓度等)未能得到有效控制；③过程控制水平不能满足技术工艺要求。

5. 产品

产品包括审核重点内生产的产品、中间产品、副产品和循环利用物。因产品而导致产生废弃物主要有以下几个方面原因：①产品储存和搬运中的破损、漏失；②产品的转化率低于国内外先进水平；③不利于环境的产品规格和包装。

6. 废弃物

因废弃物本身具有特性而未加利用导致产生废弃物主要有以下几个方面原因：①对可利用废弃物未进行再用和循环使用；②废弃物的物理化学性状不利于后续的处理和处置；③单位产品废弃物产生量高于国内外先进水平。

7. 管理

因管理而导致产生废弃物主要有以下几个方面的原因：
(1) 有利于清洁生产的管理条例，岗位操作规程等未能得到有效执行；
(2) 现行的管理制度不能满足清洁生产的需要：①岗位操作规程不够严格；②生产记录(包括原料、产品和废弃物)不完整；③信息交换不畅；④缺乏有效的奖惩办法。

8. 员工

因员工而导致产生废弃物主要有以下几个方面原因：
(1) 员工的素质不能满足生产需求：①缺乏优秀管理人员；②缺乏专业技术人员；③缺乏熟练操作人员；④员工的技能不能满足本岗位的要求。
(2) 缺乏对员工主动参与清洁生产的激励措施。

11.3.6　提出备选方案并实施显而易行的方案

在评估阶段的方案，是必须深入分析物料平衡结果才能发现的，是针对审核重点的。根据问题产生原因，提出针对审核重点的显而易见的方案，并实施显而易行的方案。

11.4　方案的产生和筛选

方案的产生和筛选是企业进行清洁生产审核工作的第四个阶段。本阶段的目的是通过方案的产生、梳理和筛选，为下一阶段的可行性分析提供足够的中高费清洁生产方案。

本阶段的工作重点是根据评估阶段的结果，制定审核重点的清洁生产方案；在分类汇总基础上(包括已产生的非审核重点的清洁生产方案，主要是无低费方案)，经过筛选确定出两个以上中高费方案供下一阶段进行可行性分析；同时继续实施显而易行的方案；进行清洁生产审核阶段性总结。

11.4.1　产生方案

清洁生产方案的数量、质量和可实施性直接关系到企业清洁生产审核的成效，是审核过程的一个关键环节，因而应广泛发动群众征集、产生各类方案。

1. 产生方案的主要途径

1) 广泛采集，创新思路

在全厂范围内利用各种渠道和多种形式，进行宣传动员，鼓励全体员工提出清洁生产方案或合理化建议。通过实例教育，克服思想障碍，制定奖励措施以鼓励创造性思想和方案的产生。

2) 根据物料平衡和针对废弃物产生原因分析产生方案

进行物料平衡和废弃物产生原因分析的目的就是要为清洁生产方案的产生提供依据，因而方案的产生要紧密结合这些结果，只有这样才能使所产生的方案具有针对性。

3) 广泛收集国内外同行业先进技术

类比是产生方案的一种快捷、有效的方法。应组织工程技术人员广泛收集国内外同行业的先进技术，并以此为基础，结合本企业的实际情况，制定清洁生产方案。

4) 组织行业专家进行技术咨询

当企业利用本身的力量难以完成某些方案的产生时，可以借助于外部力量，组织行业专家进行技术咨询，这对启发思路、畅通信息将会很有帮助。

2. 产生方案的原则

清洁生产涉及企业生产和管理的各个方面，虽然物料平衡和废弃物产生原因分析将大大有助于方案的产生，但是在其他方面可能也存在着一些清洁生产机会，因而可从影响生产过程的八个方面全面系统地产生方案。①原辅材料和能源替代；②技术工艺改造；③设备维护和更新；④过程优化控制；⑤产品更换或改进；⑥废弃物回收利用和循环使用；⑦加强管理；⑧员工素质的提高以及积极性的激励。

清洁生产审核方案必须真正体现出清洁生产的"源头削减"理念，末端治理类方案所占比重不能过大。清洁生产方案应以有毒有害原辅材料的替代，以及工艺、设备和过程控制的改进为主，采用新技术、新工艺、新材料和新设备，实现企业的技术进步。当然，由于科学技术的局限，很难做到生产过程中完全不产生废弃物，仍需开展必要的末端治理。但在全部的清洁生产方案中，特别是中高费方案中，末端治理类方案所占的比例不宜过大。

11.4.2　汇总方案

对所有的清洁生产方案，不论是已实施的还是未实施的，不论是属于审核重点的还是不属于审核重点的，均按原辅材料和能源替代、技术工艺改造、设备维护和更新、过程优化控制、产品更换或改进、废弃物回收利用和循环使用、加强管理、员工素质的提高以及积极性的激励等八个方面列表简述其原理和实施后的预期效果。

11.4.3　筛选方案

在进行方案筛选时可采用两种方法，一是用比较简单的方法进行初步筛选，二是采用权重总和计分排序法进行筛选和排序。

1. 初步筛选

初步筛选是要对已产生的所有清洁生产方案进行简单检查和评估，从而分出可行的无低费方案、初步可行的中高费方案和不可行方案三大类。其中，可行的无低费方案可立即实施；初步可行的中高费方案供下一步进行研制和进一步筛选；不可行的方案则搁置或否定。

1) 确定初步筛选因素

初步筛选因素可考虑技术可行性、环境效益、经济效益、实施难易程度以及对生产和产品的影响等几个方面。

(1) 技术可行性。主要考虑该方案的成熟程度，例如是否已在企业内部其他部门采用过或同行业其他企业采用过，以及采用的条件是否基本一致等。

(2) 环境效益。主要考虑该方案是否可以减少废弃物的数量和毒性，是否能改善工人的操作环境等。

(3) 经济效益。主要考虑投资和运行费用能否承受得起，是否有经济效益，能否减少废弃物的处理处置费用等。

(4) 实施的难易程度。主要考虑是否在现有的场地、公用设施、技术人员等条件下即可实施或稍作改进即可实施，实施的时间长短等。

(5) 对生产和产品的影响。主要考虑方案的实施过程中对企业正常生产的影响程度以及方案实施后对产量、质量的影响。

2) 进行初步筛选

在进行方案的初步筛选时，可采用简易筛选方法，即组织企业领导和工程技术人员进行讨论来决策。方案的简易筛选方法基本步骤如下：第一步，参照前述筛选因素的确定方法，结合本企业的实际情况确定筛选因素；第二步，确定每个方案与这些筛选因素之间的关系，若是正面影响关系，则打"√"，若是反面影响关系则打"×"；第三步，综合评价，得出结论。具体参照表 11.9。

表 11.9　方案简易筛选方法

筛选因素	方案编号				
	F	F	F	……	F
技术可行性	√	×	√	……	√
环境效益	√	√	√	……	×
经济效益	√	√	×	……	√
……	……	……	……	……	……
结论	√	×	×	……	×

2. 权重总和计分排序

权重总和计分排序法适合于处理方案数量较多或指标较多相互比较有困难的情况，一般仅用于中高费方案的筛选和排序。

方案的权重总和计分排序法基本同 11.2.4 节确定审核重点的权重总和计分排序法，只是权重因素和权重值可能有些不同。权重因素和权重值的选取可参照以下执行。

(1) 环境效益，权重值 $W=8\sim10$。主要考虑是否减少了对环境有害物质的排放量及其毒性；是否减少了对工人安全和健康的危害；是否能够达到环境标准等。

(2) 经济可行性，权重值 $W=7\sim10$。主要考虑费用效益比是否合理。

(3) 技术可行性，权重值 $W=6\sim8$。主要考虑技术是否成熟、先进；能否找到有经验的技术人员；国内外同行业是否有成功的先例；是否易于操作维护等。

(4) 可实施性，权重值 $W=4\sim6$。主要考虑方案实施过程中对生产的影响大小；施工难度，施工周期；工人是否易于接受等。

具体方法参见表 11.10。

表 11.10　方案的权重总和计分排序

权重因素	权重值 (W)	方案得分							
		方案 1		方案 2		方案 3		……	方案 n	
		R	$R\times W$	R	$R\times W$	R	$R\times W$		R	$R\times W$
环境效益										
经济可行性										
技术可行性										
可实施性										
总分($\sum R\times W$)	—									
排序	—									

3. 汇总筛选结果

按可行的、初步可行的方案和不可行方案列表汇总方案的筛选结果。

11.4.4　继续实施显而易行的方案

实施经筛选确定的显而易行的清洁生产方案。

11.4.5　清洁生产审核阶段性总结

清洁生产审核阶段性总结在方案产生和筛选工作完成之后进行，是对前面所有工作的总结，尤其是对清洁生产潜力分析、审核总体方向、审核重点、清洁生产目标设置、产生问题的原因分析等方面进行梳理，及时总结经验和发现问题，为后续审核工作奠定基础。

11.5　可行性分析

可行性分析是企业进行清洁生产审核工作的第五个阶段。本阶段的目的是对筛选出来的初步可行的中高费清洁生产方案进行分析和评估，以选择最佳的、可实施的清洁生产方案。

本阶段工作重点是在结合市场调查和收集一定资料的基础上，进行方案的技术、环境、经济的可行性分析和比较，从中选择和推荐最佳的可行方案。

最佳的可行方案是指该项投资方案在技术上先进适用、在经济上合理有利、又能保护环境的最优方案。

11.5.1　研制方案

1. 初步研制方案

经过筛选得出的初步可行的中高费清洁生产方案，因为投资额较大，而且一般对生产工艺过程有一定程度的影响，因而需要进一步研制，主要是进行一些工程化分析，从而提供两个以上方案供下一阶段作可行性分析。方案的研制内容包括以下四个方面：①方案的工艺流程详图；②方案的主要设备清单；③方案的费用和效益估算；④编写方案说明。

对每一个初步可行的中高费清洁生产方案均应编写方案说明，主要包括技术原理、主要设备、主要的技术及经济指标、可能的环境影响等。

一般来说，筛选出来的每一个中高费方案进行研制和细化时都应考虑以下几个原则。

(1) 系统性。考察每个单元操作在一个新的生产工艺流程中所处的层次、地位和作用，以及与其他单元操作的关系，从而确定新方案对其他生产过程的影响，并综合考虑经济效益和环境效益。

(2) 闭合性。尽量使工艺流程对生产过程中的载体，例如水、溶剂等，实现闭路循环。

(3) 无害性。清洁生产工艺应该是无害(或至少是少害)的生态工艺，要求不污染(或轻污染)空气、水体和地表土壤；不危害操作工人和附近居民的健康；不损坏风景区、休憩地的美学价值；生产的产品要提高其环保性，使用可降解原材料和包装材料。

(4) 合理性。合理性旨在合理利用原料，优化产品的设计和结构，降低能耗和物耗，减少劳动量和劳动强度等。

2. 市场调查和预测

清洁生产方案涉及以下情况时，需首先进行市场调查和预测，为方案的技术与经济可行性分析奠定基础：①拟对产品结构进行调整；②有新的产品(或副产品)产生；③将得到用于其他生产过程的原材料。

市场调查和预测包括下面两项基本内容：

(1) 调查市场需求：国内同类产品的价格、市场总需求量；当前同类产品的总供应量；产品进入国际市场的能力；产品的销售对象(地区或部门)；市场对产品的改进意见。

(2) 预测市场需求：国内市场发展趋势预测；国际市场发展趋势分析；产品开发生产销售周期与市场发展的关系。

11.5.2　确定方案的基本内容

通过市场调查和市场需求预测，对原来方案中的技术途径和生产规模可能会作相应调整。在进行技术、环境、财务评估之前，要最后确定方案的技术途径。每一方案中应包括 2～3 种不同的技术途径，以供选择，其内容应包括以下几个方面：①方案技术工艺流程详图；②方案实施途径及要点；③主要设备清单及配套设施要求；④方案所达到的技术经济指标；⑤可产生的环境、经济效益预测；⑥方案的投资总费用。

11.5.3　进行技术评估

技术评估的目的是研究项目在预定条件下，为达到投资目的而采用的工程是否可行。技术评估应着重评价以下几方面：①方案设计中采用的工艺路线、技术设备在经济合理的条件下的先进性、适用性；②与国家有关的技术政策和能源政策的相符性；③技术引进或设备进口要符合我国国情，引进技术后要有消化吸收能力；④资源的利用率和技术途径合理；⑤技术设备操作上安全、可靠；⑥技术成熟(如国内有实施的先例)。

11.5.4　进行环境评估

任何一种清洁生产方案都应有显著的环境效益，环境评估是方案可行性分析的核心。环境评估应包括以下内容：①资源的消耗与资源可永续利用要求的关系；②生产中废弃物排放量的变化；③污染物组分的毒性及其降解情况；④污染物的二次污染；⑤操作环境对人员健康的影响；⑥废弃物的重复利用、循环利用和再生回收。

11.5.5　进行财务评估

本阶段所指的财务评估是从企业的角度，按照国内现行市场价格，计算出方案实施后在财务上的获利能力和清偿能力。

财务评估的基本目标是要说明资源利用的优势。它是以项目投资所能产生的效益为评价内容，通过分析比较，选择效益最佳的方案，为投资决策提供依据。

1. 清洁生产经济效益的统计方法

清洁生产既有直接的经济效益也有间接的经济效益，这些经济效益既有可记账部分，也有不可记账部分。要尽可能完善清洁生产经济效益的统计方法，独立建账，明细分类。

清洁生产的经济效益包括图 11.6 所示几方面的收益。

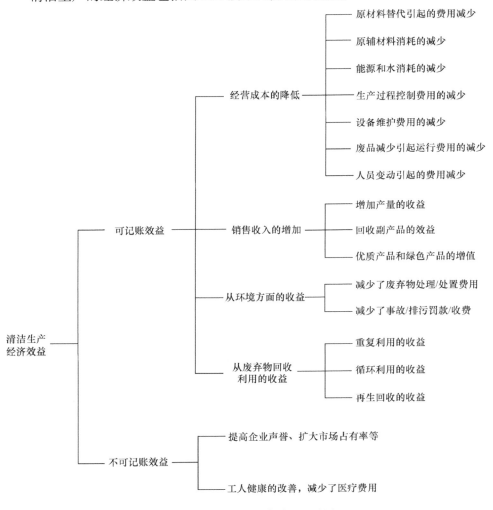

图 11.6　清洁生产经济效益汇总图

2. 财务评估方法

清洁生产方案的财务评估主要采用项目折现现金流量分析方法(财务动态获

利性分析方法)。

主要财务评估指标如图 11.7 所示。

图 11.7　主要财务评估指标

3. 财务评估指标及其计算

1) 总投资费用(I)

$$总投资费用(I) = 总投资 - 补贴$$

清洁生产中高费方案的投资估算如图 11.8 所示。其中，工程费用和工程建设其他费用形成固定资产。为简化计，预备费用和建设期利息，在可行性分析中一并计入固定资产原值。

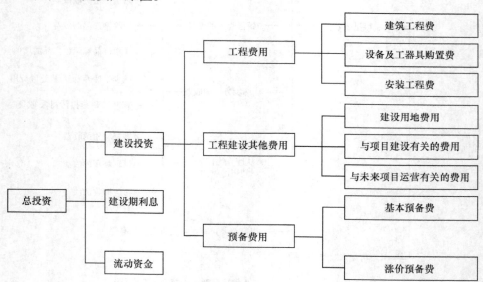

图 11.8　清洁生产中高费方案的投资估算框架图

2) 年净现金流量(F)

从企业角度出发，企业的经营成本、工商税和其他税金，以及利息支付都是现金流出。销售收入是现金流入，企业从建设总投资中提取的折旧费可由企业用于偿还贷款，故也是企业现金流入的一部分。

净现金流量是现金流入和现金流出之差额，年净现金流量就是一年内现金流入和现金流出的代数和。

$$年净现金流量(F)=销售收入-经营成本-各类税+年折旧费$$
$$=年净利润+年折旧费$$

3) 投资偿还期(N)

这个指标是指项目投产后，以项目获得的年净现金流量来回收项目建设总投资所需的年限。可用下列公式计算：

$$N = \frac{I}{F}$$

式中，I 为总投资费用；F 为年净现金流量。

4) 净现值(NPV)

净现值是指在项目经济寿命期内(或折旧年限内)将每年的净现金流量按规定的贴现率折现到计算期初的基年(一般为投资期初)现值之和。其计算公式为

$$NPV = \sum_{j=1}^{n} \frac{F}{(1+i)^j} - I$$

式中，i 为贴现率；n 为项目寿命周期(或折旧年限)；j 为年份。

净现值是动态获利性分析指标之一。

5) 净现值率($NPVR$)

净现值率为单位投资额所得到的净收益现值。如果两个项目投资方案的净现值相同，而投资额不同时，则应以单位投资能得到的净现值进行比较，即以净现值率进行选择。其计算公式是

$$NPVR = \frac{NPV}{I} \times 100\%$$

净现值和净现值率均按规定的贴现率进行计算确定，它们还不能体现出项目本身内在的实际投资收益率。因此，还需采用内部收益率指标来判断项目的真实收益水平。

6) 内部收益率(IRR)

项目的内部收益率是在整个经济寿命期内(或折旧年限内)累计逐年现金流入的总额等于现金流出的总额，即投资项目在计算期内，使净现值为零的贴现率。可按下式计算：

$$NPV = \sum_{j=1}^{n} \frac{F}{(1+IRR)^j} - I = 0$$

计算内部收益率的简易方法可用试差法。

$$IRR = i_1 + \frac{NPV_1(i_2 - i_1)}{NPV_1 + |NPV_2|}$$

式中，i_1 为当净现值 NPV_1 为接近于零的正值时的贴现率；i_2 为当净现值 NPV_2 为接近于零的负值时的贴现率。

NPV_1、NPV_2 分别为试算贴现率 i_1 和 i_2 时对应的净现值。i_1 和 i_2 可查年净现值系数表获得，i_1 与 i_2 的差值不应当超过 2%。

4. 财务评估准则

(1) 投资偿还期(N)应小于定额投资偿还期(视项目不同而定)。投资偿还期越短，表明项目投资回收越快，抗风险能力越好。定额投资偿还期一般由各个工业部门结合企业生产特点，在总结过去建设经验统计资料基础上，统一确定的回收期限，有的也是根据贷款条件而定。一般：

中费项目　　　　　　　　　　$N<3$ 年
较高费项目　　　　　　　　　$N<5$ 年
高费项目　　　　　　　　　　$N<10$ 年

(2) 净现值为正值，$NPV \geq 0$。当项目的净现值大于或等于零时(即为正值)则认为此项目投资可行；如净现值为负值，就说明该项目投资收益率低于贴现率，则应放弃此项目投资；在两个以上投资方案进行选择时，则应选择净现值为最大的方案。

(3) 净现值率最大。在比较两个以上投资方案时，不仅要考虑项目的净现值大小，而且要求选择净现值率为最大的方案。

(4) 内部收益率应大于基准收益率或银行贷款利率；$IRR \geq i_0$。内部收益率是项目投资的最高盈利率，也是项目投资所能支付贷款的最高临界利率，如果贷款利率高于内部收益率，则项目投资就会造成亏损。因此，内部收益率反映了实际投资效益，可用以确定能接受投资方案的最低条件。

11.5.6　确定最佳可行方案

汇总并列表比较各个推荐的中高费方案的技术、环境、财务评估结果，确定最佳可行的实施方案。

11.6　方案的实施

方案实施是企业清洁生产审核的第六个阶段。目的是通过推荐方案(经分析可行的中高费最佳可行方案)的实施，使企业实现技术进步，获得显著的经济和环境效益；通过评估已实施的清洁生产方案成果，激励企业推选清洁生产。

本阶段工作重点是组织最佳可行方案的实施、汇总已实施方案效益、评价已实施中高费方案的效果、整体评价已实施的清洁生产方案对企业的影响。

11.6.1　组织方案实施

最佳可行方案在具体实施前需要周密准备。

1. 统筹规划

需要筹划的内容有：①筹措资金；②设计；③征地、现场开发；④申请施工许可；⑤兴建厂房；⑥设备选型、调研、设计、加工或订货；⑦落实配套公共设施；⑧设备安装；⑨组织操作、维修、管理班子；⑩制订各项规程；⑪人员培训；⑫原辅材料准备；⑬应急计划(突发情况或障碍)；⑭施工与企业正常生产的协调；⑮试运行与验收；⑯正常运行与生产。

统筹规划时建议采用甘特图形式制订实施进度表。表 11.11 是某建材企业的实施方案进度表。

表 11.11　某建材企业实施方案进度表

内容	1995 年												负责单位
	1 月	2 月	3 月	4 月	5 月	6 月	7 月	8 月	9 月	10 月	11 月	12 月	
1.设计													专业设计院
2.设备考察													环保科
3.设备选型、定货													环保科
4.落实公共设施服务													电力车间
5.设备安装													专业安装队
6.人员培训													烧成车间
7.试车													环保科
8.正常生产													烧成车间

注：实施方案名称：采用微震布袋除尘器回收立窑烟尘。

2. 筹措资金

1) 资金的来源

资金的来源有两个渠道：

(1) 企业内部自筹资金，包括两个部分，一是现有资金，二是通过实施清洁生产无低费方案，逐步积累资金，为实施中高费方案作好准备。

(2) 企业外部资金，包括国内借贷资金，如国内银行贷款等；国外借贷资金，如世界银行贷款等；其他资金来源，如国际合作项目赠款、环保资金返回款、政府财政专项拨款、发行股票和债券融资等。

2) 合理安排有限的资金

若同时有数个方案需要投资实施时，则要考虑如何合理有效地利用有限的资金。

在方案可分别实施，且不影响生产的条件下，可以对方案实施顺序进行优化，先实施某个或某几个方案，然后利用方案实施后的收益作为其他方案的启动资金，使方案滚动实施。

3. 实施方案

最佳可行方案的立项、设计、施工、验收等，按照国家、地方或部门的有关规定执行。无低费方案的实施过程也要符合企业的管理和项目的组织、实施程序。

11.6.2　跟踪统计并汇总已实施方案的效益

已实施方案的效益有两个主要方面：环境效益和经济效益。通过调研、实测和计算，分别对比各项环境指标，包括物耗、水耗、电耗等资源消耗指标以及废水量、废气量、固废量等废弃物产生指标在方案实施前后的变化，从而获得方案实施后的环境效益；分别对比产值、原材料费用、能源费用、公共设施费用、水费、污染控制费用、维修费、税金以及净利润等经济指标在方案实施前后的变化，从而获得方案实施后的经济效益，最后总结本轮清洁生产审核中方案的实施情况。

11.6.3　评价已实施的中高费方案的效果

对已实施的中高费方案的效果，进行技术、环境、财务和综合评价。

1. 技术评价

主要评价各项技术指标是否达到原设计要求，若没有达到要求，如何改进等。

2. 环境评价

环境评价主要对中高费方案实施前后各项环境指标进行追踪并与方案的设计值相比较，考察方案的环境效益以及企业环境形象的改善。

通过方案实施前后的数字，可以获得方案的环境效益，又通过方案的设计值与方案实施后的实际值的对比，即方案理论值与实际值进行对比，可以分析两者差距，相应地可对方案进行完善。

3. 财务评价

财务评价是评价中高费清洁生产方案实施效果的重要手段。分别对比产值、原材料费用、能源费用、公共设施费用、水费、污染控制费用、维修费、税金以及净利润等财务指标在方案实施前后的变化以及实际值与设计值的差距，从而获得中高费方案实施后所产生的经济效益情况。

4. 综合评价

通过对每一中高费清洁生产方案进行技术、环境、财务三方面的分别评价，可以对已实施的各个方案成功与否作出综合、全面的评价结论。

11.6.4　分析总结清洁生产审核对企业的影响

无低费和中高费清洁生产方案经过征集、设计、实施等环节，使企业面貌有了改观，有必要进行总结，以巩固清洁生产成果。

1. 汇总环境效益和经济效益

将已实施的无低费和中高费清洁生产方案成果汇总成表，内容包括实施时间、投资运行费、经济效益和环境效益，并进行分析。

2. 对比分析清洁生产目标

虽然可以定性地从技术工艺水平、过程控制水平、企业管理水平、员工素质等众多方面考察清洁生产带给企业的变化，但最有说服力、最能体现清洁生产效益的是考察审核前后企业各项单位产品指标的变化情况。

通过定性、定量分析，企业可以从中体会清洁生产的优势，总结经验以利于在企业内推行清洁生产；另外也要利用以上方法，从定性、定量两方面与清洁生产指标评价体系、清洁生产标准、国内外同类型企业的先进水平进行对比，寻找差距，分析原因以利改进，从而在深层次上寻求清洁生产机会。

与预审核阶段设立的清洁生产审核的全厂总目标和审核重点目标分别进行对

比，分析目标的完成情况及存在的差距。结合预审核阶段对企业现状评估结果，及清洁生产潜力分析，综合评价审核前后企业清洁生产水平变化情况。

3. 清洁生产成果宣传

在总结已实施的无低费和中高费方案清洁生产成果的基础上，组织宣传材料，在企业内广为宣传，为继续推行清洁生产打好基础。

11.7　持续清洁生产

持续清洁生产是企业清洁生产审核的最后一个阶段。目的是使清洁生产工作在企业内长期、持续地推行下去。本阶段工作重点是建立推行和管理清洁生产工作的组织机构、建立促进实施清洁生产的管理制度、制定持续清洁生产计划以及编写清洁生产审核报告。

11.7.1　建立和完善清洁生产组织

清洁生产是一个动态的、相对的概念，是一个连续的过程，因而须有一个固定的机构、稳定的工作人员来组织和协调这方面工作，以巩固已取得的清洁生产成果，并使清洁生产工作持续地开展下去。

1. 明确任务

企业清洁生产组织机构的任务有以下四个方面：①组织协调并监督实施本次审核提出的清洁生产方案；②经常性地组织对企业职工的清洁生产教育和培训；③选择下一轮清洁生产审核重点，并启动新的清洁生产审核；④负责清洁生产活动的日常管理。

2. 落实归属

清洁生产机构要想起到应有的作用，及时完成任务，必须落实其归属问题。企业的规模、类型和现有机构等千差万别，因而清洁生产机构的归属也有多种形式，各企业可根据自身的实际情况具体掌握。可考虑以下几种形式：①单独设立清洁生产办公室，直接归属厂长领导；②在环境保护部门中设立清洁生产机构；③在管理部门或技术部门中设立清洁生产机构。

不论是以何种形式设立的清洁生产机构，企业的高层领导要有专人直接领导该机构的工作，因为清洁生产涉及生产、环保、技术、管理等各个部门，必须有高层领导的协调才能有效地开展工作。

3. 确定专人负责

为避免清洁生产机构流于形式、确定专人负责是很有必要的。该职员须具备以下能力：①熟练掌握清洁生产审核知识；②熟悉企业的环保情况；③了解企业的生产和技术情况；④较强的工作协调能力；⑤较强的工作责任心和敬业精神。

11.7.2　加强和完善清洁生产管理

清洁生产管理包括把审核成果纳入企业的日常管理轨道、建立激励机制和保证稳定的清洁生产资金来源。

1. 把审核成果纳入企业的日常管理

把清洁生产的审核成果及时纳入企业的日常管理轨道，是巩固清洁生产成效、防止走过场的重要手段，特别是通过清洁生产审核产生的一些无低费方案，如何使它们形成制度显得尤为重要。

(1) 把清洁生产审核提出的加强管理的措施文件化，形成制度。

(2) 把清洁生产审核提出的岗位操作改进措施写入岗位的操作规程，并要求严格遵照执行。

(3) 把清洁生产审核提出的工艺过程控制的改进措施写入企业的技术规范。

2. 建立和完善清洁生产激励机制

在奖金、工资分配、提升、降级、上岗、下岗、表彰、批评等诸多方面，充分与清洁生产挂钩，建立清洁生产激励机制，以调动全体职工参与清洁生产的积极性。

3. 保证稳定的清洁生产资金来源

清洁生产的资金来源可以有多种渠道，例如贷款、集资等，但是清洁生产管理制度的一项重要作用是保证实施清洁生产所产生的经济效益，全部或部分地用于清洁生产和清洁生产审核，以持续滚动地推进清洁生产。建议企业财务对清洁生产的投资和效益单独建账。

4. 建立企业清洁生产指标管理考核制度

制定企业清洁生产指标管理考核办法，逐步建立、健全清洁生产指标管理制度，定期对清洁生产实施效果进行考核。

11.7.3　制定持续清洁生产计划

清洁生产并非一朝一夕就可完成，因而应制定持续清洁生产计划，使清洁生产有组织、有计划地在企业中进行下去。持续清洁生产计划应包括：

(1) 清洁生产审核工作计划：指下一轮的清洁生产审核。新一轮清洁生产审核的起动并非一定要等到本轮审核的所有方案都实施以后才进行，只要大部分可行的无低费方案得到实施，取得初步的清洁生产成效，并在总结已取得的清洁生产经验的基础上，即可开始新的一轮审核。

(2) 清洁生产方案的实施计划：指经本轮审核提出的可行的无低费方案和通过可行性分析的中高费方案。

(3) 清洁生产新技术的研究与开发计划：根据本轮审核发现的问题，研究与开发新的清洁生产技术。

(4) 企业职工的清洁生产培训计划。

11.7.4　编写清洁生产审核报告

按照"清洁生产审核报告编写技术规范"编制审核报告。详见"第 12 章清洁生产审核报告"。

第 12 章　清洁生产审核报告

在企业的一轮清洁生产审核结束后，要完成本轮清洁生产审核报告。清洁生产审核报告是用文字和图片对一轮清洁生产审核活动的如实记录。它系统地总结在整个清洁生产审核过程中，企业分阶段、按步骤进行的审核工作，体现审核的绩效，是企业完成清洁生产审核的重要成果。

审核报告的撰写既要完整真实地反映审核过程，又要准确量化审核结果，是非常重要的一项工作。

12.1　重　要　性

清洁生产审核是通过关注企业的 5 个对象(物耗、能耗、水耗、污染物、有毒有害物)，根据 7 个阶段 35 个小步骤的"找部位、找问题、找原因、找解决方案"的系统审核工作，详细排查企业存在的问题及原因，确定可行的方案并予以实施，使企业获得"节能、降耗、减污、增效"的成果，达到清洁生产的目的。因此，清洁生产审核报告的本质作用就是如实地用文字记录企业围绕着一轮清洁生产审核过程所进行的一切有效的值得记载下来的活动和成果。

清洁生产审核工作涉及企业、政府管理部门、专家和咨询服务机构等，审核报告对于各方而言都有重大的作用。

对企业而言，审核报告对企业进行了一次有关资源、能源利用情况，污染物产生情况，生产技术、工艺、设备使用情况，管理情况的全面摸底和梳理。它有助于企业了解自身的清洁生产水平，是企业制定今后清洁生产计划和安排的有力依据，也是企业在后续的经营活动中，按照清洁生产的理念将经济效益与环境效益统筹考虑，制定环境经营策略和发展策略的依据。

对政府管理部门而言，审阅审核报告是政府主管部门在验收时，用最短的时间了解企业审核工作情况的重要方式；是政府主管部门了解、评定企业清洁生产审核绩效的主要依据；是环境保护部门发放排污许可证的重要参考依据；是政府向社会公告企业清洁生产绩效的重要信息来源。

12.2　编　制　原　则

12.2.1　真实可靠

清洁生产审核报告是企业实施完成一轮清洁生产审核工作的书面表现形式，是对企业清洁生产审核工作取得的效果进行总结分析，并对企业的持续清洁生产作科学的建议与计划，编制清洁生产审核报告的过程中一定要避免做了的审核工作没有写，也要杜绝对没有做的工作进行"编造"。

(1) 必须绝对禁止，摒弃弄虚作假的报告。有些企业会认为，清洁生产验收时，专家和政府管理部门主要是针对清洁生产审核报告进行评价打分，就对报告上生产中的物耗能耗数据作假，让生产数据看起来更加美观，把各项清洁生产指标都"编造"，使其达到行业先进水平。有些企业将过去已经实施完成的改造项目说成是本轮清洁生产审核实施的方案，胡乱编造报告，企图蒙混过关。有些为了对报告中的中高费方案"凑数"，将还没有实施的方案说成实施了，这不仅是一种恶劣的、丧失职业道德的做法，而且一旦发现，会受到罚款和信用记录扣分的惩戒。

(2) 要避免不切实际的美化和拔高。有些审核报告中清洁生产目标设置不合理、夸大其审核绩效，清洁生产目标不是根据企业的实际情况设置，而是为了好看。只参照环评来对企业的产排污情况进行分析，作出不符合实际的美化。

(3) 在数据来源不同的情况下，要综合分析和研制，做到有据可依。企业各项数据的收集是清洁生产报告编写的一个很重要的工作，一般而言，企业生产部门掌握的数据与财务部门有出入是难以避免的，尤其是民营中小企业，企业账目不全，能源初期库存和末期库存无法核对，各种消耗无法实际统计等情况层出不穷。针对企业的实际运行情况，企业和咨询服务机构应更注重数据不统一的解决办法。

首先，要多渠道全面收集数据，尤其是企业的原始生产数据。通常情况下，设备运行记录、监测报告数据、环保设施台账、物料领用登记、能源缴费单等信息，要比经过整理的信息，如统计报表等，更加可靠。其次，对多渠道统计的数据进行翔实的归纳、测算、查验、比对。数据之间是有相关性的，通过不同时期，不同类别数据的对照，往往可以得到最接近事实的数据。最后，现场考察与一线员工沟通，也是获取准确数据的一种好的方式。

(4) 缺乏直接数据时，应进行合理的推导和演算，尽量避免直接使用估算数据。如许多中小企业的水、电、气等缺乏完善的二、三级计量器具，导致清洁生产审核所必需的一些基本物耗、能耗资料缺失。像生产设备、电机的能耗，就可以根据功率进行推算，当然，企业完善二级甚至三级计量系统，这对企业今后用能目标考核管理具有更实际的意义。

12.2.2　规范完整

清洁生产审核报告应严格按照规范要求来编写。

高质量的审核报告对审核程序及步骤都进行了详细阐述，对重点的内容及环节都交代清楚、完整，上下文互相对应。一份系统完整的清洁生产审核报告，还需要介绍清洁生产审核工作开始前的相关工作。如在报告中对环评及批复、环保验收及相关设计环保治理设施文件等内容进行相应的描述。核实企业是否有环保欠账，各项环境管理手续是否齐全，是否存在环境违法问题，是否存在周边居民环境投诉问题等。

12.2.3　定量科学

清洁生产审核过程需要使用一系列的计算工具和科学方法。如审核重点确定的方法是否正确，审核目标的选择是否科学合理，目标定量是否具有可达性，数据分析是否采用了科学的方法和工具，方案的经济分析、技术分析、环境分析是否尽量量化，已经完成的方案所取得的经济效益和环境效益，以及目标的达成情况是否有明确的数据支撑。

12.2.4　逻辑性强

报告的逻辑性体现在两个方面：一个是程序的逻辑性，另一个是反映事实的逻辑性。

程序的逻辑性，即原因分析方法要突出逻辑性。报告前后内容应有清楚的逻辑对应关系，按清洁生产审核思路系统地进行深入、全面的审核。从污染和浪费在哪里产生着手，去寻找污染和浪费产生原因，在此基础上提出减少污染和浪费的方案，再实施这些方案、取得成效。因此在编写清洁生产审核报告时，在逻辑上应明确：原因分析是针对污染和浪费的问题，提出的方案是针对引起问题的原因，实施方案带来解决问题的成果。

事实的逻辑性，指使用什么原辅材料、采取什么工艺设备、生产什么产品、在什么样的管理组织下，就必定会产生什么样的污染和浪费问题，要有什么样的措施才能解决相应的问题，这是存在一个逻辑关系的。

另外，在表现形式上也应该很好地把握这些内在的逻辑关系，如报告中预审核、评估提出的问题在方案中应该有相应的解决措施。方案中论述、分析的措施内容，在预审核、审核中必定要有提及，否则给人感觉是随意地、游离式地审核，报告内容割裂，不能形成一个逻辑整体，缺乏说服力。

12.2.5　明确的表达主体和时间节点

　　企业是清洁生产的主体，清洁生产审核报告应该是由企业人员来执笔编写，即使编写时得到了咨询服务机构的指导，审核报告仍然是从企业的角度来反映审核的过程和结果。

　　清洁生产审核报告是在一轮清洁生产审核完成后提交的工作报告，这是一个总的时间节点。但是在报告中还存在方案实施前、实施中、实施后等阶段，审核报告在行文时一定要交代清楚，不要把现在的情况、打算做的事情、完成之后的结果混淆。

12.3　报告形式和框架

　　工业企业开展清洁生产审核工作有清洁生产审核、清洁生产实地评估两种形式。其中的清洁生产审核有两种流程：一是清洁生产审核流程，也称规范清洁生产审核流程、全流程清洁生产审核或者一般流程清洁生产审核。二是快速清洁生产审核流程，或者称为简易流程清洁生产审核。

　　清洁生产审核的形式和流程不同，清洁生产审核报告则有相对应的要求和形式，省级清洁生产主管部门会发布清洁生产审核报告编制技术要求。通常重点企业清洁生产审核必须提交两个审核报告，即清洁生产审核报告(送审稿)(或称为清洁生产中期审核报告)和清洁生产审核报告(实施稿)，并提交清洁生产工作报告。自愿性清洁生产审核只需提交清洁生产审核报告。

12.3.1　中期审核报告

　　1. 编写目的

　　汇总分析筹划和组织、预审核、审核及方案产生与筛选这四个阶段的清洁生产审核工作成果，及时总结经验和发现问题，为在以后阶段的改进和继续工作打好基础。

　　2. 编写时间点

　　在方案的产生和筛选工作完成之后，部分无低费方案已实施的情况下编写。

　　3. 报告大纲及要求

　　第1章　前言
包括企业简要概况、清洁生产审核的背景和目的、企业存在的主要资源和环境问题等。

第 2 章　审核准备

2.1　成立审核工作小组

2.2　制定审核工作计划

2.3　开展宣传与教育

2.4　建立激励机制

本章要求有如下图表：审核领导小组成员表(包括姓名、公司职务、小组职务、职责、投入时间等)；审核工作小组成员表(包括姓名、公司职务、小组职务、职责、投入时间等)；审核工作计划(包括审核阶段、步骤、工作内容、责任部门、负责人、参与人、完成时间、各项工作的产出等)；企业开展宣传教育的照片资料。

第 3 章　预审核

3.1　企业概况

3.1.1　企业基本情况

3.1.2　企业生产现状

3.1.3　企业原辅材料、水、能源消耗

3.1.4　主要设备

3.1.5　有毒有害物质情况

3.2　企业环境保护状况

3.2.1　环境管理状况

3.2.2　产污排污状况

3.3　企业的管理状况及科技研发情况

3.4　企业清洁生产技术应用及清洁生产水平评估

3.5　确定审核重点

3.6　设置清洁生产目标

3.7　提出和实施无低费方案

本章要求有如下图表：企业地理位置图；企业平面布置图；企业组织机构图；带产物情况的工艺流程图；主要车间(工段)情况一览表；主要设备情况表(包括设备名称、型号、功率、安装位置、数量)；主要输入物料汇总表(包括原料名称、年消耗量)；主要产品汇总表(包括产品名称、产量、产值)；使用主要能源汇总表(包括能源名称、年消耗量)；水平衡图；能源流向图；水表、电表分布示意图；废弃物产生原因分析表(包括污染物类型、产生节点、产生原因)；主要废弃物特征表(包括废弃物名称、产生部位、种类、近三年产生量)；企业近年废弃物流向情况表(包括废弃物名称、废弃物类型、处理方式)；企业清洁生产水平评估表(包括清洁生产指标项目、清洁生产级别、公司现状、公司清洁生产等级)；清洁生产目标一览表(包括目标内容、单位、计算方法)。

第4章　审核

4.1　审核重点概况

4.1.1　审核重点基本情况

4.1.2　审核重点工艺流程

4.2　输入输出物料(能流)的测定

4.3　物料平衡(包括物料、水、污染因子、能源分析)

4.4　阐述物料平衡结果

4.5　能耗、物耗以及废弃物产生原因分析

本章要求有如下图表：审核重点平面布置图；带排污点的审核重点工艺流程图；审核重点各单元操作功能说明表和单元操作工艺流程图；审核重点和工艺设备流程图；审核重点输入输出原辅材料、水、能源实测数据表(包括输入输出的物料、水、能源的名称、单位、数量)；审核重点物料流程图；审核重点物料、能源、水或污染因子平衡图；审核重点物耗、能耗、水耗高及废弃物产生原因分析表。

第5章　方案产生与筛选

5.1　方案汇总

5.1.1　方案产生

5.1.2　方案分类汇总

5.2　方案筛选

5.3　方案研制

5.4　核定并汇总无低费方案实施效果

本章要求有如下图表：方案汇总表(包括方案名称、预计投入)；方案的初步筛选表或方案权重总和计分排序表；方案筛选结果汇总表(包括方案名称、方案类型)；方案说明表(包括方案名称、实施目的、实施内容)；无低费方案实施效果的核定与汇总表(包括方案名称、资金投入、经济效益、环境效益)。

4. 附件

清洁生产审核报告附件资料应有：①企业法人营业执照复印件；②企业排污许可证正本复印件；③环评批复及环保验收文件复印件；④企业审核前与审核后的污染物排放监测报告复印件；⑤危险废物处理处置合同、处置单位资质证明及转移联单复印件；⑥企业清洁生产管理制度和激励制度复印件。

12.3.2　审核报告

1. 编写目的

总结企业本轮清洁生产审核成果，汇总各项调查、实测结果，寻找物耗高、能耗高、污染重的产生原因。挖掘清洁生产机会，实施并评估清洁生产方案，建立和完善持续推行清洁生产机制。

2. 编写时间点

在本轮审核全部完成之时进行。

3. 报告大纲及要求

第 1 章　前言
第 2 章　审核准备
第 3 章　预审核
第 4 章　审核
第 5 章　方案产生与筛选

以上五章基本同"中期审核报告"，只需根据实际工作进展加以补充、改进和深化，但"5.4 核定并汇总无低费方案实施效果"一节中的内容归到第 7 章中编写。

第 6 章　可行性分析
6.1　市场调查与分析
6.2　技术评估
6.3　环境评估
6.4　经济评估
6.5　推荐可实施方案

本章要求有如下图表：方案经济评估指标汇总表(包括方案名称、投入资金、资金用途、运行费用)；方案简述及可行性分析结果表(包括方案名称、工艺成熟型、配套情况、技术难度、运行控制、员工要求、初步结论)。

第 7 章　方案实施
7.1　组织方案实施
7.2　已实施的无低费方案的成果汇总
7.3　已实施的中高费方案的成果评价
7.4　拟实施方案评估预测
7.5　清洁生产目标完成情况
7.6　清洁生产审核成果的综合评估

本章要求有如下图表：方案实施进度情况表(包括方案名称、时间进度)；已实施的无低费方案实施效果的核定与汇总表(包括方案名称、经济效益、环境效益)；拟实施的中高费方案预测环境效益与经济效益汇总表(包括方案名称、经济效益预测、环境效益预测)；清洁生产目标完成情况表(包括清洁生产目标指标、基数、近期目标、完成情况)；审核后企业清洁生产水平评估分析表(包括清洁生产指标项目、清洁生产级别、公司现状、公司清洁生产等级)。

第 8 章　持续清洁生产

8.1　建立和完善清洁生产组织

8.2　建立和完善清洁生产管理制度

8.3　持续清洁生产计划

本章要求有如下图表：持续清洁生产小组人员表(包括姓名、公司职责、小组职责、清洁生产职责)；持续清洁生产计划表(包括方案名称、主要内容、开始时间、结束时间)。

第 9 章　结论

结论包括以下内容：审核结束时企业能耗、物耗和产污、排污现状所处水平及其真实性、合理性评价；是否达到所制定的清洁生产目标；已实施的清洁生产方案的成果总结；拟实施的清洁生产方案的效果预测；本轮清洁生产审核工作中企业还存在的问题及持续改进建议。

4. 附件

清洁生产审核报告附件资料应有：①企业法人营业执照复印件；②企业排污许可证正本复印件；③环评批复及环保验收文件复印件；④企业审核前与审核后的污染物排放监测报告复印件；⑤危险废物处理处置合同、处置单位资质证明及转移联单复印件；⑥企业实施中高费方案证明文件(相关合同、票据等复印件)；⑦企业清洁生产管理制度和激励制度复印件；⑧评估验收/验收申请表和审核绩效表；⑨报告修改清单(实施稿)。

12.3.3　快速清洁生产审核报告大纲

第 1 章　审核准备

1.1　组织简介

1.2　审核小组

本章要求有如下图表：审核领导小组成员表(包括姓名、公司职务、小组职务、职责、投入时间等)；审核工作小组成员表(包括姓名、公司职务、小组职务、职责、投入时间等)。

第 2 章　现状调研及问题分析

2.1　产品

2.2　原辅材料

2.3　生产工艺流程及过程控制

2.4　主要能源、资源消耗

2.5　主要设备

2.6　污染防治和废弃物综合利用

2.7　管理状况

2.8　问题分析

2.9　设置清洁生产目标

本章要求有如下图表：生产工艺流程图；近两年产品情况表(包括产品名称、产量、产值、产品一次合格率、不合格产品产生原因及去向说明)；近两年主要原辅材料消耗情况表(包括主要原辅材料、主要成分、单位、年消耗量)；生产工序说明表(包括工序、说明)；近两年主要能源、资源消耗情况表(包括主要能源、资源、使用部门、单位、年消耗量)；主要生产设备设施表(包括设备名称、型号、功率、数量、投入使用时间、备注)；公辅设施表(包括型号、主要负责的区域、额定负荷、运行负荷、备注)；主要污染源一览表(包括污染物种类、污染物名称、产生工序、近一年产生量及达标情况、控制措施、去向)；管理状况(包括内容、已有的相关管理制度、执行部门)；问题分析(包括项目、存在问题、改善建议、本轮拟解决问题)；设置清洁生产目标(包括项目、单位、现状、目标)。

第 3 章　方案确定与实施

3.1　无低费方案实施情况

3.2　中高费方案实施情况

本章要求有如下图表：无低费方案实施情况表(包括方案名称、方案内容、投入资金、完成时间、环境效益、经济效益)；中高费方案实施情况表(包括项目名称、提出原因、实施内容说明、购置的主要设备设施、投入资金、开始实施时间、实施完成时间、社会及环境效益计算、实施前后照片)。

第 4 章　绩效分析与汇总

4.1　方案实施成效汇总

4.2　清洁生产水平评价

4.3　清洁生产目标完成情况

本章要求有如下图表：方案实施成效汇总表(包括方案数量、投资、经济效益、社会环境效益)；清洁生产水平评价表(包括指标、单位、行业先进水平、审核前、审核后)；清洁生产目标完成情况表(包括项目、单位与其目标、审核后实绩、审核后目标完成情况)。

附件：①营业执照副本；②污染物排放许可证副本；③审核前后有资质的环境监测单位出具的污染物排放监测报告；④危险废物处理处置合同及转移联单；⑤中高费方案实施证明材料；⑥现状调查清单。

12.3.4　实地评估报告大纲

第1章　实地评估概况

1.1　评估目的

1.2　评估范围

1.3　评估计划

1.4　评估工作分工

本章要求有如下图表：评估工作计划表(包括阶段、步骤、工作内容、时间安排、责任部门、负责人、监督部门、考核人员、预期成果)。

第2章　实地评估开展情况

2.1　企业概况

2.2　企业生产情况介绍

2.3　存在问题分析

本章要求有如下图表：生产工艺流程图；近两年生产经营情况表(包括产品名称、产量、产值、备注)；近两年主要原辅材料消耗情况表(包括主要原辅材料、单位、使用部门、年消耗量、单位产品消耗量、备注)；近两年主要能源、资源消耗情况表(包括主要能源、资源、单位、使用部门、年消耗量、单位产品消耗量、备注)；主要生产设备设施表(包括设备名称、型号、功率、电压、数量、投入使用时间、运行情况、设施所在地)；动力等公辅设施表(包括变压器规格、主要负责的区域、容量、运行负荷、运行情况、设施所在地)；主要污染源一览表(包括污染物种类、污染物名称、污染源、控制情况/去向)；影响生产经营过程的8个方面分析(包括分析的8个方面、存在问题、解决途径)。

第3章　清洁生产改善项目实施情况

3.1　清洁生产中高费改善项目实施情况

3.2　清洁生产无低费改善项目实施情况

本章要求有如下图表：中高费改善项目详细说明表(包括项目名称、提出原因、实施内容说明、工艺原理说明、购置的主要设备设施、投入资金、开始实施时间、实施完成时间、社会及环境效益计算、实施前后照片)；中高费改善项目汇总表(包括方案类型、方案名称、投入资金、完成时间、环境效益、经济效益)；无低费改善项目汇总表(包括方案类型、方案名称、方案内容、投入资金、完成时间、环境效益、经济效益)。

第4章　结论

4.1　清洁生产方案的实施成效

4.2　污染物排放情况

4.3　清洁生产实地评估存在的问题及建议

4.4　持续清洁生产计划

本章要求有如下图表：近两年废水处理站排放总口水质监测统计表(包括污染物名称、监测时间、执行标准、达标情况)；近两年大气监测物监测结果表(包括监测点、项目、监测时间、执行标准、达标情况)；厂界噪声监测结果表(包括XX年实测值、昼间标准、夜间标准、达标情况)。

附件：①清洁生产方案实施证明及绩效统计及证明材料(如实施合同、发票、统计报表等)；②自愿清洁生产实地评估真实性承诺。

12.4　工作报告大纲

第 1 章　企业概况

1.1　企业基本情况

1.2　企业清洁生产开展的基本情况

本章要求有如下图表：组织架构图；企业主要部门设置与职责分工表(包括部门、主要职责)；清洁生产工作计划表(包括阶段、工作内容、责任部门、完成时间)；清洁生产宣传与教育计划表(包括培训日期、参加人员、主要内容、形式)；无低费方案的实施计划表(包括方案名称、开始时间、完成时间、实施部门)；部分无低费方案成效表(包括方案名称、经济效益预测、环境效益预测)；中高费方案汇总表(包括方案名称、方案类型、提出部门)。

第 2 章　评估前已实施方案的保持情况

2.1　无低费方案的保持情况

2.2　中高费方案的保持情况

本章要求有如下图表：无低费方案实施情况汇总表(包括方案名称、简介、费用、实施时间、环境效益、经济效益)；中高费方案实施情况汇总表(包括方案名称、简介、费用、实施时间、环境效益、经济效益)。

第 3 章　评估后新产生的清洁生产方案实施情况

3.1　新产生清洁生产方案实施与效益

3.2　清洁生产方案的完善

本章要求有如下图表：新产生的清洁生产方案表(包括方案名称、方案类型、提出部门)；新产生的清洁生产方案实施效益汇总表(包括方案名称、经济效益、环境效益)。

第 4 章　各项中高费方案实施情况

4.1　方案组织实施情况

4.2　方案实际实施的技术路线及实施情况

4.3　环境效益与经济效益分析

4.4　环境效益与经济效益汇总

本章要求有如下图表：已实施的中高费方案的环境效益汇总表(包括经济效益、环境效益)。

第5章　企业清洁生产审核绩效

5.1　目标完成情况

5.2　清洁生产水平评价

5.3　污染物排放和有毒有害物质使用情况

5.4　审核绩效汇总

本章要求有如下图表：中高费方案的实施情况汇总表(包括方案名称、实际投入、实施情况)；清洁生产评价表；企业清洁生产目标完成情况表(包括指标、基数、近期目标、完成情况)。

第6章　持续清洁生产

6.1　建立和完善清洁生产组织

6.2　建立和完善清洁生产管理制度

6.3　制定持续清洁生产计划

本章要求有如下图表：持续清洁生产小组人员名单表(包括姓名、公司职务、小组职务、职责)；持续清洁生产工作计划表(包括主要内容、开始时间、结束时间)；下一轮清洁生产方案重点表(包括方案名称、主要内容、预计实施时间)。

第7章　总结

附件资料：①监测报告；②专家评估意见表。

第 13 章　清洁生产审核的评估与验收

清洁生产审核是推进清洁生产工作的主要方式。为了保证清洁生产审核的质量，必须对清洁生产审核开展评估与验收。

清洁生产审核的评估工作，主要是为了发现清洁生产工作中存在的认知和技术方面的问题，尤其是方向性的问题，在大投入的中高费方案实施前，给企业的清洁生产工作把脉把关，避免成效不佳的投入。清洁生产审核的评估是企业清洁生产审核的重要环节，评估工作的规范性和有效性，直接影响后续的方案实施和持续清洁生产工作。

一轮清洁生产审核结束，以验收的方式检验其真实性和效益，同时对此轮审核的不足之处进行总结，加以完善、改进，以促进企业将清洁生产持续稳定地开展下去。清洁生产审核的验收工作既是清洁生产审核的关键组成部分，也是企业开展清洁生产活动承上启下的重要一环。清洁生产审核验收的结果可作为落后产能界定等工作的参考依据，验收方式和内容将直接影响对清洁生产审核成效的认定和企业进一步推行清洁生产的信心。

13.1　规　范　文　件

为科学规范推进清洁生产审核工作，保障清洁生产审核质量，指导清洁生产审核评估与验收工作，各级环境保护主管部门或节能主管部门颁布了一系列指导性的文件。

1. 国家部委

《清洁生产审核办法》(国家发展和改革委员会、环境保护部令，2016 年第 38 号)；

《清洁生产审核评估与验收指南》(生态环境部办公厅、国家发展和改革委员会办公厅文件，环办科技〔2018〕5 号)。

2. 省级

省级有关主管部门通常会依照国家部委的要求制定适合本区域的实施细则、评估验收工作流程、清洁生产审核及验收办法、审核报告编制技术要求等，如：《广东省经济和信息化委　广东省环境保护厅清洁生产审核及验收工作流程》(广东省经济和信息化委员会、广东省环境保护厅文件，粤经信规字〔2017〕3 号)。

3. 地市级(县级)

本级有关主管部门通常会制定清洁生产审核工作指引、清洁生产审核及验收实施细则、发布相关的要求和通知等。

13.2　评　　估

清洁生产审核的评估是指企业基本完成清洁生产无低费方案，在清洁生产中高费方案可行性分析后与中高费方案实施前的时间节点，对企业清洁生产审核报告的规范性、清洁生产审核过程的真实性、清洁生产中高费方案及实施计划的合理性和可行性进行技术审查的过程。

13.2.1　评估流程

企业清洁生产审核评估工作通常包括四个阶段：

第一阶段为申请阶段，即由具备条件的企业向本地政府主管部门提出评估申请。《清洁生产审核评估与验收指南》明确指出，需开展清洁生产审核评估的企业应向本地具有管辖权限的环境保护主管部门或节能主管部门提交相关材料。材料通常包括清洁生产评估申请表、清洁生产审核绩效表、清洁生产审核报告(送审稿)等。

第二阶段为初审阶段，本地具有管辖权限的环境保护主管部门或节能主管部门对申请企业的条件、提交的材料进行初审。初审合格后，安排召开评估会议。

第三阶段为评估阶段，由本地具有管辖权限的环境保护主管部门或节能主管部门自行组织，或者委托相关机构组织节能、环保、行业专家成立专家组，对初审合格的企业实施评估。专家可采取电话函件征询、现场考察、质询等方式审阅企业提交的有关材料，最后专家组召开集体会议，通过审阅企业清洁生产审核报告，现场考察清洁生产方案实施情况，查看工艺流程、企业资源能源消耗、污染物排放记录、环境监测报告、清洁生产培训记录等，对清洁生产审核报告及现场考察过程中发现的问题进行质询。根据现场考察情况及审核报告书编写质量，对企业清洁生产审核工作进行评定。参照《清洁生产审核评估技术审查意见样表》出具技术审查意见、参照《清洁生产审核评估评分表》打分界定评估结果。

技术审查意见对企业清洁生产工作内容进行评述，提出清洁生产审核中尚存的问题，对清洁生产中高费方案的可行性给出意见。

清洁生产审核评估结果实施分级管理，通常分为三个等级。一种审核质量不符合要求，应重新开展清洁生产审核工作；一种需按专家意见补充审核工作，完善审核报告，上报主管部门审查后，方可继续实施中高费方案；一种可依据方案实施计划推进中高费方案的实施。

本地具有管辖权限的环境保护主管部门或节能主管部门负责将技术审查意见及评估结果反馈给企业，企业需在随后的清洁生产审核过程中予以落实。

第四阶段为公示阶段，政府主管部门根据专家组的评估意见和评估结果，定期在媒体上公布通过清洁生产审核评估的企业名单。

13.2.2　评估内容

根据《清洁生产审核评估与验收指南》第八条，清洁生产审核评估应包括但不限于以下内容：

(1) 清洁生产审核过程是否真实，方法是否合理；清洁生产审核报告是否能如实客观反映企业开展清洁生产审核的基本情况等。

(2) 对企业污染物产生水平、排放浓度和总量，能耗、物耗水平，有毒有害物质的使用和排放情况是否进行客观、科学的评价；清洁生产审核重点的选择是否反映了能源、资源消耗，废物产生和污染物排放方面存在的主要问题；清洁生产目标设置是否合理、科学、规范；企业清洁生产管理水平是否得到改善。

(3) 提出的清洁生产中高费方案是否科学、有效，可行性是否论证全面，选定的清洁生产方案是否能支撑清洁生产目标的实现。对"双超"和"高耗能"企业通过实施清洁生产方案的效果进行论证，说明能否使企业在规定的期限内实现污染物减排目标和节能目标；对"双有"企业实施清洁生产方案的效果进行论证，说明其能否替代或削减其有毒有害原辅材料的使用和有毒有害污染物的排放。

清洁生产审核是一个发现问题、分析问题、解决问题的过程，这个审核过程最终是要通过清洁生产方案实施获得环境绩效，实现清洁生产目标。因此，清洁生产审核过程、清洁生产中高费方案、清洁生产绩效是评估的关键指标。清洁生产审核报告是对整个审核过程及成果的说明性文件，也是开展评估的重要文件。清洁生产是一个持续改进的活动，是否建立了持续清洁生产推进机制直接影响到企业清洁生产的改进。综合考虑上述因素，清洁生产审核评估指标体系应该包括清洁生产审核报告、清洁生产审核过程、清洁生产中高费方案、清洁生产绩效及持续清洁生产推进机制 5 个一级指标和 16 个二级指标，具体指标设置如图 13.1 所示。

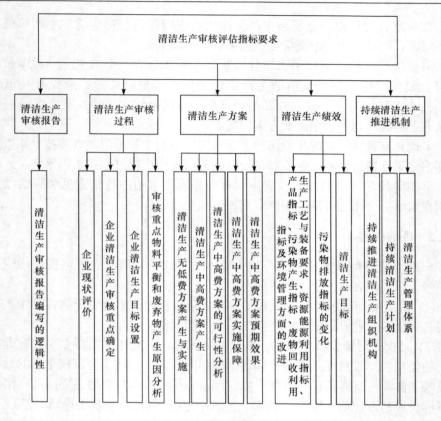

图 13.1　企业清洁生产审核评估指标

13.2.3　评估准备材料

(1)《清洁生产审核报告(送审稿)》及相应的技术佐证材料;

(2) 委托咨询服务机构开展清洁生产审核的企业,应提交《清洁生产审核办法》第十六条中咨询服务机构需具备条件的证明材料;自行开展清洁生产审核的企业应按照《清洁生产审核办法》第十五条、第十六条的要求提供相应技术能力证明材料。

13.3　验　　收

企业通过清洁生产审核评估之后,实施并完成全部的清洁生产中高费方案,中高费方案正常运行 3 个月以上,能稳定达到国家或地方的污染物排放标准、核定的主要污染物总量控制指标和减排指标、有毒有害物质减量及减排指标、实现清洁生产审核预期目标并通过环保竣工验收，按照评估意见所规定的验收时间或当地政府、环境保护部门提出的时限要求，提出验收申请。

清洁生产审核的验收是指按照一定程序，在企业实施完成清洁生产中高费方案后，对已实施清洁生产方案的绩效、清洁生产目标的实现情况及企业清洁生产水平进行综合性评定，并做出结论性意见的过程。

13.3.1　验收流程

与企业清洁生产审核的评估工作类似，清洁生产审核验收工作也包括四个阶段：一是申请单位提出验收申请、提交相关材料；二是环境保护主管部门或节能主管部门组织验收专家组审阅有关材料；三是验收专家组实地查勘、质询并验证清洁生产方案的实施效果，出具验收意见；四是结果公示。

《清洁生产审核评估与验收指南》明确规定，需开展清洁生产审核验收的企业应将验收材料提交至负责验收的环境保护主管部门或节能主管部门。

负责清洁生产审核验收的环境保护主管部门或节能主管部门组织专家或委托相关单位成立验收专家组，开展现场验收。现场验收程序包括听取汇报、材料审查、现场核实、质询交流、形成验收意见等。

清洁生产审核验收结果分为"合格"和"不合格"两种，地市级或省级环境保护主管部门或节能主管部门以文件形式或在其官方网站向社会公布，对于验收"不合格"的企业，要求其重新开展清洁生产审核。

13.3.2　验收内容

根据《清洁生产审核评估与验收指南》第十六条，清洁生产审核验收内容包括但不限于以下内容：

(1) 核实清洁生产绩效：企业实施清洁生产方案后，对是否实现清洁生产审核时设定的预期污染物减排目标和节能目标，是否落实有毒有害物质减量、减排指标进行评估；查证清洁生产中高费方案的实际运行效果及对企业实施清洁生产方案前后的环境、经济效益进行评估；

(2) 确定清洁生产水平：已经发布清洁生产评价指标体系的行业，利用评价指标体系评定企业在行业内的清洁生产水平；未发布清洁生产评价指标体系的行业，可以参照行业统计数据评定企业在行业内的清洁生产水平定位或根据企业近三年历史数据进行纵向对比说明企业清洁生产水平改进情况。

验收指标应该包括关键指标和一般指标，见表 13.1。

表 13.1　重点企业清洁生产审核验收指标及要求

指标	验收指标要求
关键指标	"双超"企业在规定的期限内达到了国家或地方的污染排放标准、核定的主要污染物总量控制标准、污染物减排指标
	"双有"企业减少了单位产品有毒有害物质的使用量、排放量或降低了毒性
	企业达到相关行业清洁生产标准的三级或三级以上指标
	不存在国家规定淘汰明令禁止的生产技术、工艺装备、设备以及产品
一般指标	现场考察和材料证明通过评估的清洁生产中高费方案得到了有效实施
	对清洁生产方案实施前后的经济和环境绩效进行翔实的对比、测算、验证
	对清洁生产中高费方案已经纳入企业正常的生产过程和管理过程
	企业生产现场不存在明显的跑冒滴漏现象
	清洁生产中高费方案绩效统计依据资料及中高费方案实施前后的环境监测报告或生产计量、统计、检测报告齐全、有效

13.3.3　验收准备材料

(1)《清洁生产审核评估技术审查意见》；

(2)《清洁生产审核报告(实施稿)》及相应的技术佐证材料；

(3) 清洁生产方案实施前后企业自行监测或委托有相关资质的监测机构提供的污染物排放、能源消耗等监测报告。

13.4　评估验收的关注重点

清洁生产审核评估及验收过程中，专家组及主管部门关注的对象及内容既有不同点，也有共同点。

13.4.1　评估

专家组及主管部门首先会考虑企业进行正常生产必须满足的产业政策、行业监管以及开展清洁生产审核活动最基本的要求，会特别关注清洁生产审核的过程。主要考察产业规模和工艺水平是否符合国家产业结构调整和行业政策要求；有没有生产国家明令淘汰的落后产品；国家明令限期淘汰的生产工艺、装备情况明晰，并已列入整改计划；清洁生产审核过程中对企业产排污情况及生产耗能情况梳理是否准确客观，在此基础上确定的审核重点是否准确，清洁生产目标设置是否合理准确，以及清洁生产中高费方案选择是否科学、合理。

由此可见，进行清洁生产评估时，应准备好审核基准期的生产报表、水电等能源消耗统计台账、污染物检测报告等材料；应基本完成清洁生产无低费方案、中高费方案已完成部分或已制定切实可行的实施计划；中高费方案的设计方案。

13.4.2　验收

专家组及主管部门主要考察企业是否按照《清洁生产审核评估意见表》落实专家所提整改意见以及中高费方案完成情况。

进行清洁生产审核验收时，企业应完成本轮清洁生产审核所确定的中高费方案以及评估过程中专家所提整改意见，并准备好相应的污染物检测报告、生产用能统计情况、用于验证中高费方案或专家所提整改意见完成情况的支撑材料；同时应调整好中高费方案或整改工作所涉及的生产设备或环保设施，杜绝跑冒滴漏现象，确保相关设备稳定运行。

13.4.3　相同关注点

1. 领导重视并参与审核工作

领导重视是一切工作顺利开展的基础，企业清洁生产审核也不例外。尤其是中小企业，企业的管理者通常是企业的所有者，企业所有问题都由其一人决定，没有企业领导的支持和参与，企业所有的活动都无法进行。领导重视并亲自参加审核工作一般可以从以下几方面体现出来：

(1) 审核文件和审核方案均经过企业领导签字认可，企业主要领导对实施的中高费方案非常熟悉。

(2) 企业主要领导参加评估验收，并且在评估验收过程中反映出较强的环境保护意识和较完备的清洁生产知识，表现出做好清洁生产工作的强烈意愿，以及渴望清洁生产成效得到认可的迫切心情。

(3) 企业领导积极学习清洁生产经验，善于倾听专家意见。

2. 审核过程的真实性

清洁生产审核评估验收最主要的作用就是核实真实性，这就使得管理部门在评估验收时会坚持以实效为主、报告为辅的原则。

(1) 数据。通常对企业清洁生产审核报告的形式、内容不会过度苛求，但会把报告中最关键的数据相符作为考察真实性的重要内容。

(2) 合理化建议。根据合理化建议表中包含的建议人姓名、所在岗位、联系方式等信息，与建议人座谈或电话沟通，很容易核实合理化建议的真实性。

(3) 现场考察与一线员工沟通。合理化建议、方案实施都需要一线员工来执行，与一线员工的沟通是了解真实性的最佳方式。

3. 编制的《清洁生产审核报告》，报告规范、完整

高质量的审核报告对审核程序及步骤应该交代到位，对必要的、重点的内容必须交代完整，报告前后内容有清楚的逻辑对应关系，对审核效果有客观的总结与分析，对企业的不足有客观的评价，对企业的持续清洁生产有科学的建议。按清洁生产审核思路系统地进行深入、全面的审核，编制系统完整的清洁生产审核报告，避免做了的审核工作没有写，杜绝对没有做的工作进行编造。

4. 清洁生产审核期间，未发生重大及特别重大污染事故

这是评估验收时一票否决的内容，只要发生重大、特别重大的环境污染事故，清洁生产的评估验收则不能通过。此外，即使不构成污染事故，相关的投诉也是评估验收专家组及主管部门特别关注的地方。

5. 现场工作

(1) 布置好清洁生产宣传标语；
(2) 调整好生产设备，杜绝跑冒滴漏现象；
(3) 调整好环保设施运行状态，保证污染物收率及处理效果；
(4) 现场积水、废旧杂物清理干净，保持生产现场整洁卫生。

13.5　广东省清洁生产审核的评估验收

13.5.1　全流程清洁生产审核

1. 准备的材料

(1) 广东省清洁生产审核绩效表；
(2) 清洁生产审核报告。

2. 验收流程

(1) 企业完成清洁生产审核工作，实施中高费清洁生产方案并取得一定的绩效后，应登陆"广东省清洁生产信息化公共服务平台"(www.gdqjsc.com)，以下简称"服务平台"，提出评估验收申请，并将上述准备材料按顺序装订成册一式五份，提交至牵头部门。
(2) 牵头部门对材料进行初审。符合条件的，牵头部门会同相关部门组织清洁生产专家或委托相关单位，开展现场评估验收工作。

(3) 现场评估验收的专家组由3～5名熟悉行业、清洁生产及节能环保的专家组成。现场评估验收程序包括听取汇报、材料审查、现场检查、询问答辩等。

(4) 清洁生产审核评估验收结果分为"通过"和"不通过"两种。

(5) 通过评估验收的企业，须在 1 个月内将修改完善后的清洁生产审核报告(封面、扉页加盖公章)、修改说明、清洁生产审核绩效表(表内绩效数据需根据专家组意见修正)上传至"服务平台"。经牵头部门审核通过后，企业可登陆"服务平台"下载评估验收意见。

13.5.2 简易流程清洁生产审核

1. 准备的材料

(1) 广东省清洁生产审核绩效表；
(2) 简易流程清洁生产审核报告。

2. 验收流程

(1) 企业完成简易流程清洁生产审核工作，实施中高费清洁生产方案并取得一定的绩效后，应登陆"服务平台"上提出验收申请，并将上述准备材料按顺序装订成册一式两份，提交至牵头部门。

(2) 牵头部门应组织1～2名专家到企业进行现场验收，检查中高费方案实施情况，核实清洁生产绩效，确定清洁生产水平，并形成验收意见。有条件的地市，鼓励委托第三方开展实施简易流程清洁生产审核企业的验收工作。

(3) 简易流程清洁生产审核验收结果分为"通过"和"不通过"两种。

(4) 通过验收的企业，1 个月内将修改完善后的简易流程清洁生产审核报告(封面、扉页加盖公章)、修改说明、清洁生产审核绩效表(表内绩效数据需根据专家组意见修正)上传至"服务平台"。经地级以上市经济和信息化主管部门审核通过后，完成备案工作，企业可登陆"服务平台"下载验收意见。

13.6 验收会后的工作

13.6.1 根据专家意见进行整改

专家在验收会上所提的意见一般分为两类，针对现场的整改意见和供企业参考的节能减排建议。针对现场的整改意见，企业应在评估验收会后尽快落实相应整改工作，若整改工作完成时间较长，应做好明确的整改计划，并向主管部门汇报。供企业参考的节能减排建议，企业可结合实际生产情况以及企业发展规划，将其纳入持续清洁生产或下一轮清洁生产审核中作为方案实施。

待企业完善相关整改工作后，应将整改后的图片及相应检测报告等证明材料列入清洁生产审核报告，按照专家意见完成清洁生产审核报告的修改，并重新递交材料至主管部门备案。至此本轮清洁生产审核完成。

13.6.2　成为清洁生产企业

通过地级以上市经济和信息化部门、环境保护部门联合组织的清洁生产审核验收的企业，按照要求提交修改完善后的清洁生产审核报告、修改说明、清洁生产审核绩效表等资料。经牵头部门审核通过后，再经统一公示、行文，企业可获得"清洁生产企业"或者"清洁生产优秀企业"称号，享受与清洁生产挂钩的优惠政策。

验收评分为 80 分或以上，且验收前两年内无超标超总量排污、能耗超限额情况的企业，可由地级以上市经济和信息化部门、环境保护部门联合推荐，经省有关部门验收后，授予省级清洁生产企业称号。

按国家和地方有关规定须开展清洁生产审核工作的企业，两次审核的间隔时间原则上不得超过五年。另有规定的行业、企业，按相关要求执行。

13.6.3　持续推行清洁生产

本轮清洁生产审核完成并不意味着清洁生产工作已经结束，相反的是，清洁生产是一项动态的、持续的工作，企业应该把清洁生产工作贯穿于经营活动的始终。

企业应制定下一轮清洁生产审核计划，包括下一轮清洁生产启动时间、审核重点，以及方案筛选，持续推行清洁生产。

参 考 文 献

白艳英, 于秀玲, 马妍, 等. 2012. 重点企业清洁生产审核评估验收指标体系研究. 环境保护, (13): 40-43.

蔡俊恒. 2015. 关于清洁生产审核报告编制的几点建议//中国环境科学学会. 2015 年中国环境科学学会学术年会论文集(第一卷). 北京: 中国环境出版社: 397-399.

晁冰, 程继夏. 2013. 中国清洁生产的发展进程及存在问题探讨. 绿色科技, (2): 141-143.

曹思燕. 2018. 浅谈清洁生产分析方法. 中国环保产业, (4): 23-26.

陈红冲, 牛正玺. 2018. HSE 与清洁生产. 北京: 化学工业出版社.

陈慧聪, 王丽燕, 杨爱民. 2017. 广东省重点行业清洁生产实施状况及推行建议. 广东建材, 33(10): 67-72.

陈赛楠. 2017. 清洁生产审核过程中的重点与难点探讨. 青海环境, 27(3): 105-107.

陈禧. 2016. 清洁生产审核工作推行模式探讨//中国环境科学学会. 2016 年中国环境科学学会学术年会论文集(第四卷). 北京: 中国环境出版社: 4444-4448.

陈业强, 徐欣颖. 2018. 排污许可证申请实践与问题解析——以湖南省为例. 北京: 中国环境出版社.

程城. 2010. 清洁生产审核验收中值得注意的几个问题. 污染防治技术, 23(4): 51-53.

程古新. 2015. 清洁生产审核执行中存在的问题探讨. 广东化工, 42(19): 120-121, 124.

程延海, 梁秀兵, 周峰. 2018. 绿色制造与再制造概论. 北京: 科学出版社.

邓杰帆, 庄大雪, 刘彩琪. 2009. 我国现行清洁生产审核程序的不足及改进建议. 环境科学导刊, 28(4): 37-39.

费红梅, 刘文明, 王凯宁, 等. 2018. 中国农业清洁生产: 兴起、困境及推进路径. 资源开发与市场, 34(6): 753-758.

冯辉. 2018. 突发环境污染事件应急处置. 北京: 化学工业出版社.

谷蕾. 2018. 生态文明视角下企业社会责任与企业价值相关性研究——以甘肃省上市公司为例. 河北地质大学学报, 41(4): 78-82.

广东省环境保护厅. 2010. 重点行业清洁生产工作指南. 广州: 广东科技出版社.

郭日生, 彭斯震, Gerhard W. 2011. 清洁生产审核案例与工具. 北京: 科学出版社.

国家环境保护局. 1995. 中国环境保护 21 世纪议程. 北京: 中国环境科学出版社.

韩超, 胡浩然. 2015. 清洁生产标准规制如何动态影响全要素生产率——剔除其他政策干扰的准自然实验分析. 中国工业经济, (5): 70-82.

韩静. 2014. 清洁生产审核中无/低费方案的产生及实施. 中国环境管理干部学院学报, 24(3): 40-43.

韩迎春. 2018. 中小企业的生态社会责任担当. 现代企业, (1): 20-21.

何德文. 2018. 环境影响评价. 2 版. 北京: 科学出版社.

何新生, 孙震宇, 何嘉鹏, 等. 2016. 关于《河南省清洁生产审核评估验收细则(试行)》的探讨. 科技创新导报, (2): 98-99.

贺光银, 方印, 张海荣. 2017. 论国务院清洁生产综合协调部门职能. 陕西行政学院学报, 31(1): 74-78.

环境保护部清洁生产中心. 2015. 清洁生产审核手册. 北京: 中国环境出版社.

环境保护部污染防治司. 2009. 精细化清洁生产审核. 北京: 化学工业出版社.

姜海华. 2015. 清洁生产与节能减排的内涵及两者的相互关系. 资源节约与环保, (12): 3+8.

雷兆武, 薛冰, 王洪涛. 2014. 清洁生产与循环经济. 北京: 化学工业出版社.

李炯, 陈均. 2014. 清洁生产审核程序及验收的有关要求. 印刷工业, 9(8): 49.

李帅, 刘世豪. 2018. 清洁生产审核报告的形式化问题和对策. 化工设计通讯, 44(5): 223-224.

李宇. 2011. 清洁生产、循环经济与低碳经济: 政府行为博弈市场边界. 改革, (10): 106-115.

刘嫔, 张逸庭. 2016. 突发环境事件应急管理和清洁生产审核. 环境科学导刊, 35(S1): 63-65.

刘晨, 李燕. 2017. 浅谈环境影响评价中清洁生产. 中小企业管理与科技(下旬刊), (7): 95-96.

刘发强, 李常青, 刘晓兰. 2012. 浅谈如何正确理解清洁生产审计程序. 石化技术与应用, 30(3): 270-272.

刘海鲨. 2016. 关于企业清洁生产审核技术的相关探讨. 绿色环保建材, (11): 127.

刘锦清. 2014. 浅析清洁生产审核重点的确定方法. 厦门科技, (3): 14-16.

刘莉, 司蔚, 范瑜, 等. 2014. 机械行业环评中清洁生产综合评价实例. 中国资源综合利用, 32(6): 30-33.

刘立军, 黄昭宇. 2014. 重点企业清洁生产审核存在的问题和应对策略探析. 资源节约与环保, (7): 34.

刘小溪. 2016. 企业清洁生产审核中存在的问题及其改进. 智能城市, 2(2): 168-169.

刘中文, 初宁. 2008. 企业构建绿色经营模式初探. 煤炭经济研究, (2): 29-31.

罗春桂, 周中华, 魏萌萌, 等. 2015. 浅谈国内外清洁生产法律制度. 科技视界, (35): 314-315.

罗吉. 2001. 我国清洁生产法律制度的发展和完善. 中国人口·资源与环境, (3): 29-32.

罗宁. 2017. 基于清洁生产理念的环境保护对策探讨. 绿色科技, (4): 33-34.

马波. 2015. 论生态安全与政府环境保护责任之关联. 广西社会科学, (1): 103-108.

马波. 2015. 论政府环境保护责任实现的激励机制构建. 西部法学评论, (1): 9-17.

马妍, 白艳英, 于秀玲, 等. 2010. 完善清洁生产法规体系 促进"十二五"节能减排. 环境保护, (12): 29-31.

马志华. 2011. 科学验收企业清洁生产审核对促进企业实施清洁生产的探讨//2011 年中国环境科学学会学术年会论文集(第三卷). 北京: 中国环境科学出版社: 2130-2134.

苗泽华. 2018. 生态伦理与利益相关者视角下制药企业社会责任建设. 技术经济与管理研究, (3):83-87.

倪桂才. 2009. 快速清洁生产审核方法. 石油化工安全环保技术, 25(06): 54-56+16.

渠开跃, 吴鹏飞, 吕芳. 2017. 清洁生产. 2 版.北京: 化学工业出版社.

曲向荣. 2012. 清洁生产. 北京: 机械工业出版社.

任英欣. 2016. 可持续发展视角下清洁生产法律制度的重新审视. 中国环境管理干部学院学报, 26(1): 46-49.

沈志群. 2018. 国有企业混合所有制改革路径与企业价值评价方法选择. 中国经贸导刊(理论版), (20): 88-89.

盛玉华, 杨文仙. 2016. 我国现行循环经济法律体系解析. 资源再生, (9): 50-54.

宋丹娜, 白艳英, 于秀玲. 2012. 浅谈对新修订《清洁生产促进法》的几点认识. 环境与可持续发展, 37(6): 14-17.

唐秋凤, 谷爱明. 2014. 政府环境保护责任理论基础与环境审计实施路径. 中国内部审计, (3):

84-87.

万端极, 李祝, 皮科武. 2015. 清洁生产理论与实践. 北京: 化学工业出版社.

汪利平, 于秀玲. 2010. 清洁生产和末端治理的发展. 中国人口. 资源与环境, 20(3):428-431.

王飞鹏. 2015. 职业安全卫生管理. 北京: 首都经济贸易大学出版社.

王景龙. 2014. 企业环保核查与清洁生产审核//环渤海表面精饰联席会. 第三届环渤海表面精饰发展论坛论文集: 240-270.

王龙迪. 2017. 探讨清洁生产促进环保产业良性发展. 环境与发展, 29(7): 192-193.

王玉婧. 2010. 环境成本内在化--环境规制及贸易与环境的协调. 北京: 经济科学出版社.

温文杰. 2016. 清洁生产与污染物总量控制之探讨. 广东化工, 43(15): 191+199.

温宗国. 2018. 工业节能减排管理: 潜力评估模型、技术路径分析及绿色工厂设计. 北京: 科学出版社.

吴宏涛, 李立长, 王湖坤, 等. 2016. 重点企业清洁生产审核公众参与机制的探讨. 湖北师范学院学报(自然科学版), 36(2): 18-20.

奚旦立. 2014. 清洁生产与循环经济. 2 版.北京: 化学工业出版社.

夏羽, 张逸庭. 2016. 清洁生产审核重点、目标、方案和评估的典型案例解析. 环境科学导刊, 35(S1): 60-62.

肖克来提·阿不力克木. 2015. 我国清洁生产法律制度的实施与完善. 产业与科技论坛, 14(22): 40-41.

谢剑峰, 刘力敏. 2011. 强制性清洁生产审核评估验收管理对策探讨. 环境保护, (2): 114-116.

谢武, 王金菊. 2014. 清洁生产审核案例教程. 北京: 化学工业出版社.

徐雨芳, 毕琴, 周婷婷, 等. 2013. 重点企业清洁生产审核评估、验收制度完善性探讨. 工业安全与环保, 39(4): 94-96.

严峰. 2015. 探讨清洁生产审核评价方法的具体应用. 资源节约与环保, (10): 90.

么旭, 吴方. 2016. 我国工业清洁生产发展现状与节能减排对策研究. 资源节约与环保, (4): 2-3.

鱼军. 2013. 重点企业清洁生产审核评估中存在问题及其对策. 污染防治技术, 26(4): 107-109.

于秀玲. 2008. 清洁生产与企业清洁生产审核简明读本. 北京: 中国环境科学出版社.

岳天祥. 2017. 碳核查体系导论. 北京: 科学出版社.

曾威, 戴琴. 2012. 关于编制清洁生产审核报告的几点思考. 环境, (S1): 162+172.

张彩云, 王勇, 李雅楠. 2017. 生产过程绿色化能促进就业吗——来自清洁生产标准的证据. 财贸经济, 38(3): 131-146.

张晓琦, 王强, 曾红云. 2017. 清洁生产环境管理政策在中国的发展和存在问题研究. 环境科学与管理, 42(12): 191-194.

张延青, 沈国平, 刘志强. 2012. 清洁生产理论与实践. 北京: 化学工业出版社.

张钊. 2017. 如何进行再次清洁生产审核的实践与思考. 石化技术, 24(5): 200.

赵家正, 赵康睿. 2018. 环境信息披露与企业价值的实证研究——基于政府监管视角. 财会通讯, (21): 40-44+48.

赵惊涛. 2011. 低碳经济视野下企业环境责任实施的路径选择. 吉林大学社会科学学报, 51(6): 93-99.

赵玉明, 吴海杰, 巫炜宁. 2010. 清洁生产审核中咨询机构的作用及能力建设. 环境保护科学. 36(6):67-69.

张凯, 崔兆杰. 2018. 清洁生产理论与方法. 北京: 科学出版社.

周长波, 李梓, 刘菁钧, 等. 2016. 我国清洁生产发展现状、问题及对策. 环境保护, 44(10): 27-32.

周建华, 张建民, 江华. 2011. 清洁生产技术、政府责任与行业协会职能——以温州合成革行业为例. 华东经济管理, 25(7): 1-5.

周露, 宋若阳, 陈亢利. 2016. 清洁生产评价指标体系组成与发展. 四川环境, 35(6): 157-162.

周奇, 周长波, 朱凯, 等. 2016. 健全清洁生产法规助推绿色发展之路——《清洁生产审核办法》解读. 环境保护, 44(13):53-57.

钟少芬, 刘煜平, 李阳苹, 等. 2012. 浅析中国清洁生产及其相关法律法规. 环境科学与管理, 37(9): 166-169.

朱邦辉, 钟琼, 谢武. 2017. 清洁生产审核. 北京: 化学工业出版社.

朱增银, 陈振翔, 沈众. 2013. 江苏省重点企业清洁生产审核绩效后评估的思考. 环境保护, 41(7): 61-62.